女性心理学

Female Psychology

黄爱玲⊙主编

暨南大學出版社
JINAN UNIVERSITY PRESS

中国·广州

图书在版编目（CIP）数据

女性心理学/黄爱玲主编．—广州：暨南大学出版社，2008.8（2022.10 重印）
ISBN 978-7-81079-889-1

Ⅰ.①女…　Ⅱ.①黄…　Ⅲ.①妇女心理学—教材　Ⅳ.①B844.5

中国版本图书馆 CIP 数据核字（2007）第 141620 号

女性心理学
NÜXING XINLIXUE
主　编：黄爱玲

出 版 人：张晋升
责任编辑：苏彩桃　邱志伟
责任校对：侯丽庆
责任印制：周一丹　郑玉婷

出版发行：暨南大学出版社（511443）
电　　话：总编室（8620）37332601
营销部（8620）37332680　37332681　37332682　37332683
传　　真：（8620）37332660（办公室）　37332684（营销部）
网　　址：http：//www.jnupress.com
排　　版：暨南大学出版社照排中心
印　　刷：广东虎彩云印刷有限公司
开　　本：787mm×960mm　1/16
印　　张：15.25
字　　数：308 千
版　　次：2008 年 8 月第 1 版
印　　次：2022 年 10 月第 5 次
印　　数：9001—9500 册
定　　价：36.00 元

目　录
Contents

第一章　绪　论

——"女人"，你的名字叫弱者？

第一节　现代社会生活与女性心理健康

一、现代社会生活与女性心理健康

在经济高速发展的时代，每个人都面临着不同程度的压力，如生活上的、经济上的、家庭上的、工作上的等，而这些都是由现代社会生活的特点所决定的。女性作为现代社会发展的支柱，承受的压力越来越大，其心理健康也愈来愈受到关注。

（一）现代社会生活的特点

1. 多元化、信息化、全球化

多元化、信息化、全球化对现代人来讲已经不是陌生的字眼。现代社会是一个集科学、技术、政治、经济、文化于一体的多元的社会，信息资讯更是铺天盖地地充斥着这个世界的每一个角源。有资料表明，世界每年都有 80 多万种不同的书籍面市，假如我们每天读一本，也得花上两千多年才能读完。据有关专家统计，一份《纽约时报》所包含的信息比一个生活在 17 世纪的普通英国人一辈子所接收的信息可能还要多。资讯正以前所未有的变化影响着人们的生活，也正因为如此，许多人患上了资讯恐慌症。职业女性一族更是时时忧虑自己无法把握所谓的时势，唯恐自己会"过时"，为社会所淘汰。

知识经济信息化、全球化的发展也对女性提出了多元发展的要求。20 世纪 90 年代以后，社会的多元化进程大大加速了。最能表现社会生活多元化的特征是社会就业结构的变化。但是，目前的女性过多地把自己的专业选择局限在文秘、外语等传统的女性社会分工领域，以至于在高级专业人才和科技系统的学科带头人中，女性所占的比例非常少。女性选择的专业集中在"金字塔"的底部，这必然导致女性人才在相对不重要的领域发生堆积，而在代表社会发展方向的高新技术和产业领域则极度匮乏女性领导。如此愈演愈烈，将使女性人力资源配置变得更加不合理，最终影响女性社会地位的提高。

2. 快节奏、高压力、强竞争

快节奏、高压力、强竞争是现代社会生活的另一大特点。现代人常常感叹的一句话就是“计划赶不上变化”，可见，现代社会生活的节奏之快。在竞争压力之下，人们提倡一种高效率、快节奏的行为方式，提倡用尽量短的时间、尽量少的环节办成尽量多的事情。快节奏同时也导致强竞争，强竞争又导致高压力，高压力继而引发了现代人一系列的身心疾病，而这些身心疾病不仅对工作人员及其家庭生活造成伤害，同时也会导致企业生产力和竞争力下降，甚至造成无可弥补的损失。

现代医学显示，由于快节奏、高压力、强竞争而导致的职业性精神疾病发生得越来越频繁。这些职业性精神疾病包括焦虑症，抑郁症，适应障碍症，躯体化疾病，睡眠或饮食障碍及酒、药物成瘾问题等。常见的职业压力症候群主要有科技压力症候群、燃烧症候群、妇女职业症症候群及人事异动症候群等。

3. 物质化、舒适性、高品位

随着时代的飞速发展，物质生产极大丰富，人们生活水平普遍提高。物质化、舒适性、高品位的生活是现代社会生活的一大特色，而追求舒适和高品位的生活也是现代人追求的生活目标。然而，由于地域、资源分布的不平衡，从目前的状况来看，社会发展毕竟是不平衡的，贫富差距还是极其严重地存在于社会的每个角落。一些先富起来的大款们奢华的生活从各个方面强烈地刺激着每个人。生活在这样一个繁华多彩的世界里，耳濡目染着都市的物质文明和现代气息，作为占绝大多数的都市女性工薪一族，时常感到薪水缺乏，囊中羞涩。五光十色的世界又不断刺激着她们，诱发女性的喜怒哀乐的复杂情绪，于是在心身与外界之间就有产生失调的可能。追求物质化、舒适性、高品位的生活无可厚非，然而，如果不能把握方向，不是从自己的实际出发而是一味地追逐，则可能使自己迷失方向，甚至坠入犯罪的深渊。当精力较弱、智能不足或有生理缺陷，而外界的刺激又是如此精彩时，则容易使人自卑、沮丧、失去朝气。特别是在一些男权文化比较明显的组织机构中，女性付出更多的努力，却得到很少的回报，还要时时担心自己会因表现不佳而被降职或解雇，自卑焦虑的心理油然而生。

（二）现代社会生活对女性心理健康的消极影响

1. 中国现代女性面临种种问题

中国现代女性正面临着种种挑战。在改革大洪流的冲击下，社会竞争日益激烈，科学信息迅速膨胀，生活节奏逐渐加快，这些使她们心理上原有的平衡受到极大的震动。由于女性自身的生理与心理特点的制约，加上多重的社会角色的困扰，传统观念又给她们以束缚。因此，在现代社会生活中，她们面临着比男性更多的困惑，心理冲突的发生比男性更加频繁。她们希望自己在事业上能够成功，但在成才的路上却心理障碍重重；她们渴望得到幸福的婚姻、美满的家庭，但是又缺乏婚恋心理知识与家庭管理的技巧和艺术；她们想追求美的风度，但又不甚了解永葆女性魅力的诀窍；她们望子成龙、望女成凤，却由于教子无方而迟迟达不到预期的目的；她们想保持心理健康，但又缺乏心理卫生与心理保健的知识；她们希望在社交中得心应手，但又缺乏交际的艺术……总之，现实生活中的不少女性，由于心理冲突或心理障碍而使自己的学习、工作与生活以至身心健康都受到影响。

2. 由各种未能解决的问题而导致的高自杀率

相关统计数据结果显示，中国女性自杀有两个高峰年龄段，一是15～24岁，二是60岁以上，其中，3/4的人文化程度在初中以上。有专家分析认为，青年人因恋爱受挫、夫妻矛盾、家庭纠纷自杀的占多数，女性自杀行为多发生于月经前期。过去农村妇女自杀率较高，近10年，18～25岁的城市妇女自杀的人数上升较快，大多因婚恋、工作遇到挫折，心理承受能力差，一时冲动而引起。另外，抑郁是导致自杀的一大凶手，因为产后抑郁而导致自杀的案例也时有发生。

从更深层次的角度分析，可以得出，社会心理模式可以解释女性自杀率，尤其是农村女性自杀率在中国居高不下的原因。专家指出，在传统的中国社会文化中，自杀是一味可以被接受的且在某些情况下甚至是被鼓励的行为。在旧时代，受儒家文化道德观念影响的中国女性，在保存名节、随某人而死、实现美德和对生者施加压力的情况下，选择自杀的行为是被歌颂的，特殊者甚至可得到官方的表彰，颁给荣誉，建立贞节牌坊。从儒家观点看，这些自杀行为被认为是“合乎理性”的，它维护了对社会文明进步至关重要的权利与职责的平衡。专门研究明清两代妇女自杀的学者认为，在中国的15—18世纪，殉夫或守节而死的行为是受到政府鼓励和赞扬的。近代一些中国学者则指出，低阶层的年轻妇女常常使用自杀作为一种抗议手段，或者用死来逃避无法忍受的生活现状。

无论从哪个角度进行分析，女性自杀者人数居高不下，现代女性的心理健康受到严重威胁，这是一个不争的事实。这一事实应该引起社会全体成员的高度重视，要加强建立社会生命危机干预措施。从更高的精神层面上来说，要大力推进女性心理学的研究工作。

（三）现代社会生活中高心理素质女性优秀代表

尽管现代社会生活的特点给女性的心理健康造成了很大的威胁，但是仍然不乏一些杰出的女性。这样的女性在中国社会的各个历史时期、各个领域均有出现，在知识化、信息化的现代社会生活中，更是出现了一大批具有卓越成就的知识女性、职业女性。在把自己的事业打理得井井有条的同时，她们也拥有幸福美满的家庭。这样的女性应该说是具有很高的心理素质，是我们学习的楷模。

1. **杨澜的艺术人生**

杨澜可以说是一个很成功的女性，自从在中央电视台当节目主持人以来就备受大家的关注。她一路走来，取得无数的荣誉与成就，成为年轻女性的偶像。她毕业于北京外国语学院英语系。1990 年 2 月，中央电视台公开招考主持人，她在上千名的竞争者中脱颖而出，开始主持《正大综艺》节目。1994 年，她在事业成功的巅峰急流勇退，远赴美国排名首位的哥伦比亚大学就读国际传媒专业。1996 年 5 月，她以全优成绩毕业，并获得了硕士学位。之后，杨澜与哥伦比亚广播公司制片人莫利斯·莫米德共同制作导演了《2000 年那一班》这部两小时的纪录片。该片在哥伦比亚电视网晚上 7 点黄金档向全美播出，创下了亚洲主持人进入美国主流媒体之先河，并获评论界好评，《纽约时报》《新闻周刊》等大型媒体均对其进行了大篇幅的报道。1996 年，杨澜被选入英国《大英百科全书名人录》，同年，她与上海东方电视台联合制作的《杨澜视线》节目在全国 52 个省市电视台成功发行。1997 年，杨澜应联合国副秘书长的邀请，作为东亚唯一代表，出席了联合国世界媒体圆桌会议，11 月，又应邀出席了联合国“‘97’世界电视论坛”。杨澜被选为哥伦比亚大学国际关系学院校董事，成为这所美国常春藤名校有史以来最年轻的董事。1997 年底，杨澜结束了在美国的生活，正式加盟香港凤凰卫视中文台，推出访谈节目《杨澜工作室》，自己当制片人也当主持人，采访了众多著名时事人物，节目大受评论界的欢迎和赞赏。1999 年 10 月，杨澜辞去了凤凰卫视的职务，收购了香港良记集团的股份，并将它改名为“阳光文化网络电视投资有限公司”。从此，杨澜由电视界转向了商界。由杨澜任董事会主席的香港阳光文化网络电视投资有限公司被 2000 年 10 月出版的美国财经杂志《福布斯》评为全球最佳 300 家小型企业之一，被《福布斯》形容为业内的“未来之星”，“阳光文化”是入选 20 家“未来之星”最佳小型企业的唯一一个中国公司。次年，杨澜跃居《福布斯》2001 年度中国富豪榜第 56 位。

除了在事业上的辉煌，杨澜也是一个贤妻良母，相夫教子，尽职尽责。她和丈夫吴征一起耕耘于卫星技术、网络传输、收费电视、宽带内容提供以及房地产业等领域，取得了令人羡慕的成绩。她的两个孩子在她的培养下也健康快乐地成长着。35 岁的杨澜事业成功、家庭美满。在繁忙的工作之余，她还撰写了《凭海临风》《渴望生活》《杨澜访谈录》等作品。

2. **令人羡慕的张欣**

作为 SOHO 中国联席总裁的张欣女士也是众所周知的风云人物。她一方面是 SOHO 中国有限公司、SOHO 现代城、建外 SOHO、亚洲建筑师走廊、海南博鳌蓝色海岸的主人、规划者，另一方面她也是地产界巨人潘石屹的妻子，潘让、潘少两个孩子的母亲。

张欣从小父母离异，14 岁她就一个人跨过罗湖桥在香港做女工，赚了学费之后去了英国留学，成为英国剑桥大学发展经济学的研究生。1992年，她获得英国剑桥大学发展经济学硕士学位。1992年到1995年先后在高盛集团（Golden Sachs）和美国华尔街投资银行旅行家集团任职，主要负责中国直接投资项目。1996年，她放弃了收入丰厚的工作，回国嫁给了在业内暂无名气的潘石屹。之后两人一起开办公司，携手共创了SOHO现代城、建外SOHO。在她的事业如火如荼之际，她暂时放弃了工作，去香港生孩子。在完成女人向母亲的角色过渡后，她又重新踏入职场，提出亚洲建筑师走廊、海南博鳌蓝色海岸的项目规划。现在的张欣有了人人羡慕的事业和家庭。她使生活处于一种平衡状态，没有顾此失彼，这是每个职业女性最难做到的事，而她却做到了！

这样的一个女人，事业和家庭同样美满，她本身的生活也丰富多彩。很多有才华、有能力的人都因为过分努力地工作而忽视了娱乐，或忽视、损害了健康，甚至英年早逝，然而张欣却比其他人更重视健康。她每天都去运动，去健身房健身，游泳和跑步成了她生活当中不可缺少的两大运动。她还注意自己的形象修饰，在穿衣打扮上也是流行时尚的领头人。

张欣是个极有才华的新经济条件下的现代女性，用SOHO现代城设计师安东尼奥的话说："张欣是一个具有'敞开'意识的人，非常善于接纳、吸收国外先进的东西，而且这成了她成功的前提。"这里所说的"敞开"，即接纳、吸收，不封闭自己。

无疑，中国各行各业像杨澜、张欣等这样具有稳定的心理素质、聪明睿智的头脑、坚强的意志力的成功女性还有许多，她们能够在现代社会生活潮流的冲击下站稳脚跟，活得精彩，归根到底是因为她们在现代社会生活中，保持着健康良好的心理状态。

二、开展女性心理学研究的重要意义

开展女性心理学的研究工作具有重要的意义，具体体现在以下三点。

（一）提高女性自身素质的内在要求

提高女性素质主要是提高女性的思想政治素质、文化技术素质、心理素质和身体素质。思想政治素质提高了，才有较高水平的道德意识和社会责任感，才会真正明白人生在世除了个人的权利和自由，还有对亲人、朋友和社会的责任。在遇到困难和挫折的时候，才不会采取极端的方式来结束自己的生命。换言之，现代女性只有这四方面的素质都提高了，在综合运用知识方面才能果断决称，随机应变，才会具有创造力和开拓精神，工作效率才会提高，工作业绩自然也会变得显著。只有对某一领域、某一行业感兴趣，才会对自己所从事的工作由衷地热爱，才能以专注的感情和坚强的意志工作到底。

（二）对女性正确处理特殊心理行为问题具有重要的指导意义

女性在成功与发展的道路上面临比男性更多的困难与障碍，女性要成就事业必须付出更多的艰辛与努力。这跟我们的社会发展历史密切相关。在中国女性的身上，有着几千年封建社会所积淀的权威崇拜的特性，对个人处境的改善不是寄希望于自己的奋斗与决定，而是依靠能人智者的指点与帮助。另外，封建宗法观念对女人性格的扭曲，造就了她们弱者的心态，这就是对男人的依附性与顺从性。不少的女性在认识上存在着这样的误区，即认为女人在社会生活中只能处于从属的地位，女人是男人的附庸。正是这种思想，导致了她们自我发展权利的丧失，丢失了女性应有的独立人格和社会地位。所以，在这样一个几千年来一直以男性为中心的社会背景下，女性要成功，比男性面临着更多的压力。除了来自家庭的压力，来自工作和职场的压力也越来越大。传统的社会性别观念仍然对劳动力市场产生着影响。现在部分用人单位对女性的能力和价值认识有偏差，过分夸大生育、养育、更年期对女性就业的负面影响，加剧了妇女在就业竞争中的不利处境。现代社会的职业女性挑起事业和家庭两副重担，女性在发展的过程中存在着比男性更多的必须克服的心理障碍与弱点。拥有健康的心理，培养良好的心理素质，是现代女性适应社会发展的需要。开展女性心理研究对女性解决这些问题具有重要的指导意义。

（三）对提高女性在现代社会生活中的地位具有重要意义

在社会现阶段的社会文明建设领域中，不可避免地存在着性别歧视、虐待女性的思想、行为，男女不平等是既存的事实。单从受教育的机会和受教育水平上看，男性就普遍高于女性；在艺术、文学领域，女性的弱者形象一直占多数，而很少有独立自主的形象出现；在伦理道德方面，由于受封建时代的“三纲五常”“三从四德”的影响，男尊女卑、男强女弱、从一而终的思想依然存在；在家庭生活中，男主女从、男外女内的现象仍然存在。所以要加强女性心理的研究发展，在社会文明建设中逐步确立男女平等的意识，以提高女性在社会文明建设各领域中的地位。

女性心理学将告诉女性们怎样使爱情美满、家庭幸福；如何展示女性的风采，保持青春的魅力；怎样把子女培养成才；如何塑造健全而完美的人格，做到自尊、自信、自立、自强；怎样实现多重角色的完美统一；如何在社会竞争中立于不败之地。同时，提出女性应如何提高自身的心理素质，在改革的洪流中，为祖国的“四化”建设充分发挥自己的聪明才智。

第二节　女性心理学的诞生

近代心理学的开始是以1879年德国心理学家冯特在莱比锡建立的第一个心理学实验室为标志的。发展至今已有一百多年的历史了，但是女性心理研究却是在20世纪50年代以后才得到重视的。早期的心理学是“无女性”的心理学。这不仅是由于当时几乎没有女性心理学家，而且心理学界也普遍认为女性的体验不值得研究。心理学中的概念都是基于男性的。例如，弗洛伊德（Freud Sig-mund）曾在他的著作里从男性的角度提出俄狄浦斯情结（Oedipus Complex）和阳具嫉妒，把它们应用于两性。艾里克森（Erik Erikson）关于青少年自我认同发展的主张也是这样。在整个心理学历史上的大多数时期，对女性的注意很少，不仅低估女性的经验，而且导致将男性的经验不正确地全面推广到包括女性的整个群体中。

随着妇女运动和女权主义的兴起及科学家对两性脑的比较研究的发展，女性心理逐渐得到重视和发展。女性心理学是一门边缘学科，不仅涉及心理学，而且涉及生理学、社会学、妇女运动史等各学科。随着这几个学科的进步和完善，女性心理学也得到进一步发展。

一、妇女运动和女权主义的兴起

女性为了争取自身与男性享有同等的存在和发展的权利，在各个历史时期都进行过不屈不挠的反抗与斗争。近现代以来，女性开始以各种形式组织起来，展开争取女性的社会解放和男女平等的斗争，形成了各具特色的妇女运动。世界上第一位女权主义者，法国的玛丽·沃尔斯通克拉夫特于1791年写了《为女权一辩》一书，书中有两种观点：一是认为如果妇女不能同男子平等，人类知识和美德的进步将会停滞；二是认为妇女如果要为文明作出贡献，就必须为此做好教育上的准备。第一个观点肯定了妇女的地位，以及妇女为人类所作的贡献，第二个观点提出了要重视妇女的心理发展。20世纪60年代，贝蒂·弗里丹出版了《女性的奥秘》一书，这标志着现代女权主义运动在美国开始。随后，国家妇女组织也得以建立。

女权主义学者信奉五种不同类型的女权主义。

（1）自由女权主义认为女性和男性应具有同等的政治、法律、经济和受教育的权利与机会。自由女权主义者倡导改革，他们的目标是改变对女性不公平的态度和法律，使教育、就业和政治机会平等。例如，他们寻求一种鼓励女性在所有学术领域发展的教育环境，去除在工作场所中妨碍女性全面参与和晋升的障碍，给女性更多的政治领导职位。自由女权主义者强调女性与男性的相似性，并主张性别差异是由机会不平等所带来的。

（2）文化女权主义则反映了这样一种信念，即女性和男性是不同的，其中许多方面都是由女性特殊的品质决定的，比如养育、关心他人及合作性等。文化女权主义者关注与男性特质（比如攻击和缺乏情绪表达等）有关的破坏性的后果，并想通过提高人际指向的价值增进女性的能力。

（3）社会主义者的女权主义认为性别不平等源于经济不平等。这类女权主义者相信对女性的压迫是基于性别、民族和社会阶层彼此的相互作用，只有改变了社会的资本主义结构，才能消除这种压迫。

（4）极端女权主义认为性别不平等基于男性对女性的压迫。极端女权主义者认为是父权制即男性控制和支配女性带来性别不平等，这已经有很长的历史，一定要消除它以达到性别平等的目标。极端女权主义者不同于社会主义者的女权主义者，将男性看作女性受压迫的来源。他们不只关注在社会机构中如工作场所的不平等，也关注在家庭和其他亲密关系中的权力分配。

（5）有色人种女性的女权主义认为，女权主义运动主要关心白人女性面临的问题，他们认为，种族主义（racism，由于种族不同而区别对待）和阶层主义（classism，基于社会阶层的偏差）与性差别主义（sexism，基于性别的偏差）是同样重要的。

很明显，女权主义的观点并不一致，但是他们都认为女性相对于男性是不利的，男女是不平等的。女权主义理论家和研究者认为，多数心理学理论、研究和实践存在性差别主义的偏差。于是，他们着手扩展有关女性的知识并纠正过去的错误。在女权运动的这些年里，女性心理学成为一门独立的学科。1969 年，女性联合会成立了。1973 年，美国心理学会（American Psychological Association，APA）建立了女性心理学分会（Female Psychology），并出版了一些女性心理学教材，以此为名称的大学课程也开始出现。

二、脑研究及女性生理研究促进女性心理学的发展

脑是心理机能的物质载体，心理研究长久以来都跟脑研究息息相关。早期心理学家认为女性不同于且不如男性。他们的证据就是有研究说女性的脑小于男性，并以此解释他们的假定：女性不如男性理智、聪明。按照正常发育的平均脑重量，男子是 1 388 克，女子是 1 252 克。但是这种理论与相对脑量——相对于体重的脑重——的 发现是不一致的。因为女子的体重轻于男子，男子体重每千克脑重为 21.6 克，而女子体重每千克脑重为 23.6 克。这样看来，女性的相对脑

量大于男性。而且，单从历史名人考证的话，单纯以脑髓的长短和重量来考察心理素质是很不科学的。比如，法国科学家霍可曼脑重只有1 226克，作家法朗士脑重只有1 017克，而一个脑重1 925克的男子却是一个智力障碍者。至今发现的两个脑重为1 742克和1 580克的女子都是患精神病的妇女。

传统认为男子优于女子的刻板定型的观念不是那么容易消除的。于是科学家开始比较两性脑的不同部分，并企图找到所谓的女性智力差的原因，结果没有发现任何差异，然而探索还在继续。1982年，享有很高声望的《科学》杂志发表了一篇研究论文，称女性的胼胝体（连接两大脑半球的部分）大于男性。研究者提出这种差异也许能说明假定的女性有较差的空间能力的说法。但是这个研究有很多的漏洞，首先研究的样本数很少，只有9个男性的脑和5个女性的脑，无法推广到所有的两性个体身上。有神经解剖学家使用了大得多的样本进行研究，但是没有发现任何的性别差异。

第一代女性心理学家们也展开研究以挑战女性劣于男性的观点。结果有研究发现，男女两性在智力上的差异是很小的。曾经有一种流行的观点，认为女性在月经期内是虚弱的，所以不适合拥有责任重大的职位。月经是女性发育到成熟期所出现的一种生理现象，主要表现为子宫内膜受卵巢激素的影响，出现周期性的变化及出血。在月经期间，大脑皮层兴奋性降低，常有精神不振和痛经现象发生。但是有最新的研究报道说，在女性的整个月经期，智力、感觉和运动能力无系统性的变化。只要加强保健卫生，使影响缩小到最低限度，女性在月经期间照样可以参加社会活动，当然也可以拥有责任重大的职位。

三、女性心理学者的增加为女性心理学发展作出巨大贡献

我们知道，个人的偏爱决定了个人所关注的对象。同理，科学家个人的兴趣也影响了他们决定要研究的题目。如果一个男性心理学家相信领导品质主要是男性的特质，他就不可能研究女性的领导风格。纵观心理学的历史，多数心理学家是男性，所以很少有与女性相关的题目被研究，女性心理学迟迟得不到发展。

心理学中的第一批女性学者面临着许多的困难。18世纪末到19世纪初，很多大学不欢迎追求高学位的女性。这种性别歧视一直持续到20世纪。

自1970年以来，伴随着女性心理学家的增加，与女性相关的研究课题也逐渐增加，女性心理学也作为一个学科而得到发展。在1974年至1993年间发表的对女性重要的问题的研究的文章增加了很多。1974年没有关于女性成就的研究论文发表，而1993年有161篇。1982年至1993年大学心理学教材涉及女性的贡献和有关性别的研究的书籍数量明显增加。在普通心理学教材中涉及性别相关的

题目从20世纪70年代早期到90年代早期增加了将近40%。

总之，女性心理学家的增加，进一步推动了女性心理学的发展，使之不断走向完善。

第三节 女性心理学的研究对象和研究内容

妇女运动和女权主义的兴起，导致了女性学的产生。可以说，女性心理学的产生也深受其影响，它是女性学下的一个分支学科。女性心理学是一门运用心理学科，也是一门边缘科学。它不仅涉及心理学，而且涉及生理学、妇科学、妇女学、女性社会学、女性人类学、妇女运动史等学科，所以女性心理学有其自身特殊的研究对象和内容。

一、女性心理学研究的对象

女性学的研究对象是一个不断扩大的同心圆，它由“女性”这一原点出发，逐次探讨女性本质、女性存在和生存状态、女性的外涉关系、女性问题、妇女运动、女性观念和女性未来发展等问题。心理学的研究对象是人的心理现象的发生、发展及其规律。女性心理学的研究对象既不同于女性学又不同于心理学。主要对象有以下几个方面：

（一）探讨“女性”这一性别群体的心理特点与规律

它是从心理学角度对女性特质的解析。女性是组成人类的一部分，她不是孤立存在的，不是生活在单性的世界里，而是生活在社会和家庭之中，镶嵌在性别关系里的。女性心理学的研究对象是以“男性”作为参照对象来比较研究的。有关女性心理的论题来源于特定的性别文化和性别结构，女性心理学不能不涉及性别关系。事实上，女性心理学正是以宽泛的两性关系为背景，通过考察性别结构、性别文化和性别制度，描述和分析女性的各种心理特征，探索女性心理发展的规律。

（二）探讨女性的特殊生理、心理活动及其发展规律

女性的特殊心理及其发生、发展和规律，是与女性特殊的生理特点相关联的。这些特殊生理特点包括月经、怀孕、流产、分娩、哺乳、更年期等。这也是与男性心理相异的原因之一。

怀孕期间的女性，在怀孕早期，孕妇均感到将做母亲的喜悦、幸福和自豪，

这种有益的心理反应对胎教有利。但一部分孕妇由于内分泌的变化，会产生紧张心理，尤其是有早孕反应的妇女，由于恶心、呕吐、眩晕、食欲不振等因素而产生种种烦恼：担心妊娠失败甚至厌恶妊娠；吃过药、打过针的人害怕胎儿畸形；在居住条件差、经济条件不够、学业未完成、有机会出国等情况下担心妊娠会带来负担，想做人工流产，又想继续妊娠，忧心忡忡；稍有腰酸腹痛，又担心胎儿流产。怀孕后期，由于胎儿生长发育加快，母体各脏器的负担也达到高峰，孕妇会感到十分疲劳，这也影响她的心理活动。孕妇因为行动不便，更需要家人照顾，自己感到笨拙、丑陋、乏味、邋遢，希望孩子早点出来，但是又对分娩产生顾虑，怕难产、怕分娩疼痛，会为分娩是否顺利、安全，胎儿是否正常、健康而担忧，这些都会造成精神紧张。特别是过去有不良产史或有其他高危因素者，则焦虑更重。到分娩前或接近预产期时，孕妇对分娩既高兴又害怕，既紧张又充满希望。心情是复杂的，情绪是不稳定的。所有这些心理都是男性所不能体会的。

（三）探讨与男性相异的女性特殊心理

女性与男性相异的特殊心理，不仅仅是生理上的差异造成的，更多的是由许多人际的、文化的和社会的因素所造成的，是社会建构的结果。在还是小孩子的时候，就已经永久地设定了女性和男性在认同、人格和情绪需要上的不同发展道路。社会对于女性，在人际关系和情感方面给予了很高的期望，而在工作成就方面则期望比较低。相应地，女性就发展了体贴、温柔、忍让等品性，而忽视了成就动机；相对于男性而言，女性的自信比较低，也不自立、自强。所以现代职场中的女性面临着更大的心理压力。当她们成家有了孩子之后，往往面临着事业和家庭的矛盾。矛盾尖锐时，她们更容易放弃事业而选择家庭。

（四）实现多学科的综合

任何心理现象的产生都有物质基础作为依托，是社会历史发展的产物，是与一定的社会历史环境相联系的。女性心理的研究当然也离不开生理基础，特别是不能离开脑研究、认知神经科学研究而独立存在。当然也离不开社会环境，特别是离不开教育。正如法国的玛丽·沃尔斯通克拉夫特在 1791 年写的《为女权一辩》一书所认为的那样，妇女如果要为文明作出贡献，就必须为此做好教育上的准备。

当然女性心理不能只是片面地放在生理学的基础上研究，也不能只是片面地放在社会文化背景中进行，而必须把两者有机地结合起来，把女性的生物特性看作女性心理的自然基础，把社会文化背景看作女性心理的社会方式，在自然的基础上，按照社会方式的不同要求组织起来。这种特殊的认识过程，构成了女性心理的表现。

二、女性心理学的研究内容

在社会发展的不同历史时期，由于社会环境背景不同，女性心理学的研究内容也各不相同。另外，由于各国的社会制度、风俗习惯、社会舆论及其文化素质不同，女性心理学研究内容的侧重点也不一样。

早期的女性心理研究受妇女运动和女权主义的影响很大。妇女运动与女权主义主要是为了争取男女平等，为女性争取与男性一样的自由和权利。受其影响，女性心理研究主要集中在社会性别研究上，强调男女的相同，认为男女心理的不同不是先天的原因造成的，而是后天社会文化建构的结果。比如霍妮对弗洛伊德关于“女性心理是由生理构造所决定”这一观点提出了怀疑，认为女性的心理特点和女性的发展与社会环境及其文化有关。尽管霍妮还没有清楚地意识到社会文化与女性心理发展之间到底存在着什么样的关系，但是在她对女性心理的探讨中，她已经得出了与正统精神分析理论强调生物因素对心理的决定作用不同的结论。通过对女性的阉割情结、女性的男性气质情结、女性的性冷淡现象、女性的受虐狂倾向等问题所做的精神分析，她认为，女性身上的这些特点实际上并不完全是生理上的原因造成的。生理上的特点和生理结构尽管构成了女性心理特点的生理基础，但是，女性如何体验自身的生理特点，是深受其文化影响的。

20 世纪 70 年代，美国女性心理的研究主要集中于女性的发展心理、生理心理、职业心理、女性成就、权利及地位心理等方面。而日本的女性心理学则主要研究女性生活、女性气质、女性行为特征等，东欧一些国家则主要研究女性的婚姻心理、家庭心理。

在现代社会，由于经济快速增长，人们的生活质量提高，性意识和性观念逐渐开放，女性性心理研究也逐渐得到重视。另外，就业压力等一系列社会问题，导致家庭稳定性下降，离婚率上升，女性的婚姻心理的研究，即结婚、离婚、再婚心理的研究也是一项重要内容。随着社会的发展和科学的进步，现代女性心理的研究内容向多元化发展。主要内容有以下几个方面：

（一）女性心理的社会化

女性心理的社会化主要是研究女性性别特征的形成，如对社会性别形成理论的研究。它是研究女性心理特征不同于男性的一般条件；研究特殊条件下所形成的男女心理差异；对男女不同心理特征的评价。研究传统性别角色差异形成的条件、特征和任务；研究现代社会男女心理优势互补的条件及其发展趋势，形成理想的、合乎社会发展的性别角色模式。

（二）女性的发展心理

女性的发展心理是研究各年龄段女性心理的发生、发展及其特点，即研究女性心理前期、青春期、生育期、中壮年期、老年期的具体心理特征，以及某特定年龄段所要解决的主要问题、所要发展的任务。如女性心理前期的言语、自我意识、情绪、人格等的发展，青春期性意识心理和认知的发展，青年时期的教育、求职和生育，中年时期的能力、就业、成就，老年期的心理整合与保健等。研究各阶段心理变化、发展的条件，如何创造有利的主客观条件，挖掘女性心理的潜在优势，克服不利因素和不良的心理品格，从而更好地发展。

（三）女性的恋爱、婚姻、家庭心理

恋爱、婚姻、家庭是每个女性在人生道路上总会遇到的事情。女性的恋爱、婚姻、家庭心理主要研究恋爱、婚姻、家庭关系中女性的心理，研究女性在建立良好恋爱、婚姻、家庭关系的过程中应具备的品质，女性与家庭中各种人际关系，家庭消费心理等，如女性的恋爱动机、恋爱类型、失恋心理及调适、择偶标准、夫妻关系类型、婚姻的变异、亲子关系、婆媳关系等，其目的在于指导女性处理好家庭人际关系，建立幸福美满的家庭。

（四）女性的自我意识及塑造心理

女性的自我意识及塑造心理主要是对女性个体形象进行研究，即研究女性的成才心理、审美心理等。重点研究其想象力、创造力、分析思维能力、社会交际能力。

（五）女性的职业发展心理

女性的职业发展心理主要分析女性职业发展所受性别角色的限制，以及相应策略等，使女性更清楚地认识与发展自己。作为现代社会的一名成员，女性往往既需要追求社会角色，也需要努力扮演照顾家庭的贤妻良母形象。既要适应剧烈的市场竞争、投资风险和就业压力，又要以开放、乐观、宽容的心态为人处世，以适宜的方式方法调节不良心态，缓解心理压力，处理职业角色和家庭角色的双重角色冲突。

（六）女性的性心理

性心理是人类一种极其复杂的心理，不仅受生理结构的影响，而且受社会文化的影响。正常的性感知、性注意、性交往、性欲望、性行为、性意志、性体验有利于女性的健康成长，有利于正确处理恋爱、婚姻、家庭关系，有利于婚姻、

家庭、社会的稳定，对其事业也有正性的影响。由于几千年封建制度和文化的影响，女性的性行为受制约，性心理一直很压抑，甚或只是成为男性性欲的工具，这些都不利于女性的心理健康及各方面的发展，所以要摆正女性性心理的位置。

（七）不同背景身份的女性心理

不同背景身份的女性心理基于女性经验的多样性，研究不同肤色类型、不同国家、不同民族和不同阶层等的女性心理特征。如白人和黑人女性的成就动机比较，劳动阶层和上流社会女性的婚恋心理，同性恋和双性恋女性的家庭亲子教育研究，亚裔美国女性、黑人女性、拉丁裔女性的职业生涯研究等。

（八）女性的犯罪心理

女性犯罪受社会客观环境和自身生理、心理因素的影响较大，是多种消极因素综合作用的产物。女性犯罪心理主要研究女性犯罪的主客观原因，女性犯罪的类型，女性犯罪的预防措施，以及拯救途径等。主要从理论和实践相结合、继承与探索相结合，从犯罪心理机制角度，系统地探讨各种形态的女性犯罪心理特征。通过对各种类型的女性犯罪心理现象的研究，提出对女性犯罪行为进行有效的预测和预防的策略。

（九）女性心理健康保健

随着城市竞争的越发激烈和劳动力市场供求矛盾的加剧，都市生活压力越来越大。在这种情况下，女性心理健康的风险也越来越大。而女性的心理健康关系到女性自身、子女、家庭乃至整个社会，如果女性心理不健康，会带来一系列的问题。女性心理健康保健主要研究女性心理健康的标准、心理健康的保健原则、心理健康的社会保障等，增强女性热爱生活、追求美好未来的信念。

第四节　女性心理学的研究方法

“工欲善其事，必先利其器”，这是人类从实践中总结出来的一条普遍规律。它表明了要做好一件事情，首先要有所准备。这里所说的“器”，一般是指工具。同样，要做好科学研究，也要讲求研究工具与方法。女性心理学作为一门特殊的应用心理学科，有其特殊的研究方法。既有与普通心理学研究方法相同的一面，也有不同的一面。

心理学研究方法根据不同的标准判断可以分为不同的类型。根据王一中在《心理学的研究方法与运用》中对心理学研究方法体系的分类，可以把女性心理学的研究方法分为三种类型：一为指导和决定各种具体的有关研究方法学的心理学哲学理论和原理，即哲学方法；二为在运用各种具体的研究方法获得有关研究数据和资料的基础上，进一步统计和处理这些数据和资料，并进行逻辑推理和思维加工的方法，即统计分析方法；三为在研究中使用的具体方法，即一般的研究方法。下面我们逐一进行介绍。

一、哲学方法

心理学的哲学方法论不能替代具体的、个别的研究，它需要在一般统计方法和统计分析方法中选择适当的研究手段才能实现和完成。但是这种哲学方法论的思想观点和基本原理对整个研究工作具有原则性、方向性和系统性的指导意义。所以女性心理学的研究要坚守以下几个哲学上的原则。

（一）决定论原则

辩证唯物主义的决定论原则认为女性的心理和行为首先是受制约于社会的因素，其次才是生物的因素，所以应从物质世界现象的普遍联系中去理解女性的心理。人的生活条件和生活方式等外部因素的影响决定着女性的心理，但是这种外部影响是通过女性自身内部特性的中介起作用的，而女性的内部特性本身在最初也是由外部影响形成的。女性心理虽然是由各种条件和因素所决定的，但是它并不是消极和被动的产物，而是女性在积极主动的实践过程中形成和发展的。同时，女性的心理又对其生产活动起着制约作用。

（二）反映论原则

辩证唯物主义的反映论原则认为心理是人脑对客观现实的反映，人脑是心理的器官，心理所反映的内容来自客观存在的现实。女性心理是在女性与客观世界相互作用的实践活动中产生并发展的，而实践则是女性有意识地认识世界和改造世界的活动。意识是人的心理所特有的反映形式，它使人的行为具有自觉性和目的性，同样女性心理具有主观能动性的反映特征。

（三）实践论原则

心理学研究不能脱离实践论原则，即人的心理在社会生活和工作实践中形成和发展的原则。因此，在选择和确定女性心理学研究的内容和课题时，要和女性的实践活动密切联系，从实践中发现问题、提出问题并用科学的方法去研究和解决问题。这样的研究才有科学意义和社会价值。同时，女性心理学研究也必须通过科学实验才能获得有关研究对象内在本质和客观规律性的认识。而通过各种科学研究所得到的认识和理论，也必须经过实践的检验才能证明其正确性和适用性。

（四）客观性原则

人的心理是对客观现实的主观的、能动的反映。就心理活动所反映的对象来说，它们是客观存在的事物和现象，而通过人的心理活动进行加工后就具有主观反映的方式和特点，成为一种以主观映像为反映形式的观念形态。女性心理现象也具有这种特殊的反映形式和观念形态。研究者往往容易犯一种错误，就是用自己的主观臆测去解释和判断所研究的心理现象。应该指出，女性心理现象就其反映形式来说是主观的、观念的，但它也是一种客观存在的现象。所以我们必须用客观性的原则来对待和处理女性心理学的研究对象，依据客观事实，寻求和发现心理活动的客观原因和客观规律。

（五）发展性原则

女性心理不是静止不变的，从出生到死亡都是发展变化着的，而且在各个不同的发展阶段都有一定的特点和规律。因此，发展性原则是研究女性心理现象的基本原则。发展性原则的基本观点认为，女性心理的发展是有一定方向性和阶段性的，既不能违背这种方向，也不能跨越必要的阶段，但是在一定的条件下可以加速这种发展的进程；不同个体之间、同一个体不同发展阶段之间存在着量和质的差异；发展具有关键期和年龄特征；心理发展和生理发展有着密切的联系；社会环境和遗传因素在心理发展中相互制约、相互作用。

（六）系统性原则

系统性原则是分析女性心理现象的一个基本原则。女性心理本身就是一种极为复杂的大系统，其中又包括了很多子系统，这些子系统中又各自包含了许多心理要素，它们不仅相互影响，相互制约，而且与社会环境、生活条件、自身的生理发展阶段等系统有着密切联系和相互作用，形成一个错综复杂的开放式动态系统。研究女性心理学问题就必须从系统性原则的观点去观察、分析和研究。现代系统论是对女性心理学进行系统研究的有力的方法论工具。

二、统计分析方法

资料搜集齐全后就要对资料进行统计分析。资料分析方法包括心理统计和逻辑思维方法。

（一）心理统计法

心理统计法是数理统计在心理学中的具体应用，它包括描述统计和推论统计。由于心理学的研究是在已收集到的大量的分散的原始数据资料的基础上进行科学加工的过程，以便概括出具有代表性的集中趋势，这就需要运用描述统计的方法。在实际工作中我们不可能，同时也没有必要把所有的研究对象全部都做一遍实验，而是采用抽取样本的方法在样本中进行实验研究。这种用样本研究中所获得的数据和资料来推论和表明整体的情况，就需要运用推论统计的方法。描述统计提出概括性的数据，而推论统计是在描述统计的基础上推断总体，即从样本的数据去推断总体的数据。

（二）逻辑思维法

通过一般研究方法收集到的科学事实，通常是以研究数据的形式表达的。这些数据资料本身并不能说明什么问题，它只是一些有关人的心理活动和行为表现的客观事实。这些数据和资料经过统计处理和分析之后，为我们进一步说明研究对象与有关因素之间的关系和规律提供了科学依据。而要从中获得科学的结论，则需要通过研究者的逻辑推理等思维活动才能达到。逻辑思维法是思维的高级形式，也是进行科学研究的重要方法。这种方法主要是通过分析、综合、比较、归纳和演绎等过程，揭示所要研究的现象和事实的本质与规律。在这些过程中，需要运用有关的科学概念、原理、定律等理论知识进行判断和推理，最后才能得到科学的结论。

1. 分析与综合

分析和综合是进行逻辑推理的基础，它是思维过程的两个方面。分析的主要目的是把一个复杂的整体现象分解为较为简单的部分后分别加以研究，找出各部分现象的特点和规律；而综合则是在对各部分进行分析研究的条件下，在整体上找出各组成部分之间的关系，从而在总体上把握其特征和规律。分析和综合是具有辩证统一关系的两个方面，没有分析就不能进行综合；同样，脱离了综合的分析也不能很好地进行。

2. 归纳与演绎

归纳法和演绎法是逻辑推理方法的核心组成部分。归纳法就是用特殊的、个别的事例来推导和证明一般原理的推理方法。在科学研究中，通过一定方法收集数据资料并经过处理加工后，在分析、综合、比较和分类的基础上，寻求和发现所研究事例中的共同特征、性质以及各种特征、性质之间的联系，由此归纳出具有一般意义的结论。由归纳法所得到的结论可以推广到研究对象以外的同类事物，尽管那些事物并没有全部一一进行同样的实验。演绎法是根据一般原理按照逻辑法则证明特殊事物的方法，从而能够依据已被证明是正确的普遍原理推断，并得出符合该原理条件的有关个别事物性质、特点的结论。

三、一般的研究方法

（一）女性心理学的一般研究程序

女性心理的研究，首先要选择好研究的课题，形成假设，再进行研究设计，搜集研究数据和资料，最后对数据资料进行统计分析，形成结论。前两个步骤是选题的过程，主要是提出假设和考虑选择验证假设的途径与手段，考察选题的合理性和科学性。中间两个步骤是围绕验证假设制订研究方案，确定自变量、因变量及其操纵和记录的方法，并对无关变量加以控制，然后搜集论证假设的证据。最后两个步骤主要是运用统计方法、逻辑方法和其他方法对搜集到的数据资料进行加工整理，对研究中的现象和变化规律作出解释，说明获得的结果与假设的符合程度，继而形成结论。这也是心理学研究方法的一般步骤和程序。对女性心理的研究，通常也根据所研究问题的性质、目的以及研究过程各阶段的要求来选择具体的研究方法。

（二）女性心理学的研究变量分析

心理学研究中一般都需要分析三种类型的基本变量，包括机体变量、刺激变量和反应变量，以及它们之间的相互关系。女性心理学的研究也不例外。机体变量指个体在遗传、智力、人格等方面的差异；刺激变量指影响机体反应的环境因素，如外界的声音、光线、工作条件、学习环境等；反应变量指由刺激引起的机体行为的变化，如反应的速度、次数、正确性、强度等。心理研究正是在于了解这些变量与导致这些变量的各种因素的联系，从而揭示心理活动的规律和机制。

（三）女性心理学的实验研究与非实验研究设计

根据在研究过程中是否对这些变量进行控制和操纵，可将女性心理学研究方法分为实验研究和非实验研究这两种基本类型。

1. 实验研究

实验研究是在控制的情境下，研究者系统地操纵自变量，使其按照预定的计划改变，并观察记录因变量的一种研究方式。实验法通常是借助于仪器装置在实验室中进行。如果观测到因变量的产生与变化确实是由自变量的改变而引起的，那么自变量与因变量之间就存在着因果关系。

2. 非实验研究

非实验研究与实验研究的区别表现在对研究条件和因素的控制水平上。有许多需要研究的问题和现象不允许、不可能或者不能够对一些变量加以控制。例如，曾经在国内报道过有关被遗弃的“女猪孩”的事例，对这种已经发生而且后果业已产生的特殊的事例进行心理学的研究，只能采用调查法、测验法或个案法等手段，而无法进行实验研究。当然除了这种特殊的个例，很多女性群体心理和行为也需要用非实验法来研究。

非实验法对研究条件和有关因素的控制水平相对于实验研究而言是较低的，但这并不是说就可以随心所欲地对其任意安排了，非实验研究也需要进行精心的设计和周密的安排，严格按照计划和程序进行操作。非实验研究更像是一种相关研究而非因果性研究。它是根据与被试有关的几个变量之间的相互关系来解释被试的心理和行为特征的一种研究方法，所以它取得资料的方法通常有自然观察法、访谈法、问卷法、测验法等。

总的来说，女性心理学在一般资料的搜集上用到心理学的大部分方法，包括实验法、度量法、调查法、观察法和档案法。实验法有实验室实验法和自然实验法。心理度量法是指采用一定的操作程序给心理和行为确定出一种数量化的价值方法，包括心理量表法、测量法、心理物理法。其中心理量表法根据指定量表的单位和参照点的种类，可分为称名量表、顺序量表、等距量表和比例量表；测量法也叫心理测量，形式上有言语测验和操作测验两种；心理物理法研究心理和物理量之间的对应关系，主要包括极限法、恒定刺激法和平均误差法。调查法有口头调查法（访谈法）和书面调查法（问卷法）。观察法是通过对被试言行的观察记录来积累资料，包括自我观察法。档案法是搜集有关被试的文献资料如日记、自传等的一种方法。

四、其他类型研究方法

除了以上所列的这些研究方法之外，女性心理学还运用到文献综述法、个案研究、发展研究和模拟法等研究方法。其中模拟法是根据某种近似的理论设计出与心理活动相似的模型，然后通过对模型的实验和研究间接地对原型的性质和规律进行探索。目前，在心理学研究中有多种模型，主要为潜特征结构模型、数学模型、理论模型和图解模型等。

女性心理学目前的研究方法体系既重视精细的实验和仪器测定，又重视定性研究方法的应用，并且越来越重视多种研究方法的综合应用。在研究过程中，电子计算机得到普遍的应用。总之，女性心理学的研究方法在其理论和研究的发展过程中会不断地更新和完善。

思考与讨论

1. 现代社会生活具有哪些特点？对女性心理会产生哪些积极的和消极的影响？研究女性心理学具有哪些重要的意义？
2. 女性心理学的诞生是在什么样的条件下进行的？
3. 女性心理的研究对象和内容分别是什么？
4. 女性心理学的研究用到了哪些具体的研究方法？

第二章　女性生理与心理健康

——有了健康才有快乐幸福

新中国成立以来，经过我国政府、非政府民间组织、国际组织的共同努力，中国女性的生理健康状况有了很大好转，女性生理健康保健取得了令人瞩目的成就，女性的生育健康水平有了显著提高。但是，随着现代社会生活方式的改变，女性的身心健康仍存在各种隐患，特别是现代女性的心理健康问题尤为突出。在各种压力下衍生出的种种心理健康问题已成为现代女性健康发展的主要障碍，必须引起国人的高度重视。现代女性应增强身心健康意识，掌握科学的心理调适方法，加强自我心理养护，促进身心健康。

第一节　女性生理健康

一、女性生理健康概况与主要问题

随着经济的发展，人们物质生活水平的提高，女性的生育健康水平也不断提高，平均寿命不断延长，中国女性的健康事业取得了较大的成就。然而，随着人们现代社会生活方式的改变，各种社会压力的增加，在女性健康水平提高的同时，也衍生出各种各样的现代生理疾病，女性整体的生理健康状况不容乐观。

（一）女性生理健康的概况

1. 健全法律制度，确保女性权益，提高健康水平

新中国成立后，中国政府先后制定了多部法律和各种政策制度，从法律上保障女性的生育权利和健康维护权利。各地各级政府的职能部门和妇联组织采取了一系列措施，促使女性的生育健康水平有了较大幅度的提高。“中国政府以积极的态度响应国际社会对健康的倡导，遵从以人为本、公正公平、优质服务的国际准则，颁布和实施了《中华人民共和国母婴保健法》（1995）、《中华人民共和国人口与计划生育法》（2002）、《中国儿童发展纲要》（2001—2002）、《中国妇女发展纲要》（2001—2010）等一系列法律法规和政策，把提高妇女地位与保障妇女健康有机结合起来。《流动人口计划生育管理和服务工作若干规定》（2004）

的颁行，使流动妇女享有了越来越多的健康福祉。”①

2. 政府积极参与，加大资金投入，重视妇女保健

首先，中国政府高度重视妇女儿童的健康水平。新中国成立以来，中国政府采取积极行动，加大对农村和贫困地区妇女生殖健康的资金投入，开展各种妇女保健项目。如2000—2001年，中央财政和地方政府投资2亿元对西部12个边远贫困省份的378个国家级贫困县实施了“降低孕产妇死亡率和消除新生儿破伤风”项目；在广泛的范围内开展“关爱女童”“婚育新风进万家”“母亲安全”“生殖健康优质服务试点”“计划生育男性参与”等项目；积极与国际机构在生殖健康和性别平等领域开展合作，如中国商务部将1/3以上的援华资金用于支持妇幼卫生事业。② 其次，动员社会各种非政府组织和民间组织参与各种男女性别平等和健康研究工作，挖掘社会资源和各种力量共同关注妇女健康事业。“非政府组织和民间组织积极开展各种社会性别平等与健康项目，举办各种妇女健康论坛，开展行动研究，对政府进行健康宣传和倡导，推动了政府妇女健康政策的改进。”③

3. 国民健康意识不断增强，女性健康状况得到改善

近年来，随着中国政府、非政府组织、民间力量的共同努力和国际组织的促进，随着我国妇幼保健事业的发展和计划生育优质服务工作的开展，女性的生育健康水平有了较大提高。近几年来，中国妇女的健康状况有了很大改善。“孕产妇死亡率由1996年的63.9/10万下降到2002年的43.2/10万，婴儿死亡率由1996年的36.0‰下降到2002年的29.2‰；住院分娩率和新法接生率逐年上升，2002年全国住院分娩率为78.7%，其中城市89.4%，农村71.6%；2002年新法接生率全国达到96.8%，农村95.4%；妇科病的普查普治工作进一步普及；妇女预期寿命增长，由1990年的70岁提高到2000年的73.8岁。”④

4. 女性对自己健康的重视程度和健康意识不断提高和增强

湖南省人口和计划生育委员会主办的幸福人家网站2007年曾做过一项网上调查，据该项网上调查数据显示，35岁以下女性生第一胎时做过产前检查的比例，城镇为94.8%，比35岁以上女性高14.8个百分点；农村为75.9%，比35岁以上女性高28.8个百分点。35岁以下女性生第一胎的住院分娩率，城镇为87.6%，比35岁以上女性高14.2个百分点；农村为47.1%，比35岁以上女性高22.7个百分点。同一项调查的结果显示，在最近3年中，86.4%的男性和79.7%女性没有得了病不去看的情况。有妇科病症状的妇女中，能够去医院诊治

---

①②③④ 参见中华全国妇女联合会、中国妇女联合会于2004年6月发布的《中国非政府妇女组织对中国政府执行〈行动纲领〉和〈成果文件〉的评估报告——中国非政府妇女组织〈紫皮书〉》第1页至第3页。

或自己买药治疗的，城镇为74.7%，农村为70.2%，其中32.5%的城镇妇女和27.7%的农村妇女能够马上到医院治疗，这从一定程度上反映了妇女健康意识的增强。

5. 社会对女性整个生命周期的健康服务与需求更为关注

随着新的生育健康理念影响的扩大，人们在更广泛的视野下关注妇女整个生命周期的健康服务与需求。生殖健康服务更加人性化；妇女避孕节育的知情选择权增加；青少年女性和更年期、老年期妇女的身心健康得到越来越多的关注；性别的暴力对妇女健康的影响也被纳入公共卫生视野；男性参与不仅成为生殖健康研究的重点，更成为一个新的行动趋向；女性性病感染者比男性增长更快的势头得到越来越多的重视，社会性别与性病关系的研究，为政府提供了可靠的政策依据；健康教育的普及提高了妇女的生殖健康权利意识和自我保健意识；基于性别平等的生殖健康项目的广泛开展，增强了妇女的保健能力。

（二）女性生理健康的主要问题

1. 白领女性生理健康问题甚多

据2006年一项对“白领人群健康状况”的调查①发现，在主动去医疗机构进行体检的人群当中，女性人群中蕴含最高发的五种器质性疾病为：①心血管系统方面的疾病。41%的人有高血脂、心动过缓或者心律失常等心血管方面的问题，20～39岁女人的发病率甚至高于40～49岁的女性。②口腔方面的健康护理问题。39%的人有口腔问题，如龋齿、牙齿缺失、牙周病等。③妇科疾病问题。38%的女性会遇到各种各样的妇科疾病和健康维护问题。据世界卫生组织与国内权威机构最近一次关于“女性健康状况调查”的结果②表明，目前发展中国家已婚女性感染妇科炎症的比例高达85%，中国已婚女性的感染率维持在75%左右。④肝脏、消化系统方面的健康问题。33%的女性会遇到肝脏疾病、慢性胃炎、胆结石和胆囊炎等消化系统的疾病，患病率随年龄增长而增长。⑤生殖系统方面的健康问题。14%的女性有乳腺增生，这与越来越多的白领主动选择不育或推迟生育年龄直接相关。

2. 白领女性的亚健康状态呈上升趋势

亚健康是一种界于有病与无病之间的状态，机体虽无明确的疾病，却呈现免疫力降低，适应力呈不同程度减退的一种生理状态，是介于健康与疾病之间的一种生理功能低下的状态。表现为：经常感受身体不舒适，容易疲劳，睡眠不好，食欲不振，或常感觉头疼。以上这项关于“女性健康状况调查”的研究还显示，

---

① 引自2006年8月30日中央电视台《新闻联播》。

② 程利国．儿童发展心理学．福州：福建教育出版社，2002：390.

只有12%的女性没有出现亚健康症状，身体状况良好。也就是说，超过八成的女性白领处于亚健康状态。43%的女性虽然没有生病，但是经常感到疲劳，身体状态不好；35%的女性只是闹过几次小病，大部分时间身体感觉都不错；4%的被调查者差不多每次流感都会被传染，处于健康阵营的边缘。高校知识女性是高层次的白领女性群体，她们比一般女性承受更多的体力脑力的负荷。长期的教学科研工作压力透支了她们的体能，她们身体里隐藏着各种隐性生理疾病，她们中许多人的身体呈亚健康状况，生理发病率呈上升趋势。

3. 社会各年龄段不同阶层的女性患有各种妇科疾病和存在各种亚健康问题

除了白领阶层女性的身体状况存在潜在的健康威胁之外，社会各年龄不同职业阶层的女性同样存在妇科疾病和各种生理健康问题。全国各地区所开展的健康状况调查研究的结果都有力地支持了这一结论。例如，2005 年，福建省社情民意调查中心曾组织有关专家开展一项"福建省妇女健康状况调查"的课题研究。他们用随机抽样及辅助电话调查（CATI）的方法，抽取 18 ~60 岁女性居民共1 005名，调查结果表明：

（1）33%的女性居民患有妇科病。调查数据显示，在知道什么是妇科病的被访问者中，有33%的人患有或曾经患过妇科病。调查数据还显示，在各种妇科病中，阴道炎发病率最高，患者比重高达36.3%。其次是痛经和宫颈糜烂，比重分别是27.3%和19.8%。

（2）近三成女性对妇科病治疗意识淡薄。有28.1%的被访问者对妇科病知识一无所知。2005 年6 月10 日《假日100》杂志与天津万宁保健品有限公司联合举办了"天津女性健康有奖调查问卷活动"，他们对天津女性的健康生活与健康认识的状态作了初步调查。调查内容涉及女性健康方面的主要有三大项：健康状态的调查、影响健康因素的调查、对健康问题处理方法的调查。调查采用读者自填邮寄问卷的方式。调查对象包含了社会各种职业类别：体力劳动者占13%；脑力劳动者占66%；体力与脑力兼有者占21%。其中，从事脑力劳动者的学历在大专以上的占73%；中专及技校的占24%；硕士以上的占3%。这些数据说明参与问卷调查、关注健康的天津女性具有年轻化、高学历的特点。

调查的结果显示：超过半数女性的身体状况一直处于亚健康状态。调查结果数据反映，有50%的23 ~30 岁的女性认为她们的身体状况一直处于亚健康状态。工作压力大、没有时间运动、无法有效地宣泄自己的情绪、饮食不合理等因素，都是令她们时常感觉体力透支的主要原因。57%的女性对自己健康状况表示"一般"，23%的女性对自己健康状况表示"满意"，12%的女性对自己健康状况表示"非常满意"，8%的女性对自己健康状况表示"不满意"。这表明，多数女性对自己的健康状况无法准确判断，往往忽略了保健的重要性与必要性。

女性健康研究都表明，由于上班族女性从事的职业具有很强的竞争与压力，头疼的发病率一直呈上升的趋势。长时间坐在电脑前、睡眠质量差、精神时常紧张等是致使女性头疼的主要原因。在受调查的女性中，超过一半的女性认为头疼是目前影响她们工作与生活的最大困扰。此外，慢性胃病在这几年呈年轻态势，数据表明年轻人患慢性胃病者占33%。饮食不规律，吃油炸食品，借助咖啡、可乐、浓茶或辛辣食物提神、刺激以减缓压力是导致此类疾病发生的根本原因。雀斑、皱纹对女性的困扰在数据显示中是以递进形态出现的，环境污染的加重、紫外线指数的增强和女性内分泌失调等都是影响因素。办公设施的现代化都离不开电脑与高科技产品的运用，户外运动时紫外线的照射、电脑的辐射与睡眠质量的下降都可导致雀斑与其他疾病的发生。

4. 女性的性病和艾滋病呈上升趋势

（1）男女性病的比率逐渐缩小。根据2005年11月25日“普生健康网”的报告：8年前的数据统计，性病的发病率以男性为主，男女性的比例为8∶1。但近年来，女性性病患者的数量上升较快，现在男女性病患者的比例已经达到1.4∶1。而且，很多在男性身上症状明显的性病，在女性患者中常常没有特殊表现，以致耽误治疗时机。女性性病不及时治疗，可以上行感染导致盆腔炎，引起性交困难和下腹及背部疼痛；可以扩散至输卵管导致输卵管炎，导致不孕症和异位妊娠；一些病毒如人乳头瘤病毒和人单纯疱疹病毒与宫颈癌、外阴癌等生殖系统肿瘤的发病有关。孕妇感染性病，还可能导致流产、胎死宫内、早产或在分娩过程中感染新生儿。

（2）女性艾滋病感染者急剧增加。根据世界卫生组织和联合国艾滋病规划署一年一度发表的《艾滋病调查报告》，估计2004年全球艾滋病感染人数约为3 940万人，其中490万人是本年度新增病毒感染者，2004年全球已有310万人死于此症。这三项数字均为历年新高。报告警告说，亚洲和东欧是艾滋病蔓延最迅速的地区，女性越来越受到此病威胁。迄今，全世界3 720万成人艾滋病感染者中，女性1 760万，几乎占到了一半。妇女已经成为艾滋病防治工作中不容忽视的一个群体。2004年12月1日，世界艾滋病日的主题是“Woman，Girls and HIV/AIDS”，我国卫生部确定为“关注妇女，抗击艾滋”。2004年，中国国务院防治艾滋病工作委员会办公室和联合国艾滋病中国专题组联合发布了《中国艾滋病防治联合评估报告》，该联合评估报告显示，艾滋病在我国的流行呈现出六大特点，其中之一是女性的感染比例上升。根据报告，1998年，中国报告艾滋病病毒感染者中女性的比例为15.3%，而2004年1月至9月，艾滋病病毒感染者中女性比例已增至41%。报告还说，根据目前的流行模式和趋势，未来中国艾滋病的流行是保持快速增长还是逐步趋于平衡，取决于中国能否在全国范围内大面积开展有效的艾滋病预防和提供治疗与关怀。

由此可见，当代女性的身体健康状况并不乐观。女性的消化系统、口腔科、妇科疾病及性病艾滋病是女性健康中的弱项。几个容易出问题的项目都有赖于女性平时生活习惯的调整和自我健康检查习惯的养成，维护女性身体健康已经成为一个刻不容缓的问题。

二、影响女性生理健康的性别分析

1. 男女在对待生理健康的意识与态度行为上存在差异

以复旦大学社会性别与发展研究中心曾于 2003 年 8 月合作进行的一项关于全面了解上海高校女教授身心健康的课题调查为例。[①] 他们对高校男女教师在身体健康的意识与态度行为方面作了调查研究，不难看出男女在对待生理健康的意识与态度行为方面存在两性差异：

（1）从健康的意识和医治角度看，对于一般常见疾病，男性更多地选择了不看病而自行服药，而女性则更多地选择没时间看病，自行服药的比重亦低于男性。男女教授对于一般疾病的态度，说明具有较高文化素养的教授对自身的健康保护重视不足或关注程度不够，同时也存在忙于工作以至于拖延病情的情况。

（2）从门诊诊治偏好看，女教授与男教授相比，在选择看病门诊上有着显著的爱好偏向，50% 的男性表示仅仅看普通门诊就可以了，而女性则愿意看专家门诊。女性的平均患病率和日常不良症状数量高于男性，经常出现不适，这也造成女性在治疗时更愿意相信专家。

（3）对待疾病态度的性别差异。男女教授能够及时就医的比重都较少，只占 30% 左右；男女教授都有近 33% 的人要到疾病比较严重了才会去医治，其主要原因是没有时间。尤其是女教授，回答没有时间者占被调查女性总数的 20%。

（4）繁重的工作任务和生活压力延误了部分女性对身体健康的定时检查。当代职业女性因各种生存压力和工作压力，忙于工作而无暇关注自己的身体。另外，女性生殖系统的健康变化，也会导致许多疾病的出现或呈现亚健康状态。

2. 男女在脑力和体能付出方面存在差异

阳刚阴柔，男女有别，男女在体能智能方面各有优势。现代女性在社会分工中扮演着职业女性和家庭妻子母亲的双重角色。她们一直受到职业角色与家庭角色冲突的困扰，她们既要在社会中拼搏，又必须担任家庭主妇、扮演“贤妻良母”，双重的压力使职业女性经常陷入进退维谷的困境。两种角色转化的矛盾冲突往往造成女性既要照顾家庭，相夫教子，承担繁重的家务劳动，充当“贤妻良母”的家庭妇女角色，又要在外打拼，努力工作，促进职业发展，争取一定的社会地位和获得较稳定的生存状态。以复旦大学社会性别与发展研究中心所做的调

---

① 摘自《上海妇女》2004 年 5 月刊。

查为例，被调查的女教授自己承担家务的占22.3%，比男性高11.6%。现代女性在扮演双重角色的同时，也必然承受着双重的期望和压力，而且还要掌握两种角色的互换，和谐处理好两种角色的矛盾冲突，做到有机融合与统一。因此，她们必须付出比男性更多的汗水，更多的精力，更艰辛的努力，更大的代价。长期的身心疲劳和身体透支，必然影响女性的身体健康。

3. 男女在身体素质与结构机能方面存在差异

男女不同性别在身体结构和机能方面、面对刺激压力的应对方式方面等存在较大差异。男性在身体的强壮性、精力的充沛性、力量的爆发性等方面强于女性；女性在激素的分泌方式、力量耐受性、细胞器官活动的兴奋性、精确性等方面又不同于男性。男女两性生理构造的差异决定了他们在身体素质和健康方面也存在差异。由于女性的内分泌系统的激素分泌方式具有周期性的特点，有别于男性激素持续性分泌的特征，因此，女性的许多疾病都与她们的"四期"特殊生理变化有关，如许多女性在月经期、怀孕期、哺乳期、更年期都会发生明显的生理变化，甚至患上疾病。此外，女性还要面临生殖系统的各种妇科疾病和卫生保健问题。环境的污染、人类饮食习惯的改变、转基因食品和食物中激素含量的增加、药物的滥用、不健康的生活方式等多种因素，都可能诱发女性各种恶性疾病，影响现代女性的身体健康。

4. 不同层次和类别的女性在健康资源的占有方面存在差异

中国的改革开放、经济建设取得了举世瞩目的进步，国家的GDP水平以总量第七的排名进入世界前十位，人们的物质生活水平有了明显的提高。中国女性的地位和经济收入也有了前所未有的提高，出现了诸如年收入超亿的中高收入阶层。但是，由于中国东西部地区、城乡地区经济发展的不平衡，城镇女白领阶层和下岗女职工、女性农民工和农村女性群体的分层，社会阶层不同导致的各种社会矛盾使她们的社会生活态势存在巨大的差异。

当今社会既有住院生孩子动辄花费十万元以上巨额费用、享受一流医疗服务的女性富豪，也有连基本的生活保障和医疗保障都缺乏的社会弱势群体。她们中的个别人甚至连住院生孩子的费用都交不起，只能在家中生产，由此而落下各种妇科疾病，她们更谈不上所谓的保健和健康管理。社会不同层次和不同类别的女性在健康资源的占有、医疗服务的享用等方面存在明显差异，也使得那些社会弱势女性群体的各种生理疾病无法及时得到治疗控制。

三、增进女性身体健康的对策行动

1. 增强女性健康意识，扩大健康知识的宣传和教育

为了增强女性的健康意识，防治各种女性疾病，提高女性的生育水平和健康水平，我们首先必须加大宣传健康观念，树立新型的健康观。健康不仅是没有疾病，更应该是有良好的身体素质和身体状态。我们必须做到从城市到乡镇、农村，借助报刊、墙报、电视、网络等各种现代通信和媒体宣传工具，开展各种普及性的健康知识教育，宣传各种防治女性疾病的常识，开展医疗知识网络服务，针对女性的多发病以及重大传染病，提供相关的医疗卫生知识。其次，重视女性"四期"卫生保健，养成良好的性生活习惯和健康的性行为：注意女性月经期卫生保健，禁止月经期进行性生活；注意妊娠期卫生保健，防治各种生殖系统疾病和性病。再次，树立正确的性生活、性伴侣观，遵守社会道德和法律规定，实行一夫一妻制，反对淫秽的性生活，减少性病和艾滋病的传播。最后，重视体育锻炼，增强免疫防病功能。

2. 实施有效的公共卫生管理制度，建构全民医疗保健体系

中国改革开放以来，特别强调经济和科学技术的发展，在这个基础上，公共卫生事业也得到了一定程度的发展，但总体情况却不令人满意。目前，我国公共卫生体系面临着十分严峻的挑战。我国的公共卫生体系已经成为可持续发展和全面建设小康社会的"软肋"。由于人口众多，地域辽阔，各地区之间经济发展不平衡，公共卫生服务质量差异明显：东南沿海地区的卫生水平已经接近发达国家水平，但是西部地区的婴儿和儿童死亡率比东部沿海地区高出三四倍，而且很多人死于容易治疗和预防的疾病，如妇产科病、婴儿破伤风、肺炎和腹泻等。农村女性的许多妇科疾病还无法及时得到医治，因此也就形成了由经济原因导致的"贫与病"的恶性循环。我国目前的公共卫生研究和管理体系与国际水平之间还存在相当大的差距，特别是全国农村合作医疗与城乡防病体制还处于滞后状态。

因此，提高全民女性的身体健康水平，各级政府要重视公共卫生建设，要加强卫生管理体制改革。一方面要重视对妇女卫生事业的管理，建立并推广危机应对机制。公共财政要支持公共卫生体系的改革。政府要有一套成熟的公共关系体制，建立一套高效、低成本的卫生体制，主要体现为：一是具有着眼于个体的医疗系统；二是具有着眼于群体的公共卫生系统；三是具有卫生筹资系统；四是具有卫生信息系统；五是具有着眼于医学进步的健康、科学的研究系统。这些系统都围绕着保护和增进国民健康的目的，相互依存、相互配合，缺一不可。政府的职责主要是管理好卫生工作，直接做好公共卫生和执法监督，部分参与医疗、筹资发展。

另一方面，要建构完善的全民医疗保障体系，特别是要建立健全农村医疗保障体系。我国农村女性人口在全体女性群体中所占的比例很大，决不能忽视农村妇女这个弱势群体。政府应下大力制定医疗保障制度，解决农村妇女看病难、看病贵的社会问题。其一，建立农村医疗保障制度。要以半强制性的规定来要求农民参保，确保参保面广。其二，建立医疗风险金制度。在农村合作医疗基金中提取小部分作为医疗风险金，用于特困户、老年人、特种疾病家庭的风险保障，从而提高农村妇女就医率，使这些家庭享有真正的医疗保障。其三，重视家庭、村组扶助、商业保险等非正式制度安排，充分发挥非正式制度的补充作用。我们必须强调传统文化的重建，强化公民素质和道德教育，通过文化重建形成家庭、村组尊老敬老、扶幼助弱的良好风气和社会氛围。其四，全面建立社会医疗救助制度，为农村妇女看病织起一道最后保护屏障。农村医疗救助制度，是指政府或民间机构通过一定方式对没有能力参加农村基本医疗保障制度的弱势群体及参加了基本医疗保障后仍无力支付大病医疗费用的农民，给予无偿援助和经济支持的制度，在多层次的农村医疗保障体系中，它发挥着最后防护线的作用。其五，降低医疗费用，确保女性妇科疾病得到及时防治。政府要加强卫生扶贫工作，加强对药品的进货和销售环节的管理，减少药品销售环节，畅通药品销售渠道，尽量避免药品由于销售环节过多而导致药价过高的现象发生。

3. 完善三级妇女卫生保健机构，确保女性定期检查身体

为了尽早预防女性各种妇科疾病和常见病，防止职业女性过早呈现亚健康状态，影响女性的身心健康，我们呼吁政府必须在城市、农村地区建立较完善的三级卫生保健机构，以保证广大女性能够定期检查身体，防治疾病。其一，在城市地区，建立地、市、社区三级卫生保健机构，确保女性的重大疑难病在地、市医院得到诊治。一般性常见疾病能够在她们所居住的社区得到最便利的治疗。建立健全女性定期定点体检制度，控制女性妇科恶性疾病于萌芽之中，减少女性恶性疾病的发病率。其二，在农村地区，建立镇、乡、村三级卫生保健机构。我们要以多种渠道融集资金，解决广大农村妇女看病难、看病贵的社会现实问题，使她们养成正确的生殖观、疾病观、健康观，维护广大农村妇女的身体健康。其三，在农村基层，培养大批安心服务、扎根于农村的医疗队伍。我们要改善农村基层医护人员的生活条件，吸引优秀的医疗专业人才到偏远的山区，服务于广大农村妇女，解决农村妇女缺医少药的问题，确保我国广大农村（尤其是贫困山区）的女性也能够与城镇女性一样，得到专业医疗人员的治疗、咨询和服务。

第二节 女性心理健康

一、女性心理健康的内涵及其标准

（一）女性心理健康的内涵

世界卫生组织曾对健康下这样的定义："健康乃是一种在身体上、心理上和社会上的完好状态或安全安宁。"由此可见，"健康"应包括躯体的生理、精神心理和良好的社会环境的适应力这三个方面的含义。具体地说，健康是身体健康，躯体上没有疾病，能从容地担负起日常工作和生活，还感觉不到疲劳和紧张，正常地休息与工作；心理健康，保持乐观、开朗的心态，不因小事耿耿于怀，精神饱满，情绪稳定，能自我控制，反应问题灵敏及善于观察等；社会适应能力健康，能很好地与周围环境融为一体，随遇而安，自如地参加社会各方面的活动。

不同历史时期的女性对健康的理解带有明显的社会历史制约性。二十几年前，女性对于健康水平的要求就不是很高，而且对健康的定义也带有很大的局限性：更侧重于生理健康，忽视心理健康。女性对健康的看法是随着社会经济、文化的发展而发展的。随着生活水平的提高和社会的不断进步，女性对健康的要求也越来越高，逐渐发展出自己的健康生活观。生理健康、心理健康、社会适应良好逐渐成为现代女性的健康标准。

对"心理健康"内涵的理解，不同的学者分别从不同的角度作出诠释。大多数学者主张应以人的整个行为的适应情况为标准，而不应过分重视个别症状的存在。第三届国际心理卫生大会曾对心理健康下这样的定义："所谓心理健康是指在身体、智能以及在感情上与他人心理健康不相矛盾的范围内，将个人心境发展成最佳状态。"现代心理学对心理健康的理解更多的是指个体保持对社会的良好适应以及平衡的心理状态。

现代人的心理健康状况不容乐观。上海市疾病预防控制中心 2007 年曾公布一项上海市民心理卫生监测数据。他们进行了一项心理健康问题调查，结果表明：上海约 160 万人心理亚健康，上海至少有 160 万市民迫切需要心理咨询服务。该调查抽查测试了近 4 万市民的精神卫生状况，其中近 1/5 的市民处于心理亚健康状态，需要进行心理干预或用药控制。从同一项调查结果看，在 18 岁以上的成人中，平均每 5 人中就有 1 人出现心理健康问题；15 岁以下儿童中，每 10 人就有 1 人显示心理阳性；65 岁以上老人中，每 5 人中就有 1 人患老年痴呆症；产妇每20人中有1人患有产后抑郁症。而实际数据可能更高。全国妇联妇女研究所所长谭琳也说过："随着城市竞争的越发激烈和劳动力市场供求矛盾的加剧，都市生活压力很大。在这种情况下，女性心理健康的风险越来越大。而女性的心理健康关系到女性自身、子女、家庭乃至整个社会，所以如果女性心理不健康，会带来一系列的问题。"女性在职业与生活双重角色中，面临的压力很大，心理健康相当重要。

（二）女性心理健康的标准

女性心理健康对女性的生活质量非常重要，那么怎样判断女性是否心理健康呢？心理学家波孟说："心理健康就是合乎某个水准的社会行为：一方面为社会所接受，另一方面能为本身带来快乐。"它强调社会环境、个人心理的协调平衡是心理健康最基本的标准。世界心理卫生联合会曾具体明确地提出心理健康的标志是：①身体、智力、情绪十分调和；②适应环境，人际关系中彼此能谦让；③有幸福感；④在工作和职业中，能充分发挥自己的能力，过着有效率的生活。[①]笔者认为，女性心理健康的标准可从六个方面判别：

1. 智力正常

智力正常是心理健康首先应当考虑的标准，这是人正常活动的最基本的心理条件。中华医学会精神疾病分类，把智力发育不全或阻滞视为一种心理障碍。人的智力根据其发展水平，可分为超常、一般和落后。心理学家通常用智力测验来衡量人的智力发展水平。智力水平的高低用智商（IQ）来表示。一般来说，智商在90～110者为智力水平适中的人；智商超过140的人，表示才智出众；智商低于70者，表明智力低下，称为智力落后。

2. 人格和谐完善

人格也称个性，是指一个人的整个的精神面貌，即具有一定倾向性的心理特征的总和。人格和谐完整的主要标志是：①人格的各个结构要素，即气质、性格、能力和活动的倾向性方面的特征，如动机、兴趣、理想、信念等都不存在明显的缺陷；②具有清醒的自我意识，不产生自我同一性混乱；③人格的各构成要素不是孤立存在的，而是错综复杂、交互联系，有机组合成一个整体，对人的行为进行调节和控制的。如果各种成分之间关系协调，人的行为就是正常的；如果失调，就会造成人格分裂，产生不正常的行为。

3. 情绪稳定，反应适度，善于控制情绪

情绪稳定，个体表现为能及时调节情绪。第一，要有合理的情绪反应。一定的外界客观刺激引起相应的情绪是情绪健康的标志之一。人非草木，孰能无情，

---

① 程利国. 儿童发展心理学. 福州：福建教育出版社，2002：390.

如果一个人对一切变化都漠然视之，无动于衷，那就不正常。如果一个人受到挫折后反而高兴，受人尊重反而愤怒，这也是情绪不健康的表现。第二，情绪稳定性好，具有调节控制自己的情绪以保持与周围环境的动态平衡的能力。如果一个女性的情绪经常很不稳定，变化莫测，与他人很难相处，这也是情绪不健康的表现。第三，心理健康的女性能经常保持愉快、开朗、自信、满足的心情，善于从生活中寻找乐趣，对生活充满希望。

4. 正确的性别角色认知和自我意识

女性能正确认识自己的性别角色，清楚意识到自己所扮演的女性角色的行为举止和行为规范，客观地认识男女两性在智力和特殊能力方面的差异，看到女性的优势与劣势，既不因为自己身为女性而沾沾自喜、自负和自恋，也不因为自己身为女性而自卑、自厌和自弃，能正确处理男女两性在工作和家庭生活中的角色分工，做到自尊自爱，充分认识自己的价值，有自信心。现代女性在社会中扮演着双重角色，面临着工作和家庭的双重压力，不仅要在工作中发挥自己的能力，还要在家庭中扮演另一种的角色。女性在工作当中，要充分发挥自己的能力，有自信心，既要看到自己的优点和长处，也要看到自己的弱点和短处，只有这样，才能愉快地接纳自己，采取适合自己能力的行为。这也是心理健康的重要标志。

5. 善于与人友好相处，建立协调的人际关系

个体能较好地适应环境，对现实环境能够主动适应和改造，和社会环境协调一致，有积极的处事态度，与社会广泛接触，对社会现状有较清晰正确的认识，心理行为顺应社会进步的趋势，勇于改造周围环境，以达到自我实现与对社会奉献的协调统一。

我国著名心理学家丁瓒教授曾指出："人类的心理适应最主要的就是对于人际关系的适应，所以人类的心理病态，主要是由人际关系的失调带来的。"能正确地、积极地对不同人际关系作出不同的心理反应是心理健康的重要标志。女性，特别是中年期的女性在家庭的人际关系中，常常扮演重要角色。如婆媳关系、姑嫂关系、夫妻关系都是复杂和微妙的。另外，邻里之间、上下级之间、同事之间、朋友之间、与其他异性之间的关系等，也不是十分简单的。心理健康的女性在人际交往中能做到以下五点：①以积极的态度参加社会交往，不孤僻，不冷漠；②能客观公正地评价自己和别人，取人之长，补己之短；③在自己的生活领域中既有稳定而广泛的人际关系，又有知心的朋友；④一身正气，坚持原则，对身边的坏人坏事敢于斗争，对朋友的缺点错误勇于批评指正；⑤心胸坦荡，宽以待人，善于准确判断并及时调适各种人际关系。

6. 心理行为表现符合年龄特征

人的一生要经历婴幼儿、儿童、少年、青年、中年、老年等年龄阶段，每个发展阶段都有着与之相适应的心理特点。人的心理发展既有连续性又有阶段性，表现出不同的年龄特征，它遵循一定的心理发展规律。人的行为表现总的来说应该与年龄相符。女性的心理发展在不同发展阶段也有着不同的特点，划分为明显的“四期”——月经期、妊娠期、产后期、更年期，表现出典型的心理特征。如果女性在每个重要时期出现严重的不相应的心理行为状态，就是心理不健康的表现。

二、女性心理健康问题及其成因

随着城市竞争的越发激烈和劳动力市场供求矛盾的加剧，都市生活压力很大，女性在职业与生活的双重角色中，心理出现问题的风险越来越大。女性的心理健康影响到女性自身、子女、家庭乃至整个社会，如果女性心理不健康，会带来一系列问题，女性心理健康相当重要。

现代女性常见的心理健康问题主要表现为几类：心因性躯体疾病、各种神经症、人格障碍、自我意识问题、情感情绪障碍、人际关系和社会适应问题等。

心因性躯体疾病引发的各种神经症主要是指焦虑症、抑郁症、恐惧症、癔症等。自我意识问题主要表现为较之男性更典型的自卑、自负、自恋、依赖、虚荣、攀比、嫉妒、从众心理等。情感情绪障碍主要是指女性因身体健康缘故或在工作、生活、人际交往和教育孩子等方面遇到挫折而导致的情感情绪失常现象，产生负性、消极的情绪状态而影响正常的生活，如烦躁、沮丧、抑郁、悲伤、愤怒、痛苦、绝望、压抑、狂躁等。人际关系和社会适应问题主要表现为无法正确处理和协调各种人际关系，无法适应周围客观环境和社会环境，无法做到随遇而安，自然地融入周围环境。

导致女性产生这些心理问题的原因是多方面的，可以从客观因素和主观因素两方面来探讨。主观因素是指女性的生理健康状态、心理承受力、认知观念和态度等；客观因素则是指来自女性个体自身因素之外的原因，如女性的职业发展、夫妻关系、婆媳关系、亲子关系、家庭暴力问题、人际关系、子女教育等各种社会压力问题。

社会压力是使得现代女性呈亚健康状态以及出现心理健康问题的主要杀手。现代生活节奏快，知识更新快，竞争激烈，社会在为人们提供更多的发展机会和选择空间的同时，也带来了更多的风险和压力。人们希望跟上时代的步伐，想在竞争中获胜，就要努力学习，提高自己的能力和素质。一个人即使竭尽全力，也不能保证自己就一定会成功。这种现实与想象中的矛盾给人造成压力，持续的日益增大的压力会对人的身心健康产生不良影响。这些压力主要表现为以下几种：①生存空间的压力。交通拥挤，住房紧张，办公室桌子靠桌子，使人们生活工作的物理空间过分窄小，独立的空间往往成为奢望。②生存环境的压力。空气、垃圾、工业、噪音及射线等污染，破坏了人们的生存环境，宁静祥和的环境往往被喧嚣和污浊所代替。③生存经济的压力。在市场经济条件下，经济收入逼迫人们过分地劳作，出现身、心的“透支”现象。④社会竞争的压力。现代社会竞争激烈，人们面临着被“炒鱿鱼”和下岗的威胁，为了保住岗位，人们不得不承受越来越重的压力，陷入越来越多的矛盾。⑤不断学习的压力。社会发展日新月异，信息变化加速，使得终身学习成为必然的要求。因此，学习新知识，继续教育，更新思维，成为人们越来越重的压力和负担。⑥人际关系的压力。人们之间因各种利益交织冲突，社会人际关系变得复杂，使得每个人建立和处理人际关系变得更加谨慎和困难。机械化、形式化的工作、生活和学习，占去了人们的大部分时间，使得人们之间的直接情感交流变得越来越少，越来越多的网络、电话等多功能现代通信手段取代了传统的人际沟通。⑦情感生活的压力。社会生活的复杂化、多变性，对人们的恋爱、婚姻、家庭生活的稳定性产生了越来越多的冲击，使得人们之间的情感联系薄弱，情感受挫的机会增多，从而降低了人们对情感生活的信心，影响了人们情感生活的质量。⑧职业发展的压力。现代社会竞争强，不仅就业难，而且职位晋升、提拔等职业发展也面临各种困难。

现代女性必须面对以上各种压力。许多医学临床经验和心理学实验表明：一定压力下的有机体会产生一系列的身心反应。研究应激反应的生理学家塞里（H. Selye）曾提出应激理论。他将实验动物置于种种环境刺激下，发现这些动物体内产生特征性的生理、生化反应。他将这种见于各种刺激条件下的、涉及全身的反应，称为“全身适应性综合征”。他认为全身适应性综合征与刺激类型基本无关，它具有跨情境的一致性，故称作“非特异反应”。这种非特异反应是由垂体—肾上腺皮质轴调节的。身体局部发生感染时，机体发生的特异性反应—局部炎症，同时伴有垂体—肾上腺皮质轴活动增强。塞里将这种特异性反应称为“局部适应综合征”。如果局部刺激较弱，“局部适应综合征”就足以恢复机体的内部稳定状态。如果刺激严重到足以影响全身，那就会引起“全身适应综合征”。故塞里认为，应激既是身体对外界刺激的适应性反应，又是在某些情况下导致疾病的机制。他称这类疾病为“适应的疾病”。

塞里还用“全身适应综合征”来说明应激的生理反应，认为反应过程可分为三个阶段。第一阶段称为警戒期，此时的个体觉察到环境的威胁，交感神经系统被激活，从而引起对抗或逃避反应，机体为应付应激源而动员能量。第二阶段是抵抗期，此时警戒期的反应消失，机体处在与应激源作长期抗衡的状态，在神经、内分泌、免疫系统的协调下，各系统均处于动员状态。研究者认为，每个人都具有不同程度的适应性能量储备，这些能量储备具有身心基础，用于应付各类应激。第三阶段是耗竭期，在此阶段，用来对抗应激的生理、心理能量已被耗竭，机体需要得到能量补充。慢性不良刺激，如一些紧张性工作可造成警戒与抵抗持续的状态，如果机体不再有可供动员的能量储备来对抗不良应激，则可导致严重的疾患。

由此可知，长期的紧张、压力对身体、心理都是有负面影响的。能较好地控制压力，使其在强度或是时间上都不要超过一定的限度，使身心得到必要的休息，以使能量得到及时的补充，并减少患病的机会。

三、现代女性心理健康意识与调适

女性心理健康是事业、工作成功的基本条件。在具有男强女弱、男主女辅传统的中国男权社会里，女性在追求成功和发展的道路上要面临比男性更多的困难和障碍，要付出比男性更多的努力和汗水。现代女性只有保持心理健康，以科学的心理调适方法进行自我心理调节，才可以克服人生的各种困难和挑战，实现自我超越。

（一）积极的人生态度，保持快乐心境

积极乐观的心态。鼓励女性对生活要抱有乐观态度，对自己有信心，做到自尊、自爱、自强、自立。热爱自己的工作，善于发挥自己的潜能和优点。

主动适度的社交生活。女性不仅要关心家庭，还要广交朋友，保持广泛的兴趣与活动。学会享受人生，使自己及家人的生活过得充实而有意义。

富有弹性的挫折承受力。女性不仅要追求胜利和成功，更要勇于接受失败和挫折，用积极的心态接受困难、正视困难。以良好的社会适应能力，勇于走出心灵阴影并乐于接受他人的帮助。

不断充实的追求精神。现代女性不但要努力学习、充实自己，促进自我成长，还要不断在继续教育、终身学习过程中充实完善自己的人格，使自己成为真正的新时代女性。

坚韧不拔的意志力。女性在实现自己的目标、达到成功目标的过程中更需要坚强的意志力作支撑，以意志的自觉性、果断性、坚持性、自制力等良好的意志品质战胜一切困难障碍。

（二）掌握科学的心理调适方法，寻求心理咨询，化解消极情绪

1. 及时化解消极情绪

个体的情感情绪是伴随着认知过程而产生的内心态度体验，情感情绪是个体职业行为的动力系统，人的知、情、意三种心理成分相互联系、相互制约。个体若长期处于“状态—焦虑”情绪障碍之中，则必然制约其行为方式。要及时对女性的负性情绪实施心理辅导，运用心理学有关方法，减少焦虑抑郁水平，恢复

心态平衡。可运用以下几种方法：①支持性心理辅助。女性焦虑情绪障碍的主要原因是过于担忧将要发生事情的不利因素。我们可以从认识上帮助她们分析和解释，分析自己的能力特点和个性优势，从情绪上提供保证、支持和鼓励，减少或消除她们的担忧，增强其自信心和勇气，减少其焦虑。②认知性心理调整。我们要引导女性客观地认识面临的问题，全面分析自己和社会周围环境，既要看到事物不利的方面，也要充分认识有利的方面，个体认识的提高有助于调整消极情绪。③行为性心理放松。这是一种运用较广的心理调整法，它是利用身心互相影响、互相作用的原理直接针对焦虑情绪而实施的。我们通常利用情绪产生和存在的生理基础或行为表现来调整情绪，主要通过心理暗示、主观想象、肌肉放松等手段达到身体放松，从而缓解焦虑抑郁等消极情绪。④改变参照物，化压力为动力。不盲目与他人比较，知足者常乐，不嫉妒他人或自怨自艾，用行为证明自己，超越自我。

2. 积极寻求心理帮助

心理辅导、心理咨询与心理治疗是运用心理学有关理论和知识来帮助来访者解决各种心理问题、排遣各种负性情绪、调整心态、调适行为、恢复正常心理行为的一种专业技术和手段。广大女性在现实生活中出现的各种心理障碍若得不到及时辅导与调整，长期压抑会导致心理障碍与心理疾病，影响女性的身心健康。我们应设立心理咨询机构，及时为女性提供心理咨询服务，为她们提供心理倾听、心理宣泄的平台，改变她们的认知观念，提高她们应对挫折的承受力，掌握自我防御机制和应对各种心理挫折的科学方法，增强不断调整心理的能力，提高自我生活满意度，提升生活质量。

（三）注重各个特殊年龄期女性心理健康的调适

因为不同发展阶段女性心理的发展特征和发展任务互不相同，所以我们要根据女性在一生成长过程中的不同发展阶段，有针对性地对女性心理健康进行调适。青年期、月经期、孕期和哺乳期、更年期是女性人生的关键期，也是她们生理、心理问题的高发阶段。

1. 女性青年期心理健康调适

青年期是指 19～25 岁的年龄期，是人生最美好的黄金时期。这是女性理想追求和人生道路的确立时期，也是身心发育的转折和动荡时期。这一时期，青年女性迈入社会，要经历学习、恋爱、婚姻、职业选择、前途追求等各种过程，容易出现不适应、不协调、不理解等心理问题。

青年期女性的基本心理特征为：身体发育成熟，进入成人期；心理发育趋向定型化，形成独特的人格特征；性意识产生，性生理和性心理成熟，进入择偶、恋爱、婚姻、成家立业的时期。① 在这一阶段，青年女性常见的心理卫生问题有社会适应障碍、人际关系适应障碍、自我意识出现并强化问题、性心理问题等。要预防生理和心理疾病的产生，社会、家庭和女性自身都要做出努力。

首先，要进行适当的性教育，及时进行生理和心理卫生教育，帮助她们正确认识青春期和青春期常常出现的问题，帮助她们安全稳妥地度过青春期。其次，社会和家庭要提供正确的教育，帮助青春期女性树立远大的理想和目标，并营造和谐的家庭气氛。青春期女性有着特定的心理特点，要根据青春期女性的心理特点来教育，特别是家长要做好青春期女性的心理引导和亲子沟通。最后，青春期女性要积极对待人生，加强思想个性修养，增强自控能力和对挫折的心理承受能力，不断探索最佳的适应和心理调节方法。培养社会适应能力，协调人际关系，调节自身的心理状态。

2. 女性月经期心理健康调适

虽然现代女性已通过更多的渠道来了解自身的生理情况，但仍有相当一部分女性对于月经期的保健持漠不关心的态度。一个女性从初潮到绝经，其间大约有30年的时间，80%的女性会有不舒服的情况，30%的女性会遭受痛经的困扰。如果在此间没有做好月经期保健工作，可能会造成不孕不育症、月经失调或经前综合征。

月经是女性正常的生理现象，月经周期是由激素、子宫肌、神经系统及情绪等互相配合决定的。专家证明，体内肾上腺素的波动会影响情绪，分泌不足，情绪就会紧张。经期前列腺素及雌激素分泌不平衡，会引起子宫平滑肌不正常收缩，阻断肌肉本身血流供应，从而引起子宫痉挛性疼痛，出现身体不适现象，如腰酸、乳房胀痛、心情烦躁、便秘等，这是正常的生理反应。② 女性可以从以下四个方面来进行月经期心理健康的调适：

第一，合理安排时间。鉴于大多数女性在非经期的20天左右时间里，精力充沛，情绪稳定，工作学习效率高，故应充分利用这段有效时间，抓紧工作和学习，以减少月经期工作或学习的负荷。在经期，女性应合理安排时间，在保证自身休息时间的前提下工作和学习，不要给予自己太大的工作或学习负荷。

第二，避免不利因素的影响。月经期应注意卫生保健，避免剧烈运动和过冷过强的刺激，适当休息，自我放松，自我克制，尽量减少情绪波动，避免不利的因素，从生理和心理上做好女性经期心理健康的调适。

第三，适当运动。原则上讲经期适量运动能很好地改善肌体的血液循环，对减轻盆腔充血、小腹下坠和腹痛均有帮助，还可以调整经期易激动、烦躁等情

---

① 李秀英，林召云，等. 女性心理与健康. 北京：人民卫生出版社，2001：39.

② 孔岩. 经期的运动及调整. 田径，2004（3）：53.

绪。但是出血量大，严重痛经，内生殖器官有炎症的女性，就需要暂时停止运动。

经期运动最好以调整练习为主，如来月经的第一、二天，可以做些广播操、健身操、太极拳等轻微的活动。第三、四天的活动量可以增大，如排球、羽毛球、乒乓球等，还要松弛腰、腹、背的紧张部位，多做一些伸展与呼吸相结合的舒缓性运动，但不要做振动较大的运动，如剧烈的跑跳、排球中的扣球、篮球中的跳起投篮等，更不能进行增加腹压的力量性练习，如举杠铃、猛烈的腹肌练习等。活动时间不要过长，一般在 15—30 分钟。没有锻炼基础的女性，在经期不宜进行比赛和冷水浴、游泳等运动（训练有素的女性及运动员可以适当参加这些运动），以运动过后感觉舒服为佳。①

第四，注意经期的饮食和睡眠。经期的饮食和睡眠也相当重要，特别是对于经前紧张症或痛经的女性。在饮食和睡眠方面应做到：吃含低脂肪的食物如全麦维生素 B_6、维生素 E 及维生素 C 等；经期会改变睡眠习惯，所以应注意休息，保证充足的睡眠。

3. 女性孕期和哺乳期心理健康调适

孕妇的情绪状态对胎儿的发育有很大的影响，情绪困扰的孕妇往往在妊娠期和分娩期有许多临床反应，严重焦虑的孕妇经常伴有恶性妊娠呕吐，可能导致流产、早产、产程延长和难产等。② 女性孕期和哺乳期生理心理问题很多，主要表现为：孕期生理变化引起的心理变化——怀孕早期出现的早孕反应，随着胎儿的长大给孕妇带来的行动不便，孕妇易烦躁、发脾气，甚至迁怒于家人；具有怀疑与恐惧心理；生男生女以及家庭的过度重视产生的压力。孕期的心理保健，要从各个方面来进行调适：

第一，应定期对孕期女性进行检查，加强孕期保健，同时进行良好的胎教。孕期女性自身在心理上也要重视产前检查，接受医生指导。定期的产前检查是保证母子平安的重要措施，它已形成了一整套程序，产前检查有利于对妊娠情况的掌握，可发现新的问题并及时解决，这是优生的关键。

第二，掌握孕育知识。要学习和掌握一些关于妊娠、分娩和胎儿在宫内生长发育的孕育知识，了解如何才能怀孕及妊娠过程中出现的某些生理现象，如早期的妊娠反应，中期的胎动，晚期的妊娠水肿、腰腿痛等。一旦出现这些生理现象，要能够正确对待，泰然处之，避免不必要的紧张和恐慌。

第三，社会还应提高对孕期心理的重视程度。各类社会媒体要积极宣传孕期心理保健的重要性，加强社会对孕期女性心理保健的重视，宣传孕期女性心理保

---

① 孔岩．经期的运动及调整．田径，2004（3）：53.

② 李秀英，林召云，等．女性心理与健康．北京：人民卫生出版社，2001：27.

健的具体方法，不仅让孕期女性自己知道如何保持心理健康，也让孕期女性周围的人来共同关心孕期女性的心理健康。

第四，家庭的和睦、夫妻间的相互理解和支持也是孕妇保持良好心理状态的重要条件。孕妇要保持良好的心理状态，需要家庭的共同努力，共同营造一个和谐的家庭氛围，这样才能使孕妇保持平和、开朗、活泼的良好心理状态，保持乐观的情绪状态。

第五，孕妇自身也应进行心理调节。怀孕期间出现的各种生理变化是正常的，要以平常心对待这些变化，尽量放松自己的心态，及时调整和转移产生的不良情绪，保持良好的心理状态和情绪状态。必要时还可找心理医生咨询，进行心理治疗。

第六，预防产后抑郁症。产后抑郁症是妇女在分娩早期出现的以哭泣、忧郁、烦闷为主的情绪障碍，据统计约占产妇的半数以上，多在产后3天内出现，持续7天左右。有的人仅表现为情绪的低落，症状短时间内就可以消失，有的则发展为抑郁症，会感到消沉、沮丧、悲观、失望，严重者甚至会导致自杀或杀婴。对产后抑郁症，社会、家庭都要予以充分的重视，尤其是产妇的丈夫，有责任、有义务帮助产妇顺利度过这一特殊时期。产后的房间条件、家庭气氛、丈夫的配合、产妇的自我调节是减轻抑郁症的关键。具体而言：①房间条件。房间要有充足的阳光，但不宜直射婴儿及产妇，可用窗纱遮挡。每天要开窗通风，换走室内污浊的空气，保持室内空气新鲜。即使是冬天也应如此，如果怕孕妇受风着凉，可在通风时让母子俩在其他房间待一会儿。②家庭气氛。家人不能对生儿生女抱怨、指责，无论是生男生女都是自己的骨肉，要愉快地接受孩子和产妇，给产妇创造一个良好和谐的家庭环境。③丈夫的配合。产后一个月内，丈夫最好能陪伴在产妇身边，协助产妇护理婴儿，如帮助产妇给婴儿洗澡、换尿布等。有些丈夫怕孩子哭影响自己的睡眠，晚上独自到其他房间睡，这样会使产妇觉得委屈，导致抑郁症状加重。丈夫要多陪伴并谅解妻子产褥期的情绪异常，避免争吵。④产妇的自我调节：产妇要认识到产后心理的特点，尽量避免悲观情绪的产生。平时注意要有充足的睡眠时间，不要过度疲劳。闲暇时可听一些轻柔、舒缓的音乐，看一些图文并茂的杂志，读一些幽默故事来调节身心。

4. 女性更年期心理健康调适

女性更年期是指女性生理机能从成熟到衰老的一个转变时期。在这一时期内，女性卵巢功能逐渐衰退，生殖器官开始萎缩，突出表现为内分泌系统紊乱和植物性神经系统失调。随着生理机能的衰退，许多危害健康的身心疾病开始萌芽。更年期的女性的主要心理特点为：①情绪不够稳定，易激动、易怒、易紧张焦虑。②注意力不够集中，不易集中自己的思想和精力。③心理敏感性增强。④记忆力减退。

为了平稳地度过更年期，更年期女性要做好心理保健工作，保证身心的健康发展。

第一，更年期女性要正确认识更年期。更年期是人生长成熟转向衰退的转折时期，是生命的必经过程。每个人对更年期的反应及其征象，只有程度轻重、时间长短的差别，而不可能不存在更年期。更年期女性要努力提高自我控制能力，有意识地去控制更年期的各种症状，对于症状带来的苦恼，要善于自我宽解，适当调理，使机体功能早日恢复平稳。

第二，通过一定的药物调节自主神经的功能，改善更年期症状。定期检查身体，正确对待症状，有病早治。人到更年期不论有无症状出现，都应该主动地、积极地求诊，若发现器质性疾病，应积极治疗；对于更年期反应，则主要通过自我调理来解决。加强锻炼，注意用脑卫生，排解紧张状态，注重培养良好的生活方式，要有节制、有规律。

第三，精神乐观、情绪稳定是顺利度过更年期的最重要的心理条件。要保持健康的情绪，培养良好的个性，要正确对待和认识客观外界变化和自身变化并积极地去适应它。要正确认识更年期出现的生理与心理变化，更年期的某些生理与心理的失调是暂时性的、功能性的，因此不要惊恐不安。

第四，更年期女性要根据更年期的身心特点来安排生活与工作。更年期女性必须根据自身的特点来考虑能承受的工作压力。同时不要顾虑重重，无所事事，这样只会导致自己情绪不稳定、精神紧张。

第五，要积极改善家庭内部关系，要重视夫妻之间的情感交流，要相互理解、相互支持，必要时可作出适当的牺牲。教育子女不要一味地批评、打骂，要采取民主的家庭教育方式，用巧妙的方法引导子女走上正确的道路，顺利度过心理危险期。

第六，注意预防更年期抑郁症。更年期女性要重视更年期抑郁症，更年期女性由于机体虚弱、精力不足、皮肤松弛、容颜衰老而感到悲哀，加重了紧张不安、焦虑抑郁的程度，因而表现出坐卧不安、顿足叹息、惶惶不可终日等临床症状。有的人常以自己过去生活中的一些缺点为莫大的罪过，担心自己将失去能力，变成废人，成为家庭和社会的累赘，自责自罪，甚至产生轻生念头和发生自杀行为；有的人认为自己已病入膏肓，危在旦夕。

总之，强志、修心、善思、慎行、忌愁、制怒，用广泛的生活兴趣去适应复杂多变的社会环境，安全度过更年期。子女亲属也要对更年期女性的心理、生理变化有所了解。当她们出现某些症状如烦躁、发怒时，家庭成员应当谅解、同情和照顾，使之平稳地度过更年期。

思考与讨论

1. 简述女性生理健康存在的主要问题。
2. 简述女性心理健康的内涵及一般标准。
3. 试析女性心理健康问题的主要成因。
4. 现代女性如何增强心理健康意识并科学调适？

第三章　女性发展与心理年龄特征

——蜿蜒心河九曲十八弯

第一节　婴幼儿期女孩

婴幼儿期是指个体 0 ~6 岁时期，根据一般年龄特征发展的特点，婴幼儿期女孩的心理发展可以细分为以下三个阶段：婴儿期（0 ~1 岁，亦称新生儿期）；幼儿前期（1 ~3 岁，亦称幼儿早期或先学前期）；幼儿期（3 ~6 岁，亦称学前期）。这一时期是儿童生理、心理飞速发展的时期，心理特征的发展尤其显著。

一、生理特征

婴儿期也称新生儿期，指出生后的第一年，婴儿心理发展与神经系统发育是分不开的。新生儿脑重约 390 克，一岁时达 900 克。这一时期，婴儿脑重迅速增加。脑细胞体积增大，突触和神经纤维的数量、长度不断增加，且从各个方向向大脑皮层各层深入，神经元之间的突触联系不断增多，为婴儿建立复杂的暂时性神经联系提供物质基础。

幼儿前期儿童神经系统的结构和技能继续发育。2.5 ~3 岁时，脑重增至 900 ~1 011 克，约相当于成人脑重的 2/3。神经细胞体继续增大，神经纤维加长，髓鞘化过程迅速进行，大脑皮层的功能也不断发展、完善。最突出的特点是内抑制的发展，条件反射建立日益迅速而稳定，但此时皮层的抑制过程仍弱于兴奋过程。

幼儿脑重量随年龄的增长继续增加，6 岁时达 1 280 克，相当于成人脑重的 90% 以上，神经纤维向各个方向分支、延长，形成广泛的、复杂的脑神经联系。神经纤维髓鞘化进一步发展，到此期末，髓鞘化过程基本完成，神经冲动的传导更加迅速和精确。研究发现，5 ~6 岁幼儿大脑皮层发育正处在出生后第一次显著加速期，幼儿大脑结构与功能发育已接近成熟水平。

幼儿的大脑皮层功能迅速发展，兴奋和抑制过程加强。兴奋的增强使幼儿的睡眠时间较前减少，觉醒时间延长，使其有更多的时间和充沛的精力去接触外界事物，获取更多的知识和经验。皮层的抑制过程加强表现在幼儿逐步学会控制自已的行为，能综合分析外界复杂的事物。大约从4岁起，内抑制的发展更为迅速，但兴奋过程仍占优势。因此，幼儿还不能长时间地控制自己的行为，不能从事很精细的活动。

二、心理特征

婴儿离开母体呱呱落地，周围的人们对他或她的第一句论断很自然地会是："是个男孩"或"是个女孩"，这时候，男女心理差异的生理基础已经形成。婴儿在心理特征上是否存在性别差异？男孩的表现是什么？女孩的表现是什么？二者又有什么不同呢？从现有的研究来看，他们在某些方面确实表现出显著的性别差异。

（一）智力特征

女孩的某些智力因素发展比男孩开始得早，发展得快，形成了早期智力发展的优势。这种优势主要体现在直觉行动思维、具体形象思维和言语能力的发展等方面。

首先，直觉行动思维发展领先。所谓直觉行动思维，即在直觉行动中进行的思维，一岁左右的儿童只能在具体的事物和行动中思维，根据事物最鲜明、最突出的外部特征如颜色和声音的刺激进行，而不能在感知和动作之外思考。由于女孩对颜色及色调的知觉、对声音的辨别及定位优于男孩，因而这个时期女孩概括水平略优于男孩。一岁以后的概括主要是动作概括，女孩更容易掌握物体的具体操作，动作准确性较高，所以概括水平也略高于男孩。

其次，具体形象思维发展领先。所谓具体形象思维，是以具体表象为材料的思维，它常借助于鲜明、生动的形象和语言。孩子进入幼儿期，思维的主要特点是具体形象性，这时，幼儿思维主要是凭借感性的具体形象的联想进行的。女孩由于感受性高，对具体形象的联想较丰富，这个阶段思维水平仍然高于男孩。

最后，言语能力发展领先。根据心理学的研究，一岁半是儿童口头言语发展的质变期，女孩开始说话的时间比男孩平均早2—4个月，言语表达能力较强。女孩的这种言语能力的领先，一直保持到青春发育前期。言语是思维的物质外壳，女孩言语的早期发展使她们能较细地掌握一些概念，表达自己的思想，与人交流，而且使她们能较细致地观察周围事物以及人与人之间的关系，领会他人的意图，体察他人的情绪情感变化。

（二）情绪特征

在情绪方面，婴儿在第一年末开始明显表现出惧怕情绪。国外心理学家对5个月到2岁半儿童的惧怕反应进行研究，发现年幼时容易惧怕和害羞的男孩，稍年长后仍然如此，幼时不常表现惧怕的，稍大些也是如此。而女孩则不然，5个月到2岁半之间表现很不一致，有时恰好相反，即早期爱哭容易惧怕的女孩长大后可能完全不再有这些倾向。

情绪的性别差异在发怒表现上比较明显。美国心理学家古迪诺芙把孩子发怒表现规定在以下范围：①无指向发泄，如踢腿、喘气、深呼吸、大喊。②行动或口头反对，如不肯合作，不肯听话，不让人拉他的手，不让人抱。③还击行为，如咬人、打人、向人喊叫。在2~5岁，无指向发泄行为有逐渐缓和的趋势，而还击行为逐渐增加，这说明随着年岁的增长，发怒的表现不再是无指向发泄，而是以攻击形式表现出来。但与男孩对比，女孩的攻击破坏性行动比较少。

（三）性格特征

女性的性格特征不是先天遗传的，也不是随着女性生理成熟一蹴而就的，而是从孩提时代开始，甚至从婴儿降世起，通过社会文化、生活阶层、学校教育、家庭教育等各方面的作用，在父母、教师、朋友、同学的共同影响下逐渐形成的。

1. 服饰装扮

父母亲影响性别最明显的方式之一是给女孩和男孩提供不同的服装、房间装饰以及玩具。大人通常喜欢将女孩打扮得整洁漂亮，戴头饰，穿粉红色衣服，男孩则穿蓝色衣服。在女孩的卧室里通常摆放布娃娃，男孩的房间则以动物为主题，摆设各种汽车模型和军事玩具。父母容易给孩子买具有性别典型性的玩具，而很少给孩子买跨性别的玩具。如果一个女孩提出要父母买手枪或机器人，父母通常表现出拒绝，并告诉她，这不是女孩子玩的玩具。

2. 角色期待

父母总是要求女孩“听话”“文静”“懂事”，女孩从小就被看作弱者，生怕被别人欺负，也因此更容易形成依赖的性格特征。

3. 榜样学习

孩子在3~4岁时能够辨别性别，同时也知道自己的性别。女孩知道她长大后会成为一个女人，但不知道什么样的人才算是一个理想的女人，在她的生活中，母亲是权威的女性。因此，母亲的行为自然就成了女孩模仿的对象。母亲如果属于传统式妇女，她就自然会认为理想的女人应该是这样的。

三、心理社会发展

（一）性别自我概念

性别自我概念的一个成分是性别认同，即一个人是男是女的自我界定。这种认同是在 2～3 岁时发展起来的。性别定型始于生命早期，儿童对于具有性别典型特征的物品和活动的基本知识是在 2 岁时发展起来的。24 个月的儿童就了解一些物品与女性有关，而一些物品与男性有关。到 3 岁时，他们能够表现出对玩具、服装、工作和活动的性别定型。例如，一般来说，这一年龄的男孩认为应该玩汽车、警察捉小偷，以父亲为榜样；而女孩应该玩布娃娃、过家家，以母亲为榜样。对于活动和职业的性别定型的认识在幼儿期迅速发展起来。

另外，幼儿期儿童表现出了对于人格特质的性别刻板定型的基本认识，如“爱哭”“易受伤害”“需要帮助”“喜欢拥抱亲吻”等特点适用于女孩；而“打人”“从竞争中获胜”“勇敢”等被看作男孩子的特点。

（二）性别分离

在 2～3 岁时，孩子们喜欢和同性别的孩子一起玩，女孩在某种程度上比男孩更早地表现出这种偏好。在儿童时期，性别分离增加。美国心理学家迈克比（Eleanor Maccoby）等人主持的一项研究发现，孩子 4 岁时与同性同伴玩耍的时间比与异性同伴玩耍的时间多 3 倍；而 6 岁时增长为 11 倍。

孩子们为什么要和同性一起玩耍呢？按照迈克比的观点，女孩回避男孩可能有两个原因。一是她们不喜欢粗鲁的、攻击性的、男孩居支配地位的游戏方式；二是男孩不会理会女孩有礼貌的建议。另一种观点认为不是主动试图回避异性，而是反之，只是简单地喜欢同性伙伴。反过来，这可能是因为同性伙伴能够分享对性别典型玩具的偏爱。

四、常见心理问题与教育引导

（一）儿童多动症

1. 症状表现

这一时期是多动症的高发期。多动症儿童的主要特点是：智力正常或接近正常，活动过多（部分病例无活动过多的表现），注意力不集中，情绪不稳定，冲动任性，动作的精细程度与协调能力差，常伴有不同程度的学习困难。多动的孩子从小就有比较明显的特征：通常比较难带，喂养困难，甚至在吃奶的时候也不安静；难以入睡，睡着以后很容易醒；手脚乱动，经常弄坏或打翻东西；注意力很容易分散，停留在一个事物上的时间极短，而且这种注意力分散是不自觉的，不能控制的；行为冲动，做游戏时，经常会突然搞破坏；情绪不稳定，会突然哭闹，但一会儿就感觉好像什么都没发生过一样。总的来说，在注意与兴趣上，没有明显的兴趣爱好，注意力无论什么时候都很难集中；行为具有较强的冲动性，杂乱无章，缺乏明确的目的；行为不能分清场合，不能控制自己的行为。调查显示，男孩的发病率明显高于女孩。

2. 原因

出现这种行为表现的主要原因有两点：

第一，生理原因。遗传、难产、早产、饮食不当、营养不均衡或不良生活习惯所造成的大脑发育滞后和脑组织器质性损害。有害物质中毒如摄入含铅量过高的饮食（不一定达到铅中毒）可能导致多动。加工食品中防腐剂、染色剂等添加剂若食入过量，也可能导致多动。

第二，心理原因。不良的生长、学习环境和教育方法，可促使儿童多动症形成或症状加剧。早期智力开发过度或教育方法不当，给予孩子的压力远远超过孩子所能承受的程度，也会造成儿童多动症（注意力涣散、多动）。此外，多动症与家庭气氛不和谐，父母生活习惯不良、对孩子关注不够等也有关。家长和老师对多动症儿童漠不关心、放任自流、过于溺爱或过分严格等都可能促使孩子的症状加重。

3. 教育引导

对于多动症的孩子不仅要注意对其进行教育指导，还要在此基础上对多动症孩子进行行为矫正。

第一，根据孩子的年龄特点，让他学会在一定时间内集中注意力。但是要注意对孩子不能一下子要求太高，要循序渐进。比如，第一次 5 分钟，第二次 10 分钟，依此类推，逐渐提高孩子的注意稳定性。

第二，平时多鼓励孩子，不干扰孩子做他喜欢做的事情。在鼓励孩子的时候，要坚持及时、具体的原则，表扬孩子的态度，而不只是表扬孩子的行为。还要给孩子自己活动的空间，不要去分散孩子的注意力，让孩子养成专心做事的习惯。

第三，要尽量减少对孩子唠叨和训斥的次数，让孩子感觉到他是时间的主人。其实，这也就是要站在赏识的角度来看待自己的孩子，多看孩子的优点，从小事上发现孩子的优点，而不是抓住孩子犯的小错不放，因为这样会伤害到孩子的自信心，也会影响到孩子做事的积极性。

第四，营造一个有利于集中注意力的家庭学习环境。整理家中环境，使之保持整洁安静，让孩子能安心做事，避免过多的干扰。如将难易程度不适合的玩具收起，将适合孩子操作的玩具摆放整齐。玩具不宜过多，因为五花八门的玩具会让孩子无所适从。

第五，家人的配合。孩子玩耍时，家人说话的声音应该放低。孩子独自玩耍时，应该给予独处的空间，家人不要干涉。孩子希望家人陪伴时，应静静观察孩子，适时引导和协助，不要过多地要求和强迫，以避免分散他的注意力。

第六，行为矫正则需求助于心理医生。行为矫正是由治疗者针对患儿的症状设计治疗计划，通过针对性的训练程序减少患儿的不良行为的治疗方法。对于不同患儿可选用不同的方法，但是通过实验发现，正性强化是最有效的方法。当患儿一旦出现良好行为时就尽可能迅速地给予赞许或表扬（即“立即反馈”），这种反馈必须非常特别而明确，而且必须让患儿始终知道自己做得怎样及该如何去做，使其良好的行为得以持续。恰如其分的较多的反馈（即“频繁反馈”）对儿童多动行为的矫正效果较好。由于患儿对表扬的敏感性常低于正常儿童，为了调动其积极性，必要时可运用更为突出的奖励（即“突出反馈”），阳性强化物可以是（儿童爱吃的）食物、玩具、愉快的活动或是其较希望得到的某种特殊权利等。

（二）儿童孤独症

1. 症状表现

与其他广泛性发育障碍一样，孤独症主要表现为交流障碍、语言障碍和刻板行为。儿童通常在三岁以前发病，三大障碍在儿童发育的不同时期有不同的表现，同时在智力、感知觉和情绪等方面也有相应的特征。

（1）社会交流障碍。交流障碍是孤独症的核心症状，儿童婴儿期不喜欢拥抱，缺乏与亲人的目光对视，总是独自玩耍，不与小朋友一起玩，不参加小朋友的合作性游戏，通常不怕陌生人，与父母亲之间缺乏安全依恋关系，与父母亲似乎没有特别的情感。有需要时通常拉着父母亲的手到某一地方，但是并不能用手指指物，在运用身体语言方面也同样落后，较少运用点头或摇头表示同意或拒绝。

（2）语言交流障碍。这是大多数孤独症儿童就诊的主要原因，语言障碍可以表现为多种形式。多数患儿语言发育落后，通常在两岁和三岁时仍然不会说话，或者在正常语言发育后出现语言倒退。部分患儿具备语言能力，但是语言缺乏交流性质，表现为重复刻板语言或自言自语，语言内容单调，有些语言内容奇怪难以理解，模仿言语和“鹦鹉语言”很常见，孩子的听力通常是正常的。

（3）重复刻板行为。孤独症儿童一般都会表现出刻板行为或刻板动作，例如转圈、玩弄开关、来回奔走、排列玩具和积木、特别依恋某一种东西、爱听某一首或几首特别的音乐，但对动画片通常不感兴趣。往往在某一段时间有几种刻板行为，但并非一成不变。

（4）智力异常。70%左右的孤独症儿童智力落后，但这些儿童在某些方面显得有较强的能力，20%智力在正常范围内，约10%智力超常，多数患儿记忆力较好，尤其是在机械记忆方面，例如数字、年代等。对音乐特别感兴趣。

（5）感觉异常。大多数孤独症儿童存在感觉异常，包括对某些声音的特别恐惧或喜好。有些表现为对某些视觉图像的恐惧，很多患儿不喜欢被人拥抱，痛觉迟钝也很常见。

（6）其他。多动和注意力分散行为在孤独症患儿中较为明显，常常被误诊为儿童多动症。此外，发脾气、攻击、自伤等行为在孤独症儿童中均可以看到，这类行为可能与父母教育中较多地使用打骂或惩罚有一定关系。

2. 原因

儿童孤独症目前还存在许多未解开的谜团，病因并不明确。但是目前的研究结果主要在生理方面。流行病学调查确认孤独症同胞患病率为3%，远高于一般群体，存在家族聚集现象。家族中即使没有同样的病人，也可以发现存在类似的认知功能缺陷，如语言发育迟滞、精神发育迟滞、学习障碍、精神障碍和显著内向等，这些都表明孤独症的发病存在遗传学基础。在感染方面，先天性风疹病毒感染、巨细胞病毒感染被认为可能与孤独症发病有关；孤独症与免疫系统异常也有关。

3. 教育指导

第一，密切注意孩子的行为举止，看他的发育进程是否正常。最新研究表明，孤独症患儿的大脑从早期就开始出现发育异常现象。但是，儿科医生在给孩子进行例行体检时通常不测量头围，所以父母最好主动要求儿科医生进行此项检查。如果孩子头部的尺寸大于正常水平，父母也不要过于紧张，头部尺寸快速增大并不是诊断孤独症的标准，如果出现这种情况，父母就需要密切注意孩子的行为举止，看他的发育进程是否正常。

第二，早期治疗至关重要。尽管目前还没有治疗孤独症的良方，但悉心的照顾能够帮助孩子学习各种技能，包括眼神交流、拥抱和交谈等这些与周围环境交流的方式。孩子接受治疗的时间越早就越有益。专家建议，孩子一旦被怀疑患有孤独症，就应该每周接受25小时的治疗。

第三，最有效的方法是通过游戏帮助孩子健康发育。通过游戏让孩子在比较轻松的气氛当中学习如何与人交流，培养对事物的兴趣等。

第四，其他方法还包括拥抱、家庭合作、药物治疗等。采取什么方法，完全取决于孩子——根据孩子的不同状况而定。可以让他上常规的学前班，在家长的陪同下做一些训练，也可以由经过专业培训的教师或专家直接进行治疗。我们在对孩子进行治疗之前，应首先了解每个孩子的特点。

第二节　童年期女孩

6岁到12岁是童年期。这一时期进入小学学习的阶段，这是女孩心理发展的一个重要转折点。这一阶段，女孩从以游戏为主转入以学习为主，在教育的影响下，她们的认知能力、个性特征都在不断地发生变化，并且得到了质的飞跃。

一、生理特征

童年期儿童脑重量已接近成人。与随意运动和言语发展有密切关系的大脑额叶显著增大，表明大脑结构已有了充分的发展。在大脑皮层功能方面，儿童的兴奋和抑制过程进一步加强，兴奋性条件反射和抑制性条件反射容易形成，且不易泛化。第二信号系统随着学习活动和成人复杂化交际而日益发展，并占据主导地位，从而改变了两种信号系统的相互关系。

大脑的发展，为儿童的抽象思维、心理过程的随意性以及行动的自觉性奠定了物质基础。

大脑发育在出生时，约相当于成年人脑重的29%。到十一二岁，脑的重量基本上接近于成人脑的重量，达到99%以上。大脑表层的皱褶迅速增多，神经系统的机能不断完善，神经细胞的分化技能基本上达到了成人的水平。第二信号系统的作用也显著提高了。这些都为童年期女孩大量吸收知识、对事物敏感而且快速地作出反应提供了重要的物质基础。

二、心理特征

（一）智力特征

这一时期，女孩的智力发展特征主要表现在以下几个方面：

视觉和听觉方面有了突出的发展，手关节和肌肉的感受力有了迅速的提高。这一时期女孩反应能力强，动作灵巧，观察事物快而准确。

语言表达和概括能力显著提高，有意识记和意义识记开始占优势，抽象思维能力也进一步提高。由于知识经验的不断丰富，她们根据事物本质特征和内在联系进行适当判断、推理和论证的能力正在逐步提高。

由于抽象逻辑思维能力的发展，童年期女孩的想象力也得到了发展。主要表现在通过教材内容的训练，她们的再造想象比较完整，并富有现实性，创造想象更有概括性，表现在绘画和作文上有独立的想象和意境。这对于女孩继续增长知识、发挥才干，都是极其宝贵的心理品质。

但是，由于这时期的女孩知识经验终归不足，思维能力发展还不够充分，看问题也会出现片面性和绝对化的毛病。这对于她们正确地认识社会和处理复杂的人际关系是不利的，需要进一步教育和引导。

（二）情感特征

童年期女孩的情感十分丰富和强烈，她们遇事容易动感情，也很容易被激怒。这种冲动性和她们的生理发育尤其是神经活动的兴奋过程强而抑制过程弱有一定的关系。人们经常会发现，几个女孩凑一起，常常因为一件小事而兴奋不已，也常常因为一件小事而愤愤不平、垂头丧气。她们的心境活泼乐观，易感性强，容易被一些可歌可泣的英雄事迹所感动，并且以这些事迹为榜样来鞭策自己。

这一时期的女孩正逐渐形成一些高级的社会情感，如道德感、理智感和美感。她们开始注意自己的面容和衣着打扮，开始对女伴评头论足，并开始对男孩有一个初步的评价。她们很重视友谊，并且按照自己的价值标准去选择朋友。但是，由于经验不足，认识能力有限，她们容易把友谊局限在小圈子里，也会出现“拉圈子”等不良行为和心态。

（三）性格特征

童年期女孩在成人的教育和学校集体生活的熏陶下，性格有了初步的发展，逐步形成了对自己、对他人、对集体以及对外界事物的相对稳定的态度。这个时期，她们不仅能认识到自己的优缺点，而且逐渐能初步分析自己缺点所产生的原因。从这一时期开始，她们对教师的言行，由初期的绝对信任、效仿逐渐发展到有自己的独立评价。在集体生活中，她们的集体意识逐渐建立，能认识到个人与集体的关系，集体荣誉感逐渐发展起来。

由于童年期女孩的认识水平有限，性格仍有较大的可塑性，因此，教师和家长应不断给予她们正确的教育和引导，使她们的性格朝着健康的方向发展。

三、心理社会发展

（一）同伴关系的形成

童年期女孩学会有选择地建立友谊关系，至于什么样的人才能成为她们的好朋友，不同年龄女孩的选择标准是不一样的。低年级女孩通常会选择经常与她们在一起，特别是放学后能一起回家的同伴作为自己最好的朋友，而高年级女孩则更加理性，她们选择和自己有共同语言、有相互了解基础的作为自己最好的朋友。童年期是同伴群体形成的时期，也是“帮派时期”，同伴群体会对童年期女孩的个体品质产生重要影响，而这种影响主要通过舆论和群体压力来实现。如果她遵守群体规范，保持与大多数人一致，就会受到群体中其他女伴的欢迎，否则就会遭受排斥。这对童年期女孩的自我概念形成有很大影响。

（二）集体观念的培养

在学习生活的锻炼中，童年期女孩的个性得到了更进一步的发展，表现为个性倾向性日趋明朗，能力、气质和性格也日益成熟和稳定。这一时期，她们的好奇心强，可塑性大，喜欢模仿，容易接受新鲜事物。根据这一时期的心理特点，可以通过良好的教育培养她们与其他学生交往的团结互助精神和集体荣誉感，还可以利用社会实践活动对她们进行精神文明教育，使她们的心理行为朝着健康的方向发展。

（三）独立生活能力的培养

家长应该教育孩子养成定时进餐、清理书包等自我生活服务的习惯，而不能事事包办，否则必然会影响孩子自理能力的发展，使孩子养成懒惰、娇气、依赖和畏难的消极个性心理品质。这样的孩子稍遇刺激便可能引发神经官能症或心理行为障碍。

四、常见行为问题及其教育引导

儿童从 6 ~ 7 岁开始进入小学接受学校系统的教育，从以游戏为主的生活转向以学习为主的学校生活，在心理发展上，从受成人保护的儿童转变为必须遵守学校纪律、独立完成学习任务的小学生。在这一重大转变过程中，童年期女孩可能会出现说谎、逃学等品行问题，如果没有给予及时正确的教育，将会对她们的成长产生消极影响。

（一）说谎

说谎在儿童中比较常见，男孩和女孩在说谎方面并没有显著差异。心理学家路易斯的研究表明，2 ~ 3 岁的幼儿就会说谎，并且说谎行为有随年龄增大、生活经验增多而增加的趋势。

1. 说谎的原因

心理学家认为，现实生活中父母及其他成人对说谎的态度对儿童说谎有很大的影响。尽管大部分父母要求儿童不能说谎，但在某些情况下又不自觉地要求儿童说谎。例如，当有不愿意见的客人来访时，要求孩子说父母不在家，以打发客人。这种自相矛盾的态度与行为会对孩子的心理造成极其不利的影响。他们从父母的言行矛盾中领悟到，说谎不是不可以的，并且有时还是有益的。孩子说谎的习惯，可在各种因素影响下得到强化。例如，谎报学习成绩可以逃避家长的责骂，犯错误时也可以利用谎言来隐瞒实情。总之，孩子说荒的目的是逃避批评、指责，进行自我保护。

2. **教育引导**

成人要求孩子不说谎是正确的，但是应该根据具体情况具体分析。若是遇到坏人，机智地说谎并与坏人斡旋，既保护了自己，也保护了他人，这种行为就应该给予表扬；若是用谎言隐瞒自己的过失，给别人造成麻烦的，就应该给予批评，同时教育他们：即使有了错误，但只要说真话，就是好孩子，引导他们不断完善自己。对于经常说谎的孩子，教育者必须采取耐心引导和严格要求的方法与态度来帮助其逐步克服说谎的不良习惯，而不是以打骂、惩罚、斥责等粗暴、消极的方式对待孩子，否则将促使孩子为了保护自己而以谎言应付大人。同时，父母的榜样作用起着最关键的作用，如果孩子说谎是由父母引起的，父母就应该自我检讨，给孩子一个合理的解释，并且为孩子树立起好的榜样。

（二）逃学

男孩比女孩容易出现逃学问题，但是女孩因不愿上学而逃学的现象还是存在的。她们每天早上背着书包出门，但事实上并未到学校上学，而是在校外玩耍、游荡，到放学时又按时回家。家长不容易发现其逃学，往往直到学校老师告知孩子经常旷课时才发现。女孩的逃学问题如果没有得到及时解决，逃学的孩子则有可能被流窜在社会上的不良团体所利用，跟着他们做坏事，进而发展为少年犯罪。

1. **逃学的原因**

孩子逃学的原因主要是父母管教过严或老师过于严厉。贪玩的孩子常常因为学习成绩不好或者违反课堂纪律而受到老师的公开批评甚至体罚，其自尊心受到损害，因而对学校产生厌恶和恐惧感，对学习失去兴趣。

2. **教育引导**

对于逃学的孩子，学校和父母应该共同配合，采取适当的管教方法。特别是对刚入学的孩子，父母应主动与老师取得联系，了解孩子在学校的表现和学习情况，交换教育孩子的方法和意见。如果发现孩子有逃学的行为，决不能训斥、打骂，而应该分析其逃学的原因，采取相应的措施来提高孩子对学习的兴趣，这才是防止孩子逃学的根本。

（三）品行问题

童年期女孩在成长过程中若缺乏良好的教育，就容易出现品行问题，如骂人、偷窃、搞破坏性的恶作剧等。

1. **品行问题的原因**

童年期女孩可塑性大，好奇心重，求知欲旺盛，因此她们很容易模仿别人的行为，但由于年龄尚小，缺乏辨别是非的能力，如果教育不当以及受到家庭、社会环境不良的影响，就容易出现品行问题。父母如果品行不端，必然潜移默化地毒害孩子。

2. 教育引导

为防止儿童出现品行问题，家庭和学校必须加强儿童的道德教育，尤其是父母和老师必须提高自身素质，处处起良好的表率作用。对已经出现品行问题的儿童，不能鄙视，应耐心引导，取得他们的信任，帮助他们改变不良品行，做一名生理和心理健康发展的好学生。

第三节　青春期女性

青春期是女性心理发展的重要阶段，在个体发展过程中，其生理、心理逐渐达到成熟水平的阶段。我国学者一般认为，女性从12岁到15岁（相当于初中阶段）为少年期，15岁到18岁（相当于高中阶段）为青年初期。整个初、高中阶段总称为青少年期或青春期。

从女性生理发展来看，青春期是其生理发展的第二次突增期，下丘脑的逐步成熟和内分泌系统的各种变化促使男女性别差异产生比第一次突增期更为显著的变化，使女性在身高、体重、形态等方面迅速发育，第一性征和第二性征的发育更是突飞猛进。

安妮是一个犹太人，“二战”时为了躲避德国人，和她家人在阁楼里住了两年。这两年中她坚持写日记，在日记里描述她身体的突然变化，写到她的鞋子不再适合，她的内衣“变得那么小，以至于无法遮住她的胃”①。她也越来越在意自己的外貌，并问姐姐“你是否认为我很丑”②。就在她和她的家人被发现，并送进集中营处死前的几个月中，安妮用下面的语言对进入青春期进行了描写，“很想知道我的身体发生了什么事……我想我的身体发生的变化是那样的精彩，不仅仅是在身体外部的，还有身体内部正在发生的……每当有一段时间感觉到疼痛、不舒服、混乱时（仅仅两三次），我都有了一个甜蜜的秘密，并且那就是为什么我总是渴望那个时刻的原因，我感觉在我的内部又有了那个秘密，尽管从某方面来说，它对我而言只是一个讨厌的东西”③。

少女的心理成熟速度高于生理成熟速度，这使得她们总认为自己已经是大人了。家长或教师如果再用过去对待儿童的方式对待她们，她们就会反感甚至反抗。

---

①②③ ［美］Claire A. Etaugh，Judith S. Bridges. 女性心理学. 苏彦捷，等译. 北京：北京大学出版社，2003：90.

然而，事实上，处于青春期的她们心理发展还不成熟，有时想法像大人，有时又像小孩，独立性与依赖性、自觉性与幼稚性并存，是清醒与迷惑错综复杂的时期。

一、生理特征

青春期女孩在身体形态和技能方面进入了第二个突增阶段（第一阶段为胎儿期至1岁）。一般而言，第二次身体发育突增阶段，女孩比男孩提前两年左右。在生长激素的作用下，女性的身高、体重、胸围有了显著的增长，与此同时，肩宽、骨盆、上臂围、大腿围、小腿围也迅速增长。个体的总体体型在青春期可以发生多次变化。

生长突进开始后的2—3 年就到了青春期，或称性成熟期。不断增长的性激素水平促进了第一性征和第二性征的发展。从女性的第一性征（即女性的卵巢、输卵管、子宫和阴道——使女性进行繁衍成为可能的结构）的发育来看，10 岁左右，性腺开始迅速发育，月经初潮的出现则是性发育迅速走向成熟的标志。我国女性的平均初潮年龄为 12 ~ 14 岁。第二性征的发育是性成熟的显著标志，表现为乳房的发育，骨盆的增宽，阴毛和腋毛的出现，皮肤的润泽，胸、肩、髋等处皮下脂肪的增厚。

青春期两性差异除了表现在第二性征上，在其他方面也有所不同。首先，总体来说，女孩青春期的开始要比男孩早两年，女孩大概在9 岁左右，男孩则在11岁左右；其次，在身体形态上，女孩得到了相当于男孩两倍的脂肪组织，而男孩则得到了相当于女孩两倍的肌肉组织。

二、心理特征

（一）认知特征

青春期女孩的各种感觉能力迅速发展，感受性的发展已接近成人水平，她们的知觉和观察更加全面深刻，知觉的精确性和概括性有了显著的发展。

青春期女孩的注意力一般也达到了成人水平，注意的集中性和稳定性有了很大的发展，注意的范围也相应扩大，能够在复杂活动中较好地分配和转移自己的注意力，对一些重要的不感兴趣的材料，也能有意地集中自己的注意。这是掌握好知识，更好地进行中学学习的基础。在这一时期，女性的注意力优于男性，尤其是在注意的集中性和稳定性方面。

有意识记和意义识记逐渐占优势。初中女生的机械记忆还比较明显，但由于中学阶段的学习内容更加深刻地反映着事物的本质，理解识记的成分越来越多，机械识记的成分相对减少，这就要求学生对记忆材料进行逻辑加工。在学习任务的压力下，以往死记硬背的机械记忆方法逐渐被改变，取而代之的是理解意义识记的方法。这样，客观上就促进了形象记忆和抽象识记能力的同步发展。

在言语发展方面，由于青春期女孩生理、心理日益成熟，她们追求独立，具有强烈的语言表现欲，喜欢和同性、异性闲聊。她们的言语时而讽刺又时而多情，时而直率又时而含蓄，她们驾驭语言的能力优于同龄男性。

青春期女性的思维产生了质变，基本完成了由经验型向理论型抽象逻辑思维的转化。青春期的前期，女孩的抽象思维已经有了很大的发展，但在很大程度上还需要具体、直观、感性材料的直接支持，她们思维的独立性和批判性也显著发展，但仍容易产生片面性和表面性，属于经验型方式。青春期的后期，抽象思维明显处于由经验型水平向理论型水平过渡的阶段，她们在思维过程中逐步学会逻辑的分析和综合，能撇开事物的表面从本质看问题，在一定程度上克服了思维的片面性和孤立、偏激的特点，使思维的深刻性、独立性和批判性达到较成熟的水平。

（二）情感特征

青春期女孩的情感内容丰富多彩，并逐步形成高级的情操。青春期女孩喜欢写日记、写诗、读诗。她们情绪高亢激烈，充满热情和激情，活泼愉快，富有朝气，而且善于用各种方式表达内心丰富的情感。随着社会、教育影响的加大，她们的人生观逐步成熟，情感的社会性也越来越强，与社会性需要的联系也越来越紧密，并逐步形成高尚的情操，如爱国主义情感、集体主义情感和美感等。

青春期女孩情绪的波动性和敏感性较大，在情绪方面常表现出不稳定性和高度的敏感性，遇到挫折或成功容易动感情。她们有时兴高采烈、热情高涨，有时沮丧、焦虑、神经质、爱发脾气。这种情绪的变化会持续几分钟、几个小时甚至数天之久。因此，12～14 岁的少女时期被称为情绪发展的困难时期。兴奋性和反应性的提高造成了青春期女性特有的心境剧烈更替的现象，这种情绪的变化影响学习，并且影响和他人的关系。据统计，这一年龄阶段女性自杀率最高。

青春期女孩对情感的自我调节和控制能力逐步提高，并开始带有内隐、曲折的性质，能根据一定条件来支配和控制自己的情感，因而形成了外部表情与内心体验的不一致性。

（三）个性特征

由于生理上的急剧变化以及教育、社会环境的影响，青春期女孩的个性发生了新的变化。

个性的变化首先表现在自我意识的发展。青春期女性对自我与他人、与环境的关系的认识，是自我意识和自我评价逐步发展的重要方面。在青春期前期，她们开始觉察自己的内心世界，并通过日记的形式剖析自己的心理。她们渴望摆脱对父母的依赖，但又不能取得实际的独立，于是，开始反抗成人的干涉，力图寻找属于自己的世界，而实现的途径就是建立起兴趣相投的同伴群体。青春期中期，女孩已有了与儿童期感性的自我意识不同的理性，能够比较客观地看待自己与别人，主张自我，但由于缺乏经验，她们仍无法彻底解决自我的内心冲突，无法解决理想我与现实我之间的矛盾。青春期后期，经过重重内心考验的青春期女孩已经能够辩证地认识理想我与现实我之间的差距，能客观、理智地评价自己，使自我意识逐步稳定和成熟，达到自我的统一。

自尊心和自信心的发展是个性变化的另一体现。自尊心是在集体生活中发展起来的一种个性特点，是个人在社会群体中希望得到别人的尊重并有一定地位的需要。自尊心是一种概括化的自我评价，是个人对自己的一种肯定的态度。一般来说，女孩比男孩具有更强的自尊心。她们希望通过良好的学习成绩，遵守纪律、乐于助人等表现，得到周围人们的肯定评价。由于女孩的情感比男性更加细腻，体验更加深刻，因而，青春期女孩的自尊心也更容易受到伤害。

自信心是指个体对自己行动的正确性的相信程度。研究表明，女性自信心低于男性，但在青春期，这种差异表现不是很明显，因为青春期女孩的生理成熟早于男孩，无论在学业还是组织纪律等方面都优于男孩。

个性的变化还表现在理想、世界观的初步形成。青春期前期，女孩所向往的目标是其直接羡慕和感兴趣的具体人物，如某位偶像明星或英雄人物等。她们总是竭力去模仿他们，使自己的衣着打扮、言行举止等与他们接近。这一时期，具体的榜样起很大的作用。青春期中、后期，女孩的理想更多的是一些概括的形象，如成为一名教师、作家、设计师等或幻想有重大成就。这一时期的理想，虽然摆脱了具体的特定的形象，具有较多的概括成分，但仍有较多的幻想成分，有的甚至不切实际，缺乏与现实生活的联系。总之，青春期女性的理想不太稳定，但随着自我意识的不断完善和对生活实践的不断深入，理想也会逐渐成熟。青春期女孩的世界观的形成与她们所学的知识日益增多、参与的社会生活范围的扩大、生活的独立性成分显著增加、所承担的社会任务逐渐加多等有密切关系。

三、心理社会发展

青春期女孩的生理、认知和情感发展的特点也决定着这一时期的社会性发展。这一时期社会化的任务主要表现在以下几个方面。

（一）认同的发展

青春期最重要的任务之一是认同的发展，用一句话说就是“一种知道自己去什么地方的感觉”。心理学家艾里克森（Erik Erikson）认为，青春期认同的形成是指对一种职业和一种人生哲学的认同，也就是我们是谁和我们想要什么样的生活。为了实现这种认同，青春期女孩必须面对内部生理发育的飞速变化，以及摆在她们面前的成年人的任务，实现个性化，把自己看作个别的和唯一的。有研究表明，青春期男孩的传统认同发展比女孩更好。

近年来国外的一些研究表明，青春期女孩的教育和职业抱负已经比以往有了很大的提高，并且和男性的差别正日趋缩小。此外，越来越多的青少年认为，拥有美满幸福的婚姻和家庭是人生目标极端重要的组成部分。差别在于，更多的青春期女性把职业目标和家庭目标联系在一起，而很大一部分青春期男性觉得二者之间没有必然的联系。

（二）性别角色的加强

性别角色，即所谓的男子气和女子气，也就是根据社会文化对男性、女性的期望而形成相应的动机、态度、价值观和行为，并发展为性格方面的男女特征。

性别意识在婴幼儿期就开始萌芽，并获得初步的认同。在青春期开始时，价值观的性别差异开始变得显著起来。例如，认为女性应该温柔、善解人意、软弱妥协、善良、善于取悦于他人等。因为父母、同伴或其他成人，尤其是那些有强烈传统性别观念的人都在不断给青春期女性施加压力，要求她们做出“女性的”行为。这种传统的性别期望在某种程度上对女性的要求比对男性来得更强烈。

（三）友谊的发展

在青春期，大多数青少年仍倾向于选择同性朋友作为自己最好的朋友。青春期早期，女性更愿意和同性朋友一起活动，也比青春期男性花更多时间为她们的朋友考虑。

与他人分享思想和感情，从而建立起亲密关系是青春期友谊的一个重要特征，此阶段女性之间的关系比男性之间的关系更加亲密。从青春期早期到晚期，女性的亲密关系得到进一步的发展，相对于男性来说，她们更喜欢自我宣泄和取得情绪支持，并且也愿意花更多的时间和朋友们待在一起。青春期女性把亲密关系看得很重要，并且更可能与一个不在身边的朋友维持亲密关系。

女性倾向于有几个非常亲密的朋友，而男性则更可能有一大群但较不亲密的朋友。男性的友谊注重共同参加集体活动，如运动和竞技游戏，而女性更强调自我宣泄和情绪支持。

四、常见心理问题及其教育引导

对青春期的传统看法是把它看作人生的一个独一无二的骚动阶段，处于这一时期的个体有着极其不稳定的情绪、不可预测的行为。与男孩相比，在儿童期女孩有较少的调节问题，然而在青春期女孩更可能出现某些心理问题。

（一）早熟与晚熟

1. 早熟与晚熟的行为差异

青春期差异不仅存在于性别间，也存在于性别内，女孩发生青春期事件也存在着个体差异。早熟的女孩可能会感觉到尴尬，因为她们意识到自己的身体正在发生与其他女孩不一样的变化，而男孩可能用异样的眼光看待并且嘲笑她们。通常，早熟的女孩有较低的自尊，并对自我形象的评价较差。她们人缘欠佳，在社交场合表现冷漠，缺乏自信。晚熟的女孩可能处于相对低的社会地位，因为她们看起来就像个"小女孩"，并且经常被当作"小女孩"来对待而被排除在社交活动之外。

早熟的女孩倾向于和比自己大的同伴在一起活动，这可能导致她们早恋。她们比晚熟的女孩更多地关注自身躯体，更喜欢参加冒险活动如抽烟、喝酒等，对社会关系的关注程度也比较高。但她们也可能因为灵活性和独立性较强，比其他女孩子能更好地接受青春期的挑战。

2. 教育引导

总的来说，早熟和晚熟只是存在于特定时期，到青年期和成年期后，个体的问题行为和社会关系几乎不再表现出显著的差异。所以，只要全面把握青春期女孩的生理和心理发展的规律，做好青春期心理健康教育，早熟和晚熟带来的一些不良行为是可以得到避免和解决的。

（二）摄食障碍

根据国外的研究，在20世纪80年代和90年代，女性特别是青春期女性的摄食障碍和对体型的不满急剧增加。这一问题在西方社会显得较为普遍，而在我国研究的案例相对较少。两种最普遍的摄食障碍是神经性厌食症和神经性贪食症。

1. 摄食障碍的类型

（1）神经性厌食症。

神经性厌食症的主要症状是拒绝维持最少的正常体重（定义为理想体重的85%），对体重增加有强烈恐惧感，身体映像歪曲（甚至在很瘦时也觉得很胖）

和停经（没有月经）。厌食症患者为了减肥过分节食、绝食和运动。急剧的减肥可能破坏身体器官并对生命构成威胁。10% ~20%的厌食症患者死于自我饥饿和自杀。①

神经性厌食症患者90%以上是青春期女性和年轻成年女性。尽管通常开始患神经性厌食症的年龄是12 ~18岁，即青春期，但女性在任何年龄都可能变成神经性厌食症患者。

（2）神经性贪食症。

神经性贪食症的主要症状是反复出现无控制的大吃大喝后的旨在控制体重的清除行为。清除行为包括自我引导的呕吐、锻炼、极端的节食或绝食，以及乱用通便剂、利尿剂和灌肠器。患贪食症的个体似乎被一种强大的增加体重的恐惧感支配，并且和厌食症的个体相似的是，对自己的体型有一种歪曲的知觉。②

与神经性厌食症一样，年轻女性占贪食症患者的90%之多，大约1% ~3%的处于青春期晚期和成人早期的女性易患贪食症。此症典型的开始时间是青春期晚期。

2. 摄食障碍的原因

产生摄食障碍主要来自三个方面的影响。首先，遗传因素。国外有关研究者对同卵双胞胎进行了一系列研究，研究结果表明，如果双胞胎其中一个患有摄食障碍（神经性厌食症或神经性贪食症），那么另一个患摄食障碍的可能性也比较高，甚至可高达55% ~65%。其次，社会文化因素。在以苗条为美的社会中，肥胖意味着更多的社会压力和自卑。新闻媒体、电视广告宣扬的苗条美使青春期的爱美女孩趋之若鹜。最后，心理因素。某些心理特征，如低自尊、高焦虑、沮丧、完美主义、强烈需要别人赞美、外控的人患摄食障碍的概率相对较高。

3. 治疗

目前，对摄食障碍的治疗以药物为主。但临床的证据表明，摄食障碍很难治愈，而认知—行为疗法（即通过帮助摄食障碍患者改变自己的行为模式，改变他们对自己以及自己与别人关系的看法）似乎比其他形式的疗法更有效。

（三）焦虑

1. 焦虑的表现

焦虑反应经常伴以忧虑、害怕和紧张情绪，时常伴有身心症状。它和正常的

---

① ［美］Claire A. Etaugh. Judith S. Bridges. 女性心理学. 苏彦捷，等译. 北京：北京大学出版社，2003：106.

② ［美］Claire A. Etaugh. Judith S. Bridges. 女性心理学. 苏彦捷，等译. 北京：北京大学出版社，2003：107.

害怕不同，正常的害怕是在确实存在危险的情况下的害怕，而焦虑反应则可能发生在任何情况下，而不限于特定的情境或对象。当焦虑反应特别强烈或焦虑反应成为慢性的时候，就是临床上所说的心理障碍或异常。

这种异常现象在从青春期到成年期这一阶段的发生率呈增多的趋势。青春期的少男少女，焦虑水平往往都有所增大。然而，女孩所遇到的压力模式使她们比男孩更容易受到情绪问题的困扰而产生焦虑。

2. 产生焦虑的原因

（1）生理因素。

青春期女孩处于青春发育期，这个阶段是个体生长发育的第二个高峰期。在这一时期，初中生身体和生理机能都发生了急剧的变化，主要表现在身体外形的改变、内脏机能的成熟及性成熟三个方面，这就是青春期生理发育的三大巨变。

经过初中阶段生理及心理上的剧变及动荡，高中生的生理及心理水平均趋于成熟和稳定，主要表现在智力发展水平上，其观察能力、记忆能力、想象能力等方面不断发展变化和完善，思维能力也不断提高。

（2）心理原因。

初中生生理发育十分迅速，在2—3年内就能完成身体各方面的生长发育任务并达到成熟水平，但其心理发展的速度则相对缓慢，心理水平尚处于从幼稚向成熟发展的过渡时期，这样，初中生就处在一种非平衡状态，容易产生种种心理发展上的矛盾。这主要体现在生理变化对心理活动的冲击、心理上成人感和幼稚性的矛盾上。在这种矛盾下，他们在持有惶惑感觉的同时，自觉或不自觉地将自己的思想从一直嬉戏于其中的客观世界中抽回了很大一部分，使思想意识再一次进入自我，突出表现在初中生的内心世界越发丰富起来，常常将很多心智用于自省。

与智力发展的情况相呼应，高中生的各种个性品质也趋于成熟和稳定，而且随着认知水平的提高和生活经验的积累，高中生的一切问题围绕着“自我”展开，又是以解决好“自我”这个问题为目的。这种主客观上的需求使得高中生的自我意识获得了高度发展。

第四节　青年期女性

青年期又称为成年初期，是女性步入成年期的开始，一般把进入青年期的时间界定为18岁到35岁。这一时期女性的生理发展已经基本稳定，情绪情感稳定性增强，人生观、价值观趋于稳定。职业和婚姻成为青年期女性的首要发展任务。

一、生理特征

这一时期，女性的身体发育已经基本稳定，由于性激素对脑垂体的抑制作用，她们的身高、体重和各器官的生长发育速度基本稳定下来。这一时期的性成熟，是生物学意义上人的真正成熟，它标志着成年生活的开始，具体表现为，皮下脂肪分泌增加、乳房突起、臀部变大等，在体态上表现出明显的女性特征。

青年期女性的神经系统已经发育完善，神经纤维的髓鞘化过程已全部完成，这为抽象逻辑思维能力的发展和意志力、控制力的发展创造了有利条件。神经过程的兴奋和抑制基本平衡，第二信号系统在活动中起着重要的调节作用，神经联系的复杂化和大脑活动机能已日趋完善。

二、心理特征

（一）智力特征

处于青年期的女性，其智力发展已经达到她人生中的高峰阶段，主要体现出以下几个特点：

第一，智力范围扩大。作为独立成人的青年期女性，由于她们大量接触客观事物，从而扩大了智力的时间和空间范围。从时间范围来看，她们不仅能对目前自己感兴趣的事物加以分析、判断，而且能对她们陌生的、发生在记忆中的久远的事情认真考虑；从空间范围来看，她们不仅能对当前所受到的刺激作出反应，而且能对她们听到或想象到的事物加以认识和理解。

第二，抽象逻辑思维能力占明显优势。青年期女性不仅能用形象思维认识事物的表象，而且能经常利用抽象思维认识客观事物的本质和规律，发现事物之间的内在联系。她们的抽象逻辑思维能力正从经验型向理论型急剧转化。这种转化是智力成熟的重要标志。

第三，思维的批判性和思维的独立性明显增强。青年期女性不再像青春期女性一样轻信别人，或轻率地发表自己的意见。她们喜欢“三思而后行”，在听取别人意见时希望对方的说明要有论证性，能以理服人。

（二）情绪情感特征

青年期女性的情绪逐渐显现出平衡、和谐和稳定的特征，具体表现为强烈、粗暴的情绪减少，温和、细腻的情绪占据主导地位。她们的情绪更容易转化为心境，持续的时间较长，对心理状态和行为的影响变大，情绪体验也更加深刻。她们能够有意识地控制自己的情绪，避免直接的、冲动的情绪外露，尽可能以间接的形式表达自己的情绪。

青年期女性的高级情感，如道德感、理智感和美感逐渐培养和发展起来，并且趋于稳定。

（三）个性特征

青年期女性个性特征的发展突出表现在自我意识上。这一时期女性自我意识的发展在于主动认识自己，把原来主要朝向外界的目光转向了自己，以了解自己的内心世界。这就使得自我意识出现了分化，分为理想自我和现实自我，从而导致自我意识矛盾出现，表现为现实自我落后于理想自我。所以此时期的女性常常感到人生的矛盾太多，内心痛苦而茫然，她们苦苦思索，力求摆脱这种痛苦和不安。但总的来说，青年期女性的自我意识已经达到成熟程度。她们能够正确地看待自己，剖析自己，善于发现自己的内心世界。

“友爱亲密—孤独疏离”是青年期女性面临的发展问题。心理学家艾里克森（Erik Erikson）认为，亲密感是一种对他人承担爱、情感及道德承诺的能力。亲密感可能出现在朋友关系和恋爱关系中。它要求坦率、勇气、伦理感，并且往往要牺牲一些个人偏好。青年期是建立家庭生活、获得亲密感、避免孤独感的阶段。如果一个人不能与他人分享快乐与痛苦，不能与他人进行思想情感交流，就可能陷入孤独寂寞的境地中。这一阶段个性发展的主要任务是解决友爱亲密与孤独疏离的矛盾。这一时期的矛盾如果得到解决，个人在社会生活中就能够建立起和谐亲密的人际关系，从而形成健康成熟的个性；如果得不到解决，个人在社会生活中失败，就会陷入孤独的境地，导致情绪障碍的出现和不健康个性的产生。

三、心理社会发展

（一）教育与求职

全国妇联与国家统计局抽样调查数据显示，1990 年到 2000 年十年间女性受教育状况有很大改善，具体表现在以下几个方面：

首先，女性文化程度大大提高。与 1990 年相比，在 18 岁至 64 岁的女性中，2000 年文盲比例已从 30.1% 下降到 11.1%，特别是青壮年妇女的文盲率已降至 4.9%；初中以上文化程度的比例从 37.0% 上升到 50.7%，其中，城镇女性中高中以上文化程度的比例为 44.3%，比 1990 年提高了 8.3 个百分点，农村女性中专以上文化程度的比例从 1.4% 上升到 3.5%。

其次，两性受教育年限的差距进一步缩小。女性平均上学年数 1990 年为 4.7 年，2000 年为 6 年。1990 年城镇女性上学年数的均值为 8.7 年，比男性少 1 年，随着社会和家庭对教育的重视，青年男女享有教育资源的差距明显缩小，

2000 年 30 岁以下女性的平均上学年数，城镇为 10.4 年，仅比男性少 0.3 年，农村为 7.0 年，与男性的差距从农村总体的 1.7 年降到了 0.9 年。

最后，女性享有的继续教育机会增多。在具有高中以上文化程度的女性中，有 26.8% 的人最高学历是通过成人教育获得的，比男性高 2.2 个百分点。13.5% 的女性近 3 年来参加了某类培训或进修，40 岁以下城镇女性参加培训的比例达 26.1%。城镇女性参加的培训以进修和专业职业培训为主，共占 72.2%，农村女性参加的培训以实用技术为主，占 61.5%。

与此同时，农村女性受教育水平仍然偏低，与男性相比差距较大。农村女性文化程度为初中以上的比例是 42.3%，比男性低 20.8 个百分点；58.8% 的女性只有小学以下文化程度，比男性高 21.9 个百分点；女性文盲率为 13.6%，比男性高 9.6 个百分点。

影响农村妇女受教育水平提高的主要原因是家庭对女性教育的期望值偏低。数据表明，未能继续升学的女性中，父母阻止上学的占 36.8%，比男性高 8.9 个百分点。虽然家境困难也是父母不让子女继续上学的主要原因（男性占 69.8%，女性占 68.1%），但父母认为女孩上学没有用的达 9.1%，比男孩的同一比例高 5.6 个百分点。由此可见，轻视妇女的传统观念对农村妇女受教育水平的影响仍不容忽视。

总的来说，十年来我国女性总体受教育水平有了较大幅度提高，女性教育状况已经得到了改善，但农村女性受教育水平仍然偏低，与男性相比差距较大。

对妇女而言，教育条件的改善，意味着工作的世界也得到彻底的改变。今天女性在劳动力市场的份额远远大于过去，获得了比以前多得多的比例。然而，在职场中妇女并未获得平等。两性在所从事的工作和收入上都有着本质的差别。虽然所有的职业群体中都有女性，但她们在某些职业种类中出现了比例失调。她们始终集中在工业、书记人员和服务性行业领域中，许多妇女从事的是“粉领”工作，即低收入“白领”工作。

（二）恋爱与婚姻

随着青春期的结束和性意识的成熟，青年期女性的择偶需求便成为一个突出的问题。择偶是人类社会生存和发展的需要，也是一个人一生中重要的精神需求和心理归属。从择偶标准来看，近年来的调查表明，青年期女性择偶时考虑的标准侧重于对方的品德人格、健康状况、忠诚度、社会地位和兴趣爱好等。也有调查表明，女性在择偶时也很注意学历、职业、身高和家庭背景等，尤其突出的是对身高和家庭经济条件的要求。在条件成熟时，她们会考虑建立自己的小家庭。结婚是爱情发展进入一个崭新阶段的开始，它标志着青年女性在心理上、经济上基本摆脱了父母，并且改变了对社会的依赖状态，也意味着作为稳定的成人生活的开始。

与青春期相比，青年期女性心理发展的总趋势处于相对缓和、平稳的状态。这一时期，她们逐渐离开学校和家庭走向社会，求得独立生存和发展，心理发展必然会遇到许多未曾遇到过的矛盾以及矛盾所带来的心理动荡。

1. 职业与婚姻的矛盾

美国学者曾经对进入青年期的大学青年的自我评定进行调查，调查结果表明，男大学生的自我评定与女大学生有所不同，男大学生对自己的前途、事业选择更严肃认真，不大受干扰，可以更专心。同样情况下，女大学生却面临心理上的困扰。不会有人向男大学生提出在事业和做父亲之间如何选择，因为对于男人来说，他的职业与他的家庭角色并不矛盾。但对女大学生来说，她们却感觉要在学业、事业、家庭之间做一定的选择，这种选择往往使她们产生矛盾心理。

建立家庭后，她们在职业和婚姻方面的矛盾就更加突出。一方面要为丈夫事业的发展承担大量的家务，孩子出生后，要表现出贤妻良母形象；另一方面，又不能放弃事业、个人前途的发展。琐碎的家务和对丈夫无私的支持，使其难以实现婚前对事业、个人前途的憧憬，从而导致想拥有一个温馨的家，又想事业有成，而二者却又难以兼得的矛盾心理。

如何帮助女性消除职业和婚姻的矛盾呢？主要从以下两个方面达到心理层面的支持：

第一，社会支持。为女性提供带薪休假，作为母亲的工作女性往往没有得到足够的假期，以致她们无法很好地平衡家庭与工作之间的矛盾。如果制定合理的假期政策，将有利于女性调整作为母亲的心态，理解孩子的需要，促进家庭关系和谐。

第二，他人支持。这里的他人着重指亲人的支持。有研究表明，影响作为母亲的女性协调家庭和工作角色的一个重要因素是来自配偶和子女的支持。女性的良好状况同丈夫参与子女照顾和家务以及丈夫的情感支持程度呈正相关。

2. 求职过程的困惑

（1）求职压力。

据劳动和社会保障部对全国62个城市的一份调查显示，有60%～70%的用人单位提出了性别限制或明文规定女性在聘用期不得怀孕生育。某项调查显示，中西部省区80%以上的应届毕业女生在求职过程中遭到过性别歧视。

据悉，随着普通高校的扩招，女大学生在其中所占比例也在逐年上升，至2005年我国女大学生已占毕业生总数的44%。2006年高校毕业生激增至413万人，比2005年增长75万人，女性比例也将相应增大。而全国对毕业生的需求约为166.5万人，比2005年的实际就业率降低了23%。需求和供给的严重失调，为女性就业带来了更大的障碍。

（2）疏导。

由于生理特征和传统观念的束缚，女性在求职过程中会遇到比男性更多的困难，有时候甚至是歧视。面临越来越严峻的就业形势，女性应该从自身着手，克服错误的就业观念，充分展示自身优势，在求职过程中占据有利地位。

克服知难而退的心理。许多女性在求职前都容易产生浪漫的幻想，但一遇到现实中的困难就心理失衡，并且一部分女性性格相对柔弱，容易产生放弃的心理。所以，女性在求职前应该客观分析自身的优势和劣势，做好充分的准备。

克服盲目求高的心理。一部分女性在选择工作单位时，往往不从自身的实际情况出发，而是拿身边的同学作比较，以超过别人为就业标准。在这种心理作用下，当女性与适合自己的工作擦肩而过时，往往后悔不迭。

克服不平衡的心理。部分女性把求职不利归因于关系太少或受人排挤而产生怨天尤人的不平衡心理。求职的关键在于自身的综合能力和素质以及对时机的正确把握。只有纠正错误的归因，才能拥有平衡的心态，找到适合自身的工作。

注意用法律武器保护自己。一般来说，女性的法律意识比男性淡薄，而在求职过程中女性往往会遇到更多的陷阱或就业歧视，所以在遇到求职陷阱或歧视时，女性应学会拿起法律这一最有效的武器保护自己。

第五节　中年期女性

中年期对女性来说是人的一生中一个特殊的时期。一般把中年期界定在35～60岁之间。这一时期是女性对社会贡献最大的时期，也是社会向女性提出更大挑战、更多要求的时期。这一时期的女性在生理上和心理上都发生了重大的变化。

一、生理特征

35～45岁的女性与青年期相比，生理上无明显差异，只不过前者的组织器官和系统更加成熟稳定。大约45岁以后，女性在身体外貌上开始出现明显的衰老迹象。出现在皮肤和头发上的早期衰老变化是最容易看到的。头发变得越来越稀薄、灰白，皮肤越来越干燥，同时肌肉、血管和其他组织也开始失去弹性。这些变化的结果是皮肤起皱，尤其是脸、脖子和手等部位的皮肤；微笑、皱眉的时候，前额上就会出现皱纹；皮肤开始松弛、失去光泽、老年斑出现；代谢功能改变，体态变胖，女性体型逐渐消失等。

二、心理特征

在一般心理特征上，中年期女性和青年期女性无明显差异，只是量和形式的表现不同。心理学家主要从中年期女性所处的社会、家庭和工作环境的角度出发，对这一时期女性的心理发展做些探讨。

（一）认知特征

中年女性的理解力强，观察力敏锐，能够对事物进行客观的分析。她们对事物、知识的理解是建立在间接理解的基础上的。由于生活阅历极为丰富，对人情世故的把握清楚，中年女性能够根据具体情况做具体分析，有自己独立的判断能力，不因循守旧、生搬硬套。

（二）情感特征

女性的共同点是具有较强的同情心，这一点在中年女性身上表现得尤为明显。她们乐于帮助处于困境的人，与人交往时，能做到“心理相容”或“心理换位”，即能充分同情、理解他人，能设身处地地从对方的角度考虑问题，从而达到彼此理解、共鸣和协调。在家庭里，她们能把爱倾注于孩子和丈夫身上，并能细心照顾老人。

（三）个性特征

中年女性的社会适应性较强，对生活充满热情和希望。把孩子培养成身心健康、有所成就的人是她们最大的愿望，同时以丈夫事业的成就为荣。她们把子女和丈夫取得的成就作为自己成功的一个方面。但是，当更年期不可避免地到来时，许多中年女性的个性出现明显的变化，表现出“今不如昔”的不安全感和自卑感，也缺乏生活的满意感，出现了“中年危机”。值得注意的是，“中年危机”并不是更年期的必然结果，这与个人的心理适应能力有关。

三、心理社会发展

处于中年期的女性，在家里，必须辛勤操持家务，精心把孩子培养成身心健康、对社会有用的人，同时必须与配偶维持协调的关系；在工作中，面对职场压力，必须保持理智和冷静心态，接受各方面的压力和挑战；在社会中，还必须履行社会赋予她们的权利和义务。

（一）哈威格思特的观点

哈威格思特曾于1974年提出了关于中年发展任务的观点。他认为，发展任务主要源于个人内在的变化、社会压力以及个人的价值观、性别、态度倾向等方面。

哈威格思特认为，中年期发展的任务包括以下七个方面：

（1）履行成年人的公民责任和社会责任；

（2）建立与维持生活的经济标准；

（3）开展成年期业余活动；

（4）帮助未成年的孩子成为有责任心的、幸福的成年人；

（5）同配偶保持和谐的关系；

（6）承受并适应中年人生理上的变化；

（7）与老年父母相适应。

（二）艾里克森的观点

艾里克森的人格发展理论把人生的发展分为八个阶段，这八个阶段既连续又有所不同，每一个阶段都有其特定的发展任务。他认为，中年期处于人生发展的第七阶段，这一阶段的任务是获得和显示创造力感，避免“自我专注”的发展阶段。根据任务完成的程度可有两种发展方向，一种是积极发展，即除了关注自身家庭，还把这种关注扩展到关心社会上的其他人；另一种是消极发展，即过分的“自我关注”，只顾自己的需要和利益的满足而漠视别人的困难和痛苦。

对中年期女性来说，兼顾家庭和事业，发展与爱人、朋友之间的亲密关系，战胜更年期的生理不适和心理动荡尤为重要。

四、常见心理问题及其疏导

（一）更年期综合征

1. 更年期综合征的表现

更年期是指从生育年龄过渡到老年阶段的时期，即从45～55岁。更年期是女性人生旅途必须度过的一个过程。处于更年期的女性，卵巢功能逐渐衰退，内分泌发生暂时性的紊乱，并引起一系列的症状，如月经周期紊乱、心悸、耳鸣、头晕、血压波动等。

伴随着生理的变化，中年期女性的心理活动也发生了一些变化，容易出现情绪障碍，主要表现为精力和体力衰减，如记忆力衰退、注意力不集中、烦躁不安、神经衰弱、紧张、抑郁、内心挫败感、孤独感、焦虑、失眠等。

处于更年期的女性经历着家庭生活的重大变故，由于父母或爱人的故去，子女因升学、工作或结婚离开家庭，形成“空巢”状态而感到孤独、寂寞。退休后赋闲在家无所事事，她们难以很快适应角色的转换，从而更容易萌生或加重焦虑不安、抑郁等消极情绪。

2. 疏导

第一，正确认识更年期生理和心理的变化，知道心理上的变化是有办法克服的，甚至是可以避免的，同时保持平静的心态，这是最关键的。

第二，科学安排日常活动，坚持锻炼，积极进行人际交往，把精力寄托在事业、兴趣爱好和培养下一代上。这样既有利于增强体质，又有利于保持心理健康。

第三，注重陶冶良好个性。更年期容易出现急躁、焦虑、忧郁和愤怒等不良情绪，这些不良情绪对身心健康极为有害，应该正确而客观地对待现实，努力寻求解决的办法，从而培养开朗、乐观的性格，用微笑来面对这人生的多事之秋，为创造“夕阳无限好”的晚年打下基础。

（二）抑郁

许多研究报告表明，女性患抑郁症的概率高于男性。一种解释认为和抑郁有很大关系的生理因素就是血清素水平低，近来的研究已经发现女性比男性少产生50%的血清素，这可能使得女性更容易抑郁。另一种解释是有压力的生活事件可能会突然导致抑郁，而且女性不仅要面对事业，还要对家庭承担大部分的责任，所以她们的压力也比男性大。还有一个相关的研究报告指出，女性经历悲伤时会想到可能的原因及其对自己的重要意义；相反，男性则会试图通过集中注意于其他事情或者投入体育运动来积极地分散自己抑郁的情绪。女性的反应风格偏向于回味和思考，倾向于过度集中在自己的问题上，这增加了女性对抑郁的易感性。从认知的角度看，对负面情绪的注意会增加其对负面事件的想法，最终导致负面感受的数量和强度的增加。

中年期女性防止和克服抑郁情绪，保持心理平衡的方法有：

第一，保持和谐的人际关系。处理好家庭成员间的关系，和同事和睦相处，多多参加有益的社交活动。

第二，客观评价自己的能力。凡事量力而为，切勿好高骛远，制定目标应切合实际，以免造成长期情绪紧张，进而产生焦虑、抑郁的心理。

第三，乐于奉献，不迷恋物质。保持一颗宽容的心，没必要对他人过分苛责和对自己过多指责。

第六节　老年期女性

老年期一般指60岁至死亡这一阶段，这是人生历程中的最后一个阶段。在这一阶段，女性生理衰退，老化更加明显。由于生理上的退行性变化以及环境、社会角色的变化，老年期女性在心理上产生相应的变化，容易产生消极的情绪反应，因此，做好老年期的心理保健是安然度过晚年的基础。

一、生理特征

（一）脑机能的衰老

一般来说，人的衰老首先表现在脑机能的衰老上。在生命早期，神经细胞显得特别活跃，并且在人的学习和实践过程中不断得到发展。但到了老年期，脑细胞不断减少，其功能也日益衰退，表现为对人体活动的调节能力日益下降，心理功能日益衰退。

（二）身体机能衰退

到了老年期，人体的代谢机能减慢，平衡功能紊乱，身体不灵活。由于老年女性雌性激素减少，加上钙质的代谢变化，就算轻微的外伤也很容易引起骨折。因而，许多老年妇女外出时需要拄着拐杖，显得老态龙钟。同时，由于机体的不断衰老，牙齿脱落，皮肤失去弹性，并出现色素斑和皱纹。

（三）动作迟缓

老年期女性动作开始变得迟缓，走路、吃饭、说话和做事都比年轻时慢了许多。动作迟缓的原因有两个方面：一方面是肌肉活动收缩变慢，另一方面是大脑指挥肌肉活动的能力变差，配合不协调。

这些身体机能变化反过来影响老年妇女的自我概念、自信心和价值感，因为这些变化时刻提醒着一个人“老”了。

二、心理特征

老年期女性的感知能力逐渐衰退，记忆力显著下降，思维活动的速度变得迟缓，性格趋于内向、自卑。但是，由于她们阅历了人间沧桑，抽象思维能力、分析判断能力以及解决问题的能力并不比年轻女性逊色。

（一）智力特征

从记忆方面来看，老年女性最明显的智力特征是理解记忆占主导地位，形象记忆则相对减少，记忆力显著下降，表现为提笔忘事、做事丢三落四、讲话没有逻辑、见到熟悉的面孔却辨认不出、经常认错人。

老年期女性喜欢在记忆中过生活，喜欢回忆过去，经常给小辈讲述过去的经历和体验，常常津津乐道于当年的作为。对过去记忆犹新、喜欢回忆过去，是老年女性记忆的重要特征。

老年期女性智力特征的另一个重要方面是，她们虽然在身体机能方面比不上年轻女性，但她们的学识、经验以及处世之道更加成熟，她们的抽象思维能力、分析判断能力以及解决问题的能力并不比年轻女性逊色。但是，由于神经系统的退化，以及感知觉能力的衰退，她们的思维活动的速度比年轻人慢。

（二）情感特征

老年期女性喜静不喜动，非常害怕孤独，害怕无人关心自己，害怕遭到子女的嫌弃等，表现在：一方面希望家庭和睦相处，和邻居友好往来；另一方面又害怕拖累别人。因此，爱的需要在这个时期就显得尤为重要。

老年期女性孤独感的重要表现是丧偶之后。本来朝夕相处的伴侣，一朝先逝，老年期女性失去亲密的关怀、安慰和照顾，便失去了心理上的平衡，从而显得格外孤独。这种精神刺激对身体的危害也是极大的。

（三）性格特征

老年期是人生的重大转折点，这一时期女性会产生许多的不适感。一方面来自体力与健康的衰退，另一方面来自从职业到退休的转变，社会角色、家庭地位以及人际关系等的变化。有许多老年妇女产生不适应感，性格发生很大的变化。根据差异归类，老年妇女的性格大概可以分为以下四类：

（1）成熟型。成熟型女性经受多种考验与锻炼，能够以积极的态度面对现实，对转入老年生活有充分的思想准备。就算是退休也能心安理得，毫无怨言；积极参加社交活动，发挥余热；与家人朋友来往频繁，人际关系和谐；对目前的生活状态满意，通情达理，和蔼可亲。

（2）易怒型。这一性格类型的老年妇女攻击性较强，自我封闭，对事物失去兴趣。她们对转入老年生活没有思想准备，将挫折、失败和恼怒发泄到别人身上，遇到不满意、不顺心的事物，就“气不打一处来”，经常看不惯身边的人和事，觉得这也不如意那也不如意。人际关系不和谐，抑郁、易怒、爱抱怨。

（3）多疑型。多疑型的老年妇女由于生理上的变化，认知能力下降，不能正确地反映外界事物和自己的关系，喜欢疑神疑鬼，怀疑别人嫌弃自己，怀疑别人说自己的坏话等。这种性格特点的女性在平时表现出心胸狭窄、好猜疑、性格孤僻等。

（4）安乐型。安乐型的老年女性的最大特点就是逍遥自在。她们过去大多不插手家务，在人生中"与世无争"，无拘无束，能够接受现在的自我；尽量享受退休后的闲暇生活，自得其乐；对退休后参加工作不感兴趣；对别人在物质或精神上的帮助能心安理得地接受。

三、常见心理问题与心理保健

（一）常见心理问题

1. 抑郁

老年人最常见的心理疾病是抑郁，包括轻微的抑郁心境和完全发展的抑郁心境。所有年龄的女性都比男性有更高的抑郁比例。大多数老年女性坦言她们曾有抑郁症状，表现为消沉沮丧、痛苦悲伤、缺乏对生活的兴趣、不爱活动，态度悲观、自尊心低下以及消极评价目前和将来的处境，被隔离的孤独感和害怕情绪等。对她们而言，退缩、不与任何人说话、死守着床、不爱惜自己的身体等现象是很常见的。

研究者提出许多与老年人患抑郁症病因相关的理论，涵盖了生理方面和心理方面。总的来说，老年人可能由于与年龄相关的压力和丧偶而产生抑郁，体现在老年人生活满意度下降，遭受躯体、社会和经济困扰后表现出的周期性的悲伤和低落情绪。

2. 自杀

多数老年人对她们的生活感到满意，并且能够应付衰老带来的挑战。但是对其他一些女性来说，晚年时期是身体疼痛、心理忧虑和对生活不满的时期，她们容易产生无望和抑郁的情绪，坚信情况不能得到好转，这样的一些个体可能会试图自杀。

老年人的自杀尝试生后果比年轻人更严重，一旦决定自杀，她们往往就会力图结束自己的生命，显示出更强烈的死的决心，而年轻人更多是为了恳求注意或帮助。与晚年自杀相关的因素包括爱人死亡、身体疾病、不能控制的疼痛、对自身长时间的治疗对家庭成员情感上和经济上造成伤害的恐惧、对进入寄居机构的恐惧、社会隔离和孤独、社会角色的主要变化等。那些滥用酒精和其他药物的、抑郁的或苦于心理障碍的个体也有较高的自杀风险。

（二）老年期女性的心理保健

衰老是不可抗拒的自然规律，但是靠人的意志和主观努力还是可以在一定程度上延缓衰老、延年益寿的。实践证明，注意心理卫生是老年女性提高生活质量、延长寿命的重要条件。

1. 衣着打扮不可忽视

在一些城市，许多追求美的老年人穿了西装或鲜艳的服装步入舞场、音乐茶座等公众场合，在五光十色的灯光下，伴着优美的音乐翩翩起舞，新的多彩生活唤起了他们的青春。有些离退休的女性虽然已逝去令人羡慕的青春之美，但她们有着老成持重、端庄成熟的风度，不受古老传统的审美标准影响，把自己打扮得俏一点，用她们自己的话来说，对着镜子自我感觉良好，就是心理上感到自己还未衰老，还很年轻，可以赏心悦目。

世界老年医学会在“老年保健十要”中指出，放弃对体形服饰方面的讲究就意味着其他一切方面的自暴自弃的开端。老年人特别是老年妇女如能注意外貌修饰，改善自己的形象，无疑从心理上或生理上都会给自己带来极大的好处，这是延缓衰老不可缺少的精神因素。据心理学家研究，精神和情绪是人的大脑的高级神经活动之一。人在精神愉快时，能促进机体分泌激素、酶和乙酰胆碱等有益于健康的物质。这些活性物质可促进血液循环使神经和细胞兴奋，增强人体各脏器的代谢功能，使之调节到最佳状态，从而有利于提高人体免疫功能和抗病能力。

所以说，“老来俏”不仅可以活跃自身的脑细胞，还可以消除中枢神经系统的疲劳，延缓精神老化，使人越来越年轻。

2. 合理用脑，保持心情舒畅

过去有一种误解，用脑越多，衰老越快。其实，人体内脑细胞最活跃，所需血液供应最多，耗氧量最大。经常从事脑力劳动，由于血液循环加快，代谢加强，老年色素的排泄增多，能有效地防止脑细胞的老化，延长脑细胞的寿命。

为了防止脑细胞的老化，老年妇女在家应多看些书报、多听些音乐、多看些戏剧和有选择地看电视，还可以练习书法绘画。有关研究表明，书法和气功一样，可以使大脑皮层的兴奋和抑制得到平衡，四肢肌肉得到调整，使新陈代谢旺盛。练习书法，还可以消除疲劳、陶冶情操，使精神愉快，从而延缓衰老。

此外，大量的研究表明，日进三餐，做适当运动，保证睡眠，不吸烟，不喝酒，性格平和，是延长人的寿命的重要因素。而这些因素中，以性格平和尤为重要。关于老人的最佳性格和情绪，国内外许多专家的研究表明，思想开朗、精神愉快、乐观豁达是长寿的一个必不可少的重要条件。

3. **解除自我封闭的心理**

有的老年妇女和儿女之间形成认识上的“代沟”，丧偶之后的孤身境遇往往使她们感到无话可说，封闭心理便逐渐生成。她们索性把自己关在小房子里，除了必要的生活往来就不再与他人接触。用许多想不通的问题不断地折磨自己，心中的烦恼便越积越多。而心理的疾病又往往给她们造成生理的疾病，形成恶性循环。

老年妇女解除自我封闭心理的办法是打破封建的生活圈子，走出家门，敞开精神世界的大门，把每天的生活安排得丰富充实一些。比如，可以早起锻炼身体，白天主动干点家务，也可以养花、饲养家禽，还可以看看书报、欣赏文艺，这些活动可以陶冶性情、增长知识，亦能排解心中烦愁。老年妇女还应该主动外出找朋友聊天，尽情倾吐衷肠，从中得到理解和安慰。

4. **参加社会各种有益的活动**

研究表明，老人消极寻求安静反而导致人体的衰弱、智力的减退，提前衰老。老人参加一些有兴趣的社会活动，将起到安定精神、消除疲劳的作用。老年妇女可以参加的社会活动很多，如协助维护社会治安，看护宿舍大楼、单车之类，关心左邻右舍的孩子，参加街道组织的各种活动等。

5. **到大自然去寻求乐趣**

老年妇女还应注意享受大自然的优美与神奇，可以根据自己住地的实际情况来安排活动的内容。比如，住在山林旁，可以到山林中采摘鲜花；住在山溪旁，可以静听潺潺流水，观看鱼虾游动；住在大海边，可以赏日出日落，观潮涨潮退；还可以去旅游，在名山胜景中小住两三天，或者在附近公园的林荫小道上漫步等。大自然的美景，花草树木，虫鸣鸟语，会令人感到生机盎然，使人的精神状态也变得年轻了。

思考与讨论

1. 婴幼儿期男孩和女孩的心理发展差异表现为哪些特征？儿童的社会化过程是怎样影响婴幼儿期女孩的性格发展的？
2. 小学阶段的女孩容易出现哪些行为问题？应该如何对其进行教育和引导？
3. 青春期女孩在生理、认知和情感发展上呈现哪些新特点？这一时期女孩的社会化任务主要表现在哪些方面？
4. 中年期女性的心理发展表现出哪些特征？

第四章　女性职业发展与事业成长

——难道真的女子无才便是德？

第一节　女性职业发展的现状

女性要想像男性一样在职业发展中取得成功，就必须付出比男性更多的努力、辛勤和汗水。当代中国各行各业涌现着许许多多职业发展获得成功的职业女性：

洪晃，1980—1984 年于美国瓦瑟学院（Vassar College）主攻国际政治；1984—1986 年担任美国 Kamskip 公司总裁；1986—1996 年担任德国金属有限公司北京办事处驻华首席代表；1996—2000 年担任标准国际管理有限公司执行董事；自 2000 年 3 月起担任中国互动媒体集团的总裁，策划出版了三本不同风格的杂志。在近 15 年的国外工作经验中，她与美国、欧洲的实业和金融界的高层有着广泛和密切的联系，并多次在为他们对华投资进行策划、执行等服务中起到重要作用。

洪晃，章士钊外孙女、章含之女儿，有着作家、出版人、媒体人、编剧、演员、主持人、博客红人等多重身份。她不算漂亮，但绝对聪明；她不算优雅，但绝对有真性情。她的魅力源于自信和才情，她被人们称作“名门痞女”。

董明珠，一位中国家电行业的风云人物，一位风口浪尖的商海女性。36 岁南下打工，她从一名最基层的销售人员成长为当今中国最大的空调企业——珠海格力电器股份有限公司总经理，被美国《财富》杂志评为 2004 年“全球 50 名最具影响力的商界女强人”之一。2003 年 1 月，当选为第十届全国人大代表；2005 年 11 月，再次荣登美国《财富》杂志评选的“全球 50 名最具影响力的商界女强人”榜；2006 年 3 月，荣获“2005 年度中国女性创业经济大奖”；2007 年 1 月 20 日，获得被誉为中国经济领域“奥斯卡”的“2006CCTV 中国经济年度人物”称号。

洪晃和董明珠，这两朵绽放在男人中间的玫瑰，以其自身的实力和魅力独树一帜，谱写着女性自己辉煌而美丽的职业人生。她们是当今中国千千万万成功职业女性的缩影。21 世纪的“她时代”正一步步撞击着几千年来“女子无才便是德”的传统观念。

悠久的文化传统积淀出的厚重的历史盾牌正被21 世纪女性“崛起”的长矛“进攻”，但其坚硬厚实的阻挡却又使“进攻”屡屡受挫。女性职业生涯的发展虽然前途光明，但道路曲折坎坷，女性需面对的职业现状令人深思。

现在社会上流行着几种关于女性学历的说法，比如“本科女生拿金招牌，女硕士拿银招牌，女博士拿的就是破铜烂铁”，“有三种性别的人，一种是男人，另一种是女人，还有一种就是女博士”等，都在说女性学历越高就越“不值钱”，女孩子只要漂亮、贤惠就够了。女人的知识层次越高，她们对信息的接受储备能力越强，自己的独立价值体系就越坚不可摧，同时她们的选择就越多。面对这样一个越来越强大的群体，习惯了处于主导地位的男性采取封杀的态度来确保自己在知识经济时代的中心位置，把女博士列为第三性。

《家庭周末报——农家女百事通杂志》曾报道过，长相文静、容貌端正的29岁医学博士张小姐，前年在报上刊出一份征婚启事，称：“本人华西医大博士，现任职于某医院，月收入7 000 元以上……”几个月下来，却无人应征。后来别人提醒说，可能是征婚广告中学历太高吓退了应征者。于是，她去年3 月又刊登了第二次征婚启事，将自己“降格”为硕士研究生，月收入只写了3 000 元，但是，三个月过去了，仍然无人问津。万般无奈之下，她的母亲亲自出马，为她刊登了第三次征婚启事，再把她的学历降为“本科”，月收入也只写了1 000 元左右，刊登不久就收到如雪片般的信件，而且其中竟有许多是优秀的男博士写来的。

一、“女子无才便是德”的传统观念对当今社会的影响

汉朝是封建礼教形成的重要年代。汉代刘氏为了巩固封建统治，改任德治。德治实际上就是礼治，它集中体现了贱对贵、下对上、幼对长的服从关系，其核心部分就是“三纲五常”。封建统治者为了让礼治在全国范围内得到推行，就对民众先实施教化，把儒家学说作为治理国家的意识形态，形成了一套从上至下的以“三纲五常”为核心内容的严格的封建礼教。在封建等级制度中，两性的地位是极不平等的，封建统治者在规范尊卑、长幼关系时，同样对两性关系进行了严格的限定，“夫为阳，妻为阴”“阳贵阴贱，阳尊阴卑”是永远不变的规则。在这个理论基础上形成的以“三纲五常”和“三从四德”为核心的女教，成为制约封建社会女性言行的道德规范。在封建礼教的训诫下，妇女以极端柔顺、服

从于统治为生活标准。

在21世纪的今天，虽然传统观念从表面上看已被社会所摈弃，但事实上，它仍在潜移默化地影响着女性。“女强人”等称呼表明整个社会对女性事业的成功并没有足够的认同。传统观念传递的“男尊女卑”观念造成女性对自身性别的自卑感，把某些职业对性别的要求泛化，在心理上消极暗示和默认了自身的弱势，缺乏“迎战”的勇气，错失创业良机。对自我概念的消极观念，使得女性的依赖、依附感增强，缺乏独立意识，在面临就业时更多寄希望于社会关系和家庭关系，束缚了自身发展，同时使自己陷入更被动的境地。在传统观念和社会舆论中，女性不自觉地更多地扮演家庭角色，潜意识中把家庭放在工作之前，出现“干得好不如嫁得好”的思想。

当今社会要求女人有较高的素质，有一定的自由和一定程度上独立的人格，但前提是女人不能走得太远，不能威胁到男人的权威地位，只能在男人能容忍的范围内行使自己的权利。

二、女性职业生涯规划研究

（一）职业生涯规划的含义

职业生涯开发与管理是一门新兴学科，在美国有40多年的历史，在欧洲有30多年的发展，在我国台湾也有约15年时间了，而在我国大陆，从第一本系统阐述职业生涯开发与管理的专著问世并在企业中应用到今天，仅仅5年时间。职业生涯开发与管理的核心内容之一就是职业生涯规划。

职业生涯规划是指在对一个人职业生涯的主客观条件进行测定、分析、总结、研究的基础上，确定其最佳职业奋斗目标，并为实现这一目标作出行之有效的安排。具体是指个人结合自身情况、面临的机遇和制约因素，为自己确定职业方向、职业目标，选择职业道路，确定学习计划、训练计划和发展计划，为实现职业生涯目标而确定行动方案。①

职业生涯规划不只是协助个人按照自己的资历条件找一份工作，更重要的是尽可能地规划未来职业发展历程，考虑个人的价值、智能、兴趣以及助力和阻力，进一步详细估量内外环境的优势和限制，设计出合理可行的职业生涯发展方案。每个人依据对自己职业生涯的妥善安排，在短时间内充分发挥自我潜能，并运用环境资源达到各阶段的职业生涯成功，而最终达成既定的职业生涯目标。大学生正处于学习生涯结束期和职业生涯开始期，在这一交替时期合理规划职业生

① 阚雅玲．谈大学生职业生涯规划与成功素质训练．职业技术教育（教科版），2002，23（28）：58－59.

涯之路，不仅有助于缩短职业适应期，减少职业试错过程，而且对今后的职业成功及对社会的贡献都有很大帮助。职业生涯规划的五大要素是知己、知彼、抉择、目标、行动。

（二）职业生涯规划理论

职业生涯理论发展历程大体上分为前职业生涯、后职业生涯以及整合的职业生涯三个阶段。

前职业生涯理论将参加工作前的准备作为重点，它认为就职前的个体特征基本决定其适应什么样的职业。在此思想支配下，前职业生涯理论热衷于预测什么样的职业更适合什么样的个体，而不是个体如何适应职业。这方面代表性理论有人职匹配理论和环境理论。后职业生涯理论强调前职业生涯与后职业生涯的整合。

厦门学习型组织研究所副所长、研究员马天南指出大学生可以做个人生涯规划（国外称“金色人生计划”），但不能做职业生涯规划。个人生涯规划与职业生涯规划是不一样的。个人生涯规划可以考虑你的性格适合选择什么样的职位，这跟职业没有挂钩，是个人的。职业生涯规划首先要与职业挂钩，指的是一个人制定职业目标，确定实现目标的手段的不断发展的过程，是个人一生中在事业发展上的战略设想和计划安排。通过以上分析得出个人生涯规划的内容是前职业生涯理论，而职业生涯规划的内容就是后职业生涯理论。大学生还未参加工作，目前所能做的是个人生涯规划，是属于前职业生涯理论的，通过对自身性格特征、技能情况、专业知识水平和兴趣爱好等进行分析，从而决定自己所要从事的第一份工作。当前大学生普遍对自身认识不足，不知道自己想要什么，对未来很迷茫。他们在高考时选择专业的目的性不明确，以为只要能挤过独木桥就行了。因此，大学生首先要掌握了解职业生涯规划这套理论，教师需要对他们进行职业生涯规划的引导，使大学生能清楚明了自己的追求。

（三）女性职业生涯规划

女性应该根据自己的特点并结合社会要素，为自己设计最适合的职业和职业发展道路。现代社会经济发展趋势快，职业生涯规划对女性来说尤为重要。怎样才能使自己学有所用？应该树立什么样的价值观？怎样确立职业生涯的理念？如何获得职业生涯规划的方法？所有这些都需要女性认真对待。

女性很有必要进行职业规划。

首先，职业规划能使女性在每个人生阶段均有所侧重，更好地完成本阶段的任务。刚开始工作时，应以事业为重；30 岁左右可以开始侧重于家庭；40 岁以后应当注重休闲。

其次，职业规划能使女性获得健康的职业生活。在有效的规划下，女性对于每个阶段可能遇到的困难有所预计，当面临困境或心理障碍时更能及时采取措施进行自我调节或资源整合。

最后，职业规划能让女性在工作、休闲和家庭等方面生活和谐。科学的职业生涯规划使女性能有所侧重，协调平衡，减少焦虑和情绪波动，缓解内心冲突和矛盾。

积极进取并做正确规划的女性往往能够达到目标，将享受到更多的愉悦。反之，痛苦和抱怨就会成为生活的主调。

在职业规划中，女性应在职业发展的前期坚持取长补短，后期坚持扬长避短的原则。在高中毕业时、大学毕业后和参加工作5—10年以后这三次转折中注意角色转换，解决矛盾，把握好每个阶段的主要任务，做好事业和生活规划。职业生涯前期充分认识自我，分析自身优势、劣势，给自己准确定位，寻求与职业的高契合度，确定发展方向。同时培养知识、技能，建立支持网络，克服性别的自我刻板印象。随着事业步入正轨，职业中期女性面临“生”还是“升”的矛盾，需要平衡事业与家庭双重角色。在职场打拼的女性，由于精力、体力的限制，进入50岁以后，应开始为退休做准备，真正回归家庭。

女性可以在不同时期，结合自身情况，根据环境要求进行短期、长期的职业生涯规划。

三、我国女性职业发展与成才的现状

在我国政治、经济、社会等背景的影响下，我国的女性职业发展也具有中国特色。

（一）前期——教育成长过程中的不平等境遇

我国传统的继承制度给男女两性带来了不同的发展机会。一般来说，家庭中的男孩仍被认为是家庭财产和权力的天然的继承人，是整个家庭未来的顶梁柱和当家人，寄托着整个家庭的未来和希望。因此，家长往往都特别注重男孩子的成长和发展，注重对男孩子的培养，而女孩子则被认为是迟早要嫁出去的，“嫁出去的闺女泼出去的水”，女孩子被认为终究是要到别人家过日子的，所以其能否成才也就并不怎么被家长看重。出于以上认识和判断，家长一般都不愿在女孩子身上进行过多的教育投资。在城市中，由于经济文化的发展水平和独生子女的原因，一般来说，女孩子受教育不均衡的问题尚不算严重。但在广大农村，女孩子受教育的机会往往会被人为地剥夺。如果同一个家庭的女孩和男孩的受教育机会发生了冲突，一般这个家庭会毫不犹豫地把受教育的机会留给男孩。即便家庭状况比较好的部分女孩子有条件上学，家长对女孩子的期望值也不如对男孩子的期望值高，他们仍会把主要精力放在男孩子身上。

（二）中期——求职路上遭遇的性别歧视

北京理工大学物理系的一名大四女生说："一次参加研究生报考咨询时，一位研究生导师毫不掩饰地告诉我，他想招一个男研究生，不要女生。即使我的考试成绩够优秀，他也表示拒绝。还有一次是我到人才供需见面会上去找工作，会场里相当多的招聘启事上都清清楚楚地写着'只限男生'，甚至连女子监狱都只招男生。这不仅仅是我一个人的遭遇，我身边的女同学都曾经碰过这样的事。"

《中国教育报》2002 年 8 月 20 日《"北漂"学子的漂滋味》报道 2002 年 3 月，在山西财经大学举办的校内招聘会上，女生发现连财会、秘书这样中性甚至更适合女性的工作，招聘方都写着：仅限男性。

最近几年我国的高等教育发展迅速，但随之而来的是一些地区和高校毕业生就业难的问题。其中，占高校在校大学生总人数 44% 的女大学生虽然已基本撑起了校园的"半边天"，但就业却面临着比男生更大的困境。新华网 2003 年 8 月 29 日发表《解析女大学生就业四难》，文章中厦门大学对 2002 年 1 000 多名本科毕业生的调查结果显示，在相同条件下，女生的就业机会只有男生的 87%。"宁要武大郎，不要穆桂英"的现象依旧存在。

《中国人口科学》2006 年 6 月发表的《2002 年大学本科毕业生就业调查的启示》指出：在同样的招聘职位面前，女性常常因为性别的原因失去竞争机会。厦门大学的一项毕业生调查资料表明，87. 7% 的女生和 67. 3% 的男生认为女大学生找工作时会遭遇性别歧视，而且这种歧视首先表现在工作机会歧视上，其次是岗位层次和工资待遇上。更有一些单位强迫女性立生育保证书，深圳市某通信发展有限公司广州分公司要求传呼部的女工必须立一份"生育保证书"，保证合同期间不怀孕，如有违反，将作自动离职处理。这严重侵犯了女职工的生育自主权。由此可见，女性不仅就业机会少，而且面临着低就业的困境。

（三）后期——面临升迁还是生育的两难选择

女性和男性职业生涯发展中一个最大的不同是，女性在职业发展的过程中还要承担生育子女和抚养子女的职能，而这个职能与职业发展在同样的时期内，是可能发生冲突的。所以，女性在职业生涯过程中，往往因为要承担生育和抚养子女的职能而发生职业阻隔和职业中断。这个问题给很多的知识女性和职业女性带来不利影响。例如，很多单位不愿意要女性，包括刚毕业的大学生，因为她们将来要结婚生子，肯定要影响工作；一些单位不愿意把培训和教育的机会投给女性，因为知识更新，学了还没有用，就可能要回家照顾孩子一段时间；一些晋升机会如果女性和男性都在争，有时可能就让给了男性等。此外，女性的四期保护问题，经期、育期、哺乳期、更年期都或多或少地影响了职业生涯的发展。

《深圳妇女发展规划》编写组于2000年对深圳各群体、各阶层女性的生存和发展状况进行了全面深入的调查，调查发现迈过了就业机会这道门槛，好不容易进入职业领域的女性同样面临许多新的压力，主要表现在她们的就业岗位层次低，很难实现职业地位的上升。在深圳的党政机关中，90%以上的女性处于副处级以下职位，而男性则相应低7个百分点。该市的打工者群体中，女性处于“一般职员/工人”职位的女性比男性高9个百分点，而处于中级以上管理职位的女性则比男性少7个百分点。高一级领导岗位的性别结构也将会影响下级男女两性的提拔机会。当然，培训学习的机会越多，获得提升的可能性越大。事实上，女性的培训机会受到职业层次的限制，这种限制又阻碍了培训机会的获得，这种困境让女性左右为难。

《中国妇女报》2001年8月15日发表的文章《性别差异与职业歧视？——访清华大学经济管理学院博士杨斌》提到香港学者列举出的1990年的一份统计资料，在15~24岁，女性的劳动参与率只不过低于男性3个百分点，到了25~29岁则相差约20个百分点，而30~59岁两者相差达44~55个百分点。这一统计数字正好反映出妇女婚姻生活与生育子女所带来的职业压力使她们停止再就业而将精力放在照顾家庭上。

职业妇女总是会面临生育和工作的冲突。特别是知识女性，进入社会的时期正是婚育的最佳时期，择业期和婚育期带给职业女性来自事业起步的压力，更多的是面临生育后代的责任，角色冲突在所难免。

事实上，在立法方面，国家早在十几年前就已经开始关注女职工怀孕生育期间的劳动保障问题。1988年9月1日起施行的《女职工劳动保护规定》第四条规定：“不得在女职工怀孕期、产假、哺乳期降低其基本工资，或者解除劳动合同。”规定中的企业包括我国境内各类企业。1992年实施的《中华人民共和国妇女权益保障法》第二十六条规定：“任何单位不得以结婚、怀孕、产假、哺乳等为由，辞退女职工或单方解除劳动合同。”但一些企业要求女职工在一定期间不得怀孕已成为不成文的规定，因为因生育、抚养孩子而离岗影响企业工作的连续性会增加企业的成本支出。2003年，在邮局工作了7年的湖南省江永县职工周凤芝因为怀孕生孩子丢掉了工作。产假期满后，她多次要求按照休假前的约定上班，但仍被单位解聘。这只是当前中国女职工生育权益受到侵害的一个事例。要工作，还是要孩子，已经成为困扰许多职业女性，甚至是家庭的两难问题。全国人大代表、福建新大陆集团董事长王晶在2005年3月8日接受新华网记者提问时回答：“其实，生育是人类个体一生中对社会、家庭的一种责任，这种责任总是要有人去承担的，所以生育带来的问题，不是女性个人造成的，是社会的一种整体需求，应该由整个社会来共同承担。”

从女性职业发展的全过程看，早期的受教育机会不平等，使女性接受教育的机会少于男性；在职场上，同等职位对女性受教育程度和综合能力的要求又高于男性；在职业黄金时期，女性相对于男性又面临生育与升迁的两难选择。在女性受教育的基数本身就少于男性的情况下，对于女性应聘的高要求使得在许多领域性别配比失调，在较高层次、对受教育水平要求高的岗位上男性多于女性，而在较低层次、对受教育水平要求不同的岗位上女性又多于男性。

第二节 女性职业发展和成才的心理分析

与男性相比，女性在职业发展的道路上将面临更多的困难与障碍，女性要成就事业就必须付出更多的艰辛与努力。这不仅是因为在一个有着几千年封建传统和以男性文化为中心的社会里女性比男性面临着更多的压力，也不仅是因为现代社会要求知识女性挑起事业与家庭两副重担，而且还因为女性在发展过程中必须不断地克服自身的障碍与弱点。本节内容旨在讨论女性职业发展和成才的心理特点。

一、女性的成就动机

成就动机是指一个人按自己确定的目标，通过自己的努力完成某项有价值的或重要的事情的一种欲望，是推动个体完成某项任务的内部动力。① 成就动机是一种后天习得的动机，它也是决定个体努力程度的动力因素，人与人之间的成就动机存在个体差异。人们的成就行为具有追求成功和避免失败两种相对的倾向，追求成功的倾向如果远大于避免失败的倾向，成就动机水平就高；反之则低。

北京大学中外妇女研究中心佟新副教授说：“有研究表明，小学阶段女生的独立性远远高于男生，其成就动机也高于男生。但从初中开始，女生的成就动机低于男生，而且差距越来越大，在大学达到非常显著的水平，这说明女性在逐渐放弃自我发展的追求去顺应社会已有的性别期待。”一项对女性性别认同的研究表明，女性在工作后对自己的性别认同度与学习阶段相比明显降低了。与在校的女性相比，在职的女性对社会的抱怨更多，认为如果自己是个男人会比现在更有成就，同时在职女性也更多地肯定女性对家庭的责任。景怀斌撰写的《中国人成就动机的性别比较》一文中也曾提到不同年龄阶段男性成就动机水平均不同程度

① 钞秋玲．女大学生心理教育与自身发展．西安：西安交通大学出版社，2002：16.

地高于女性。

1968 年，美国心理学家 M. 霍纳提出女性有一种害怕成功的倾向，有“避免成功的动机”。当出现可能成功的线索时，想获得成功的动机就被唤起。但对多数女性来说，同时还唤起了一种避免成功的动机。这种动机产生于一些恐惧心理，害怕“成功”会导致“做人的失败”，并会引起社会非议。解决这种“获得成功—避免成功”矛盾的一种方法，就是要在思想和行动上摆脱竞争的气氛；另一种方法就是要降低自己的热情，而这种方法实质上是否认自己有获得成功的责任。

霍纳认为，女性害怕成功的主要原因在于性别角色和社会文化的影响。害怕成功指个人对其行为获得成功的结果感到恐惧，是一种与性别角色和习惯有关的稳定人格特征，而且传统文化观念认为女性是不应具有坚强独立并富于竞争的精神的，因此女性担心成功会给自己带来一些负面影响，如失去女性魅力等。霍纳同时发现，女性害怕成功的比例明显高于男性，在竞争情境中，尤其是面对男性竞争对手时，女性更容易害怕成功。后来一些学者进一步研究霍纳的观点，大量证据表明女性和男性在恐惧成功方面没有区别。①

女性成就动机的形成受社会性别结构等因素的影响，而她们的成就动机水平又影响了她们的社会角色扮演，一定程度上巩固了社会性别结构。

目前，研究者们认为女性和男性具有同样的获得成功的动机。然而，女性和男性的社会性别结构，能够塑造她们成就目标的方向，即男女性成就动机的差别是方向性的差别。社会塑造的男女性的成功方向不同，女性的成功方向往往被引导到家庭生活和传统上被定义为女性工作的方面；另外，有些女性的成就动机依赖于一种替代性的成功体验，即丈夫和孩子有所成就。而男性成功的方向似乎更符合社会的标准，因此在社会人看来，女性的成就动机水平低于男性，女性成功的机会也低于男性。

此外，由于社会刻板印象等因素的影响，女性对于自己能力的信心以及对成功和失败的认识出现歪曲或疑惑，而这些对女性的成就动机有非常大的影响。

二、女性的职业自我效能感

自我效能感是指个体以自身为对象的一种思维形式，是个体在执行某一任务之前对自己能够在何种水平上完成该任务所具有的信念、判断或自我感受。自我效能感直接影响着个体执行活动时动力心理过程的功能发挥，在自我调节系统中

① ［美］Claire A. Etaugh，Judith S. Bridges. 女性心理学．苏彦捷，等译．北京：北京大学出版社，2003：168－169.

起着重要的作用。

职业自我效能感是自我效能感在职业领域的具体体现，即个体对自己能否胜任与职业有关的任务或活动所具有的信念。① 职业自我效能感高者往往会对自己的职业生涯更有信心，不会因为信心不足而缩小选择职业的范围，同时会有积极的求职行为，更容易成功地作出职业决策并成功就业。

由于性别角色特性构成的关系，女性对自己相对于男性的那些价值，很可能持一种消极否定的评价，即一部分女性总是对自己评价太低。

女性低估自己可能有两个原因：一是内在的、本质的，即女性确实在某些方面无能或能力低下；二是外在的，社会强加的，即女性不是无能或能力低下，而是她们不得不表现得合于她们的性别角色或身份。女性的自我尊重，是由她们从其他重要任务那里得到的信息形成的，而不是通过对自己具有的各种能力的检查形成的。② 这也就体现了女性比较倾向于接受外界评价。女性过多地关注周围人眼中的自身言行、思想，缺乏成熟的自我意识，没有形成正确的自我认识、恰当的自我评价和有效的自我控制，特别是从源头——自我认识上就出现偏差，导致自我评价和自我控制也随之变化。

职业自我效能感对女性的选择行为影响很大。诸多此类研究表明，在一般职业选择中，两性的职业自我效能并无显著差异，但无论是对于传统上被认为是女性从事的职业或男性从事的职业，男性都有着较好的自我效能感。相比之下，女性对于传统上由男性从事的职业则自我效能感明显偏低，尽管她们实际上具有的相关能力丝毫不比男性差。也就是说，男性认为自己有能力干好传统上由女性从事的职业，而女性则对自己从事传统上由男性从事的职业感到没有信心。③ 这就意味着女性在选择职业或进行职业设计时，在不知不觉中将自己限制到了比男性狭小得多的范围内，从而丧失了更好的发展机会。在很多情况下，即使是条件不错的职业，她们也会因为自我效能感低而放弃了尝试的机会。

总之，在性别角色获得社会化的过程中，职业性别的刻板印象对女性的职业自我效能感的形成影响更大。也正是低职业自我效能感限制了女性职业的兴趣、职业决策与选择范围。在很多情况下，即使面对条件不错的职业，她们也不敢涉足，放弃尝试，放弃了更好的发展机会。而在从事某一职业时，职业自我效能感又影响着她们职业行为的努力程度和坚持性。

职业自我效能感对职业决策的影响主要体现在个体对自身某种职业能力和职

① 狄敏，黄希庭，张志杰．试论职业自我效能感．西南师范大学学报（人文社会科学版），2003，29（5）：22－26.

② ［美］J. A. 谢尔曼，F. L. 登马克．妇女心理学．高佳，高地，译．北京：中国妇女出版社，1987：108.

③ 孙宁成．培养女大学生职业自我效能感的思考．淮阴工学院学报，2004，13（6）：57－59.

业决策能力的效能感上，因为影响职业决策的因素不仅包括职业决策技能的发展，还包括对一些具体的职业决策能力的信心，并且后者更为重要。低职业自我效能感会使职业决策者因信心不足而低估自己的职业能力，也因此会回避自己认为没有能力从事的职业，认为自己不能胜任并选择放弃，从而阻碍了他们的职业探索行为和职业决策技能的发展。因此，相当一部分女性无法作出有效的职业决策就在于低职业自我效能感使她们放弃对那些与自己实际能力相匹配或略高于实际能力的工作的努力与探索，而理所当然地选择参与一些低于自己实际能力的工作。

三、女性的归因模式

归因是指对自己或对他人行为结果的原因知觉，成功或失败归因就是指对成败结果所进行的原因推断。人的行为和原因之间有着必然的联系和规律，从外部行为及其结果推测行为原因的过程，在心理学上称为认知归因。

美国心理学家维纳从“三维度”出发把归因分为内归因和外归因、稳定性归因和非稳定性归因、可控制归因和不可控制归因，又把人们活动成败的原因即行为责任主要归结为四因素，即能力高低、努力程度、任务难易、运气（机遇）好坏等，以后在此基础上又分解为八因素。将“三维度”和“八因素”结合起来，即组成如下的“三维度模式表”。

三维度模式表

三维度	内部的				外部的			
	稳定的		不稳定的		稳定的		不稳定的	
	可控的	不可控的	可控的	不可控的	可控的	不可控的	可控的	不可控的
八因素	持久努力	能力高低	努力程度	身心状况	外界偏见	任务难易	他人帮助	运气好坏

维纳认为人们更看重由内部原因所致的成功，并为此而奖励自己。获得某种成功时，若被归因于自己的能力或努力这些内部原因，而不是运气好或任务太容易这些外部原因，那么个人会感到愉快并会继续争取成功。而归因于外部原因的失败则会对个人的自尊产生消极影响，并会削弱以后对成功的追求，如果将失败归因于外在原因，则不会如此。

在成功与失败归因方面存在着重要的性别差异。男性往往把自己的成功归结为内部原因，尤其是能力；而把自己的失败归结为外部原因，如不走运。女性则常常相反，把自己的成功归结于外部原因，尤其是运气；而把自己的失败归结于内部原因，如能力差。例如，中学女生普遍对数学学科的学习缺乏自信：如果考试成绩好，男生认为是自己能力强，而女生则归于教师教得好或考题容易；如果考试成绩差，男生往往认为是由于教师教得不好或教师有偏见，而女生则断定自己能力差。女生的这种归因特点明显地反映了自信心的缺乏。男女对自己成功与失败的不同归因影响了两性的成就差异和行为差异。在学校，对成功的不同归因使得男女生在学习上遇到困难时表现不同。男生会认为自己有征服这些困难的能力，而女生面对困难时常常显得畏惧和束手无策。①

一般而言，女性的成功往往被她们自己和其他人归因于偶然的或外在的原因，而不是归因于个人所具有的稳定属性。而男性对于自己的成功，这种归属过程则正好相反。

如果一个女性预料自己不会干好某项工作，但最后却成功了，她会把结果归于一个不稳定的原因，如运气。这意味着她不会改变她的期望。既然归属是外在的运气因素，她对成功也就不必感到骄傲。当期望低的妇女在某项工作遭到失败时，她便把自己的失败归于自己能力差，这种归属模式在杰克威（1974）看来是"低期望的循环"，它减少了成功的积极结果，加大了失败的消极结果。这种归属被用来维持认识上的一致性，并证明最初的低期望是正确的。因此，低期望能够维持导致低表现水平的归属，它是自我维持长期一致性的反映。我们文化中许多人对妇女所持的低期望，导致妇女对自己表现做过低的归属，而低期望、低归属又直接影响女性的表现。妇女期望的提高和对自己能力的、信心的增强也许是打破低期望循环的重要条件。

成就动机、自我效能感、归因模式是一个互相影响的整体。女性更偏向偶然的或外部的归因，导致自我效能感不是很高。她们总是在意外界的评价，怀疑自己的成功是否自己努力的结果，当遇到失败时又很容易认为自己能力低下或不足。人都是希望得到认可的，因此女性更倾向于避免失败的成就动机，希望保持自身在外界的良好形象，故步自封。

可见，相对于男性，女性在成就动机、职业自我效能感及归因模式上有着程度、方向的区别，致使女性在职业选择、职业兴趣、职业决策、职业发展上与男性存在一定程度的差距。

第三节　女性职业发展的社会学分析

性别分工模式使社会公众对男女两性的成就期望值产生明显的性别差异，对男性的期望值较高，对女性的期望值偏低。女性渴望事业成功，觉得事业与家庭

① 强海燕．自信心的性别差异与女生的教育．教育评论，1999（2）：51－53.

要并重，但又害怕因此而丧失女性的“特质”。“男主外，女主内”“夫荣妻贵”的家庭观在女性中仍很有市场。如果自己的事业和丈夫的事业发生矛盾或自己的事业影响家庭的正常生活时，大多数女性可能会放弃自己的事业，支持丈夫的事业，照顾好孩子。

现在许多女性对传统的性别观念表示认同，在选择恋人时，女性倾向于寻找与自己学历相当或比自己学历高的男性，而男性则倾向于选择与自己学历相当或学历低于自己的女性。在事业上，女性往往会因为害怕被人指责“没有女人味”而束缚自己，并且非常在意他人对自己的评价和议论，特别是来自男性的评价。女性在择业问题上往往缺乏竞争意识。女性认为在生育孩子、抚养孩子时要花费大量的时间和精力，竞争性弱的工作有利于照顾家庭。在择业方向上，女性偏向选择竞争性比较弱的行业或单位，偏向于选择收入稳定、轻松、有时间照顾家庭的工作；在择业过程中，女性的主动性也不如男性。在择业竞争力的估计上，相当数量的女性觉得容貌比才华更重要，把美丽的身段和容颜作为求职过程中不可缺少的“敲门砖”。

可见，在女性的职业发展过程中，除了有与男性不同程度的内在心理因素，还存在客观环境因素。

一、社会刻板印象对女性职业发展产生了长期性、消极性影响

（一）社会性别角色

生理性别是指生物学上的差异，是男性个体与女性个体生理上的区别，这是先天的，在大多数情况下是不可改变的；社会性别则指由于男女生理上的差异而强加给他们的不同的期望、要求与限制，比如男性刚强，女性温柔，这是后天培养的，是可以改变的。事实上，传统性别文化常常夸大男女的自然差异。应该说被文化认定的性别差异大多数来自社会性别的差异，而不是必然的生理差异。我们在幼儿读物中可以发现，几乎所有事例（如好男孩胆子大、好女孩洗手绢，不好的男孩淘气、不好的女孩爱哭等）均是社会性别的结果，不是自然差异的结果，因而是可以改变的。如果我们从小培养女孩爱玩机器人、枪或其他创造性游戏，她一定会受到一定影响；培养男孩当一名好爸爸，学会做家务，他也一定不仅仅会玩枪。传统性别文化在夸大男女差异的同时，还贬抑女性价值，如“爸爸睡觉我不吵”，意味着爸爸的社会工作是非常重要的，全家都要支持爸爸，而妈妈的工作和家务劳动都是不重要的。可见，女性就是这样被社会排斥掉了，产生大量的性别刻板印象——男性是社会的中心，女性则被边缘化了，由此造成了性别不平等。

（二）传统的社会性别观念对女性职业发展产生影响

传统的社会性别观念来源于传统的社会性别制度。妇女史学者认为，我国严格的社会性别制度是从周代开始随着以父权制为中心的等级制的建立而建立起来的，其内容主要包括男女两性分工制度、婚姻制度和继承制度。这种起源于几千年以前的社会性别制度随着朝代的更换和光阴的流转而沉淀下来，以传统性别观念的形式影响着我们今天的生活。现在城市中许多家庭已成为休息和放松的港湾，女性在冲破了传统价值观念的藩篱后正走向自己所选择的生活，在社会的经济、政治和文化等领域发挥着不可替代的作用。但在我国城乡二元对立的社会结构中，传统的社会性别观念仍然占据着大多数人的头脑：男尊女卑、养儿防老的观念在农村家庭仍然根深蒂固，农村土地政策的村规民约中对女性利益的忽视以及男主外女主内的家庭分工使事业型女性在冲出家庭的牢笼后仍受社会舆论的困扰。不胜枚举的例子告诉我们：周代以来形成的社会性别制度对人们生活的影响不仅流传至20世纪50年代，而且其思想内核一直延续至今。传统的社会性别分工在现代家庭中表现为男主外女主内的分工模式，在现代社会中表现为在职业选择、用人选拔、退休制度等方面对男女的不同待遇，其结果是限制了女性享有与男性同等的就业机会和发展权利。

（三）性别刻板印象对女性职业发展产生影响

所谓刻板印象又称“定性观念”，是人们对不同事物进行概括以后形成的相对固定的看法，性别刻板印象是对男女应具备的心理特征和从事活动的相对固定的看法，是对两性的一种信念和态度。当人们以性别为框架，赋予男女以不同的特征框架时，性别刻板印象就产生了。男性总是和坚强、勇敢、雄心勃勃与事业有成联系在一起，而女性则是和温柔、细腻、柔弱等联系在一起。所以，当人们面对一个女性时，这种刻板印象的存在往往容易使人们认为她不应具备上述男性特征而应具备上述女性特征。性别刻板印象既有助于人们认识两性的特征，为这种认识提供背景信息，又会阻碍人们正确地认识两性，使得人们常常会出现以偏概全的现象而忽视事实真相，对社会人群进行极为简单化的性别分类，常与客观事实不相符。性别刻板印象还非常普遍地存在于社会之中，存在于人们的认知系统中。

性别角色刻板印象对社会上每个人的影响可能超过了人们的想象。在任何一个个体成长的过程中，性别角色刻板印象都在潜移默化地影响着个体的发展，一点一滴地塑造着个体的行为。性别角色刻板印象的存在，使不同性别个体的社会化过程十分明确，同时也因强化角色定型观念而对个体社会化产生消极影响。性别刻板印象的普遍性和牢固性同样给男女两性带来生活和心理上的压力，男女两性都必须按照社会规定的角色规范去进行自我塑造。它在影响女性的成就动机与自我潜能的发挥的同时，也逼迫着男性以追求事业成功作为人生价值的实现。

二、家庭生活对女性职业发展产生了早期性、持续性影响

性别角色行为是在性别角色认同的基础上，个体接受社会对不同性别个体的角色要求，并形成一定的行为规范。性别角色行为的形成是一种学习和培养过程，对性别角色行为规范的学习，将终身影响个体的活动，其中，父母的性别角色意识对孩子的影响不仅最早，而且最大。因为家庭是其社会化的最重要的场所之一，父母是孩子的第一任老师，儿童早期活动时间最多的场所是在家庭，父母的行为是孩子的榜样，对孩子起着潜移默化的作用。孩子最初的性别角色意识，是在父母对孩子的态度和行为中形成的。

父母为孩子取名，选择衣服、玩具等都显示出不同的性别特征，对其不同性别的子女也持有不同的期望。期望能直接影响其行为表现，因此父母在对待其子女的方式上也是男女有别的。

家庭对于塑造社会性别关系以及将这种关系沿袭至下一代起着根本作用。家庭环境所给予儿童的影响有两方面：一方面是父母或其他家庭成员对孩子观念上的影响和行为上的塑造，另一方面是孩子对父母或家庭成员的模仿、榜样学习。

在儿童早期性别社会化时，由于受到性别刻板印象的影响，父母自觉不自觉地将成人世界的性别规则传递给了儿童，并按社会要求去塑造其子女的行为。如父母更多地鼓励男孩玩一些要求肌肉运动的活动，而阻止女孩做奔跑、跳跃和爬树等大运动量活动；在学习和成就方面，父母对男孩的期望比对女孩的期望高。父母是孩子的第一任教师，他们的思想观念和行为方式对孩子的影响是巨大的。在中国大多数家庭，家务劳动主要由女性承担，当妻子与丈夫的事业发生冲突时，往往都是妻子成全丈夫。父母在养育儿子或女儿时用不同的教养方式，对于儿子和女儿的未来发展有不同的期待。这原本无可厚非，因为男女本来有差异。但这些教养方式和期望往往也烙上了男强女弱、男主女从的意识。一般来说，很多家长对女儿的教育是采取过度保护型的。在为下一代选择专业时，许多家长也没有脱离传统性别分工模式的框架。①

女孩小时候无意识地学习父母的行为。受父母和周围人观念的影响，女性经常学习到做家务是女性的“专利”，她们在走向社会工作的同时就会倾向于顾家的观念，在求职中倾向于稳定的工作，在生活中倾向于扮演“配角”。在女性走

---

① 陈媛．女大学生社会性别自我歧视倾向的形成与教育．广西青年干部学院学报，2002，12（3）：39－40.

上工作岗位后，家务会直接影响到女性在社会工作上精力和时间的投入。

三、学校环境对女性职业发展产生了教育性影响

学校教育占据了儿童期、青春期以及青年期的许多时光，孩子的价值观念、生活目标、人生理想都是在这一阶段形成的，因此学校教育对于个体以后的人生道路具有深刻的影响。学校是学生成长的主要环境，学生主要从教师、同学、教材中获得社会对不同性别的价值期待和价值评价标准。

教师对学生性别角色形成具有至关重要的影响。从儿童最初走进校园的那一刹那，教师便成为家长之外对其影响最大的成年人。由于传统社会性别观念扎根于许多人的深层意识中，教师与学生的言谈也在某种程度上传达着传统的社会性别观念。特别是教师在不同程度上也受千年积淀的男尊女卑、男强女弱等不平等的性别意识观念的潜移默化的影响。他们自觉不自觉地对学生践行着、渗透着这种意识观念。

同伴关系是儿童社会化的重要关系，同伴本身受着各自家庭教育的影响、彼此之间相互作用的影响，以及接受教师的引导。

教师和学生都潜移默化地受教材的影响。教材中的性别角色严重明显地反映出社会文化对两性作用的定型看法。许多社会都把男女性别的不同作用反映到教材中去，使教科书内故事情节描绘的男性与女性的作用不同。在儿童的动画世界里，英雄几乎全是男性，是强者；女性往往等待英雄解救，是弱者。无论是哪个年级，也无论是图画还是故事，男性主角都多于女性主角，而且男性从事的职业要比女性从事的职业多得多，男性最多的五种职业依次为军人、领袖、农民、工人、科技人员；女性最多的五种职业依次为小学教师、农民、护士、服务人员、工人。在角色形象上，男性往往被描绘成有胆识、有进取心的人；而女性往往是愚昧无知、爱虚荣和胆小的人。在学校的正规教材中，不同程度地存在对女性忽略和忽视的倾向。

在由北京师范大学史静寰博士主持的“对幼儿园、小学、初中和成人扫盲教材的性别分析”课题的第一阶段研究发现，从男女两性的数量上，除幼儿园教材和中小学个别科目的教材外，各类教材当中的主角性别比例都是男性高于女性。从职业范围看，男性的职业范围比女性要广泛得多，涉及了社会生活的方方面面；而女性人物的职业大多体现出耐心、服务性、缺乏竞争的行业特征，如教师、护士、售货员等。而在家庭生活领域，母亲出现的比例显著高于父亲。父母在家庭生活的场景中还体现出地位与知识、智慧上的不平等。母亲多表现出贤惠的性格特征，而父亲多是严肃的；母亲更多地以“家庭保育员”的形象出现，父亲角色则更多地体现出在家庭中的权威地位；母亲常常不能回答知识性甚至是

常识性的问题，父亲则“无所不知”“无所不能”。在一部分童话故事中，还包含着“美丽的女性只有通过男性的爱情才能获得拯救”的隐喻。北京师范大学郑新蓉教授对我国新版中小学教材的性别分析研究也发现同样的问题，教材中的图画中明显地存在着男孩适合学理科、做主导性工作，女孩适合学文科、做辅助性工作的隐性暗示。这种传统的性别暗示极不利于男女两性的自然协调发展。

学校教育中男优女劣的性别教育所带来的直接后果是贬低了女孩的自尊以及内在的自我价值。在中学时期，男女生在数学与其他学科上的差异开始加大，除了一些生理上的差异外，问题可能就出在女生的自我观念方面。女性在课堂中被忽视的现象甚至到了大学仍然如此，从而影响其职业发展。

四、大众传媒对女性职业发展产生了隐蔽性、方向性影响

大众传媒充当了传统性别文化的传播者，商业广告、音像制品、报刊图书、广播电视、文艺作品、网络等所展示的形象分工角色都体现出男主外女主内的传统性别分工模式，不经意地变相宣传“男强女弱、男主女从”等观念，将女性生存的空间限制在家庭，将女性生存的意义限制在妻子和母亲的角色上，将女性的价值限制在年龄、外貌上。受其影响，一些女孩迎合传统的分工模式，将“洗衣做饭”视为妈妈的天职，将“干得好不如嫁得好”视为自己的理想选择。

一些商业广告出于商业炒作需要或由于潜意识的作用，把女性身体的某些部位作为卖点，赞许或赏识带有封建男权意识倾向的女性形象，暗示女性应定位于家庭私域，变相宣传男尊女卑、男强女弱、男主女从的传统社会性别观念。在一些电视剧中，或者把在事业上有成就的女性描写成只顾事业，不顾家庭、生活情趣的形象，或者是有意无意地包含有“女人是祸根”之类的隐意。女性要“弱”、要“柔”、要漂亮、要性感、要细心才有女人味，男性要“强”、要事业有成、要有钱、要粗心才是“男子汉”。女性就是要在事业上比男性差、在脾气上比男性柔、在性格上比男性软、在能力上比男性弱。这些形象对女性无疑起了误导的作用。

总体来说，现代社会中大众媒介对广大民众特别是男女大学生的价值取向、审美趣味和性别角色定位等产生了很大影响，而且不少是负面影响。

其一，大众传媒不经意地普遍地复制着传统的性别角色，比如变相宣传“男主外女主内”“男强女弱、男主女从”等观念，暗示或强化“人的生理决定女性只是从属的性别”，强化了传统观念。如某洗衣皂广告中老太太费力地用手搓着一大盆衣服，嘴里念着广告词，忙个不停，老头子却在一旁看报、喝茶、逗鸟，独自取乐。如某洗衣粉广告中的丈夫看似体贴地喊着：“老婆怀孕了，家务事我全包了！”潜台词是没怀孕的时候，家务事是老婆全包的。如某减肥品广告中，

一名女性因为胖而得不到老公的欢心，她只有求助于减肥。

其二，夸大女性年轻美貌的外在价值，误导女性美和女性价值。正如女性主义批评家所说的，“在这个由性的不平衡所安排的世界中，女性作为形象，男人作为看的承担者”，“她们的外貌被编码成强烈的视觉和色情感染力，从而能够把她们说成具有被看性的内涵”。某丝袜的广告语：“不只是吸引。”广告中的女人搔首弄姿，顾盼回眸，都是为了吸引男人的注意，还不只是吸引。

其三，大众媒体缺乏对女性贡献和发展的认可。《妇女研究论丛》2000年第3期的文章《五年来大众媒介研究对中国妇女表现的性别分析》指出，研究者对中国八家主导报纸的新闻研究发现，男性新闻人物占84%，女性新闻人物仅占16%；关于新闻人物角色，在党政官员中，女性只占6%，在专业人士中，女性占21%，而作为家属的女性竟有98.14%，主导新闻对女性社会贡献的报道与女性实际贡献不成比例。

其四，大众媒体宣传的商业化和消费主义误导了女性的发展，把追求时尚当成现代女性的一种身份、地位，使得一些虚荣的女生误把外在包装当成提高自身价值的唯一途径，忽视自己精神的成长和内在品格的培养。

可见，不管媒体的形式变化多快，媒体中的女性形象似乎没有多大改变。造成这种状况的原因归根结底还是男权意识在作怪，似乎女性在家里就得洗衣做饭带孩子全包家务活（别忘了准备好酒）；得时时注意自己的身材；下岗生活无着落还得养家糊口；出门在外也要留心自己的打扮能不能吸引男人的目光！这正是封建社会男权主义对女性“出得厅堂，入得厨房”要求的写照！这让女性处在弱势群体的地位，很难翻身。

在大众传媒极为发达的今天，广告、电影、电视中对传统女性形象的塑造和渲染在有意或无意地传递着传统的性别观念。特别是在青少年成长的家庭环境中，长辈对于男孩和女孩不同的性别规范和要求都会在言传身教中对下一代产生示范效应，通过潜移默化的影响，在他们稚嫩的头脑中播下社会性别传统规范的种子。对于女性而言，要培养健康的自我尊重异常困难，因为原来的文化教育我们应该将自己的感受和需求搁一边，为别人服务。奥斯卡最佳女主角莎莉·菲尔德说：“从小到大，我就知道别人希望我做什么，成为什么样的人，我花了很长的时间才学会不再通过别人的眼光来判断自己。”在成长过程中，别人都在告诉女性一些信息，多年以后，这些经常性的暗示“你不够成熟，不够聪明，不够能干，不够有经验……”就会逐渐渗入女性的潜意识，逐渐使女性接受别人的看法并将这些看法变成自己的意见。这样的想法就会使女性从根本上承认自己的不足。

可见，在传统观念限制、家庭“熏陶”、学校“教育”、媒体影响下，女性承受着巨大的压力。

第四节　女性职业发展的心理障碍

我们发现，现代社会对女性的刻板印象主要通过家庭、学校、媒体等长期、隐蔽地传递给女性，使得女性在成就动机、自我效能感、归因模式等方面处于劣势，给女性的心理设置障碍，阻碍女性职业发展。

如果说家庭 CEO 有九成是女人，那么企业女 CEO 的比例绝对不超过 10%。生活、事业、家庭皆幸福的三赢模式是无数职场女性的梦想。从某种意义上说，人的一生实际上就是与各种压力对抗的过程，无论在什么样的年龄段，压力总是以不同的方式穿梭在我们生活的空隙中。女性选择工作比较局限，工作紧张，操心家务，还要照顾老人和孩子，再加上妊娠、生育、更年期等一系列特殊时期，女性比男性要面临来自社会、家庭的更多的困难、麻烦，承受更重的心理负担，这些压力可能引起感冒、失眠、头痛、强迫症、疲劳综合征、焦虑症等。而更多的研究表明，女性异常心理发生率要高于男性，常见的心理障碍有：思维障碍，如精神分裂症；认知智力障碍，如老年痴呆；情感障碍，如抑郁症。其中，女性患抑郁症的概率最大。而中国是唯一一个报告女性自杀率高于男性的国家。大部分自杀者或多或少都有抑郁症倾向。

一、女性职业发展的心理障碍

（一）就业前的心理障碍

对面临职业选择的女大学生来说，能否战胜自身弱点将直接影响到她就业的成败。女大学生通常会有自愧不如的心理，面对激烈的就业竞争，不少女大学生容易在“女大学生择业难”的影响下产生自卑心理和示弱心态：“我能竞争过男同学吗？”“要是碰钉子多丢人！”“万一失败了怎么办？”这种自己给自己设置的心理障碍往往使女大学生缺乏竞争的勇气和获胜的信心。女大学生还容易有依赖心理。一些女同学平时养成了对学校和家长的依赖心理，面临职业选择，也容易产生“反正父母会给我想办法”“反正学校得给我们分配工作”的依赖思想。试想，一个缺乏自立、自主、自强意识的大学生，怎么能作出符合自己特点的职业选择呢？正因为有了依赖心理和自卑心理，女大学生面临选择时都会犹豫不决。从学校到社会，这是人生的一个重要转折。面对这一抉择，毕业生既应做到知己知彼、权衡利弊，又要当机立断，抓住转折机遇。而女性优柔寡断、犹豫不决的心理弱点往往会使一些女大学生产生“这山望着那山高”“不识庐山真面目”的困惑与迷茫，以致白白失去就业的良机。同时女生又容易走向另一个极端——自视过高心理。一些女大学毕业生因自己的学习成绩好，家庭条件优越，或者因自己的能力强，在同学中有一定的竞争实力，或者因自己容貌出众等，容易产生一种自命不凡的优越感，即一种自视过高的心理，在求职时，过高地估计自己，这个单位瞧不上，那个单位也不遂心。而用人单位对这种缺乏自知之明、自视清高的毕业生是最有戒心的。

造成上述心理障碍主要归结于以下几个方面：

1. 职业认知障碍

职业认知是指个体对所从事的工作或职业的认识、看法和评价。女大学生的职业认知障碍表现为：

（1）性别歧视导致的自卑心理、依赖心理。

很多知识女性受到封建思想的影响，认同男强女弱、男主外女主内的封建观念，因此束缚了自身个性的发展。一些综合素质较好的品学兼优的女生，在就业市场上却难以竞争过男生。有些用人单位提出一种很奇怪的口号："宁可要三流的男生，也不要一流的女生。"有的机关单位甚至提出不招聘女性。在当前这种严峻的就业形势下，未就业的女大学生普遍产生"女不如男"的自卑心理和悲观情绪，逐渐滋生"女人靠男人"的依赖思想。女性大多是以男朋友或丈夫事业的成功作为自我价值感的体现，在心理上、经济上都对丈夫或男朋友有很大的依赖性。

（2）职业期望值偏高，理想与现实存在一定的差距。

女大学生们经过四年大学生涯的专业知识技能的教育和训练，踌躇满志，对自己的未来职业发展都充满美好的憧憬与幻想，这说明她们有理想、有抱负。但是，她们在求职选择中都希望找到一个高起点、高回报的工作，这与当前大学生面临就业市场理想工作"僧多粥少"的客观事实很不吻合。

2. 职业情感情绪障碍

职业情感情绪是指个体在从事某种工作或职业时所产生的相应的内心态度体验，包括喜怒哀乐等情绪状态。女性的职业发展情感情绪障碍主要表现为：

（1）女生的情绪波动大、不稳定。

与男生相比，女生表现出较大的心理脆弱性、情绪的不稳定性、情感的起伏变化性特征。其工作业绩易受情感情绪影响，情绪愉快、稳定、乐观，则工作效率高；而情绪低落、沮丧、烦闷，则工作业绩直线下降。因女生择业期望过高，又缺乏经验，在求职过程或在工作中，稍微遇到挫折和失败就容易心态失衡，常难以控制自己的情绪，由此产生烦恼、忧郁、沮丧、悲伤、愤怒和焦虑心理，甚至大声喊叫以宣泄内心的压抑情绪。

（2）女生就业的焦虑情绪非常显著。

女性职业发展不顺利会诱发焦虑情绪，在工作压力下，很多女生都反映她们心里难受、情绪不稳定。

3. 职业行为障碍

职业行为是指个体在具体工作岗位中的各种行为表现和行为模式。当代女大学生在处理职业和专业、兴趣，职业和环境，变换职业条件诸关系的问题时，存在某些行为障碍。

（1）害怕吃苦，追求舒适、安定的生活。

调查反映，现代女大学生害怕就职于条件艰苦的环境，追求舒适、安逸、高收入的工作环境，工作的外部环境条件是制约女性职业行为趋向的重要因素。这种思想和求职趋势既增加了女性广泛就业的难度，也是经济发达地区与经济欠发达地区经济发展不平衡、人力资源失衡的主要原因之一。①

（2）女大学生职业成就动机水平偏高却不务实。

职业成就动机是指推动个体从事职业行为并完成工作目标的内在驱动力。心理学研究认为，一个人的奋斗目标越明确，动机越强，意志力亦越强。研究结果显示，女大学生定位于努力取得好成绩的工作成就动机，既与其个人的理想、成就目标级别高低有关，更与其周围人对自己的支持、鼓励与期望程度密切相关。女大学生在求职理想、职业发展目标方面偏向于当管理人员：55%以上的女生把职业发展目标定位在中级、高级管理人员，12.4%的大学生希望自己将来能当第一把手，只有12.8%的女生把自己发展定位在“一般基层工作者”。大多数女生虽不甘落后，却不愿干平凡、务实的工作。男女性别成就动机水平的差别，主要与他们的兴趣不同有关。男生对发展和事业有关的工作感兴趣，而女生则对发展与情感、家庭有关的内容感兴趣，更多表现出接受、服从的特点。②

（3）以个人利益为先考虑择业，突显职业行为利己倾向。

研究结果发现，大学生在跳槽或选择职业时，首先考虑个人利益，其次才是社会贡献。注重追求物质舒适的安逸生活，希望有一个宽松的工作环境，能够充分发挥个人的各种潜能，获得高的报酬，满足个人需要是女大学生变换职业首先考虑的基本条件，而国家和集体的利益与需要则是其次考虑因素。当代女大学生的生活目标是追求一种比较实惠、比较稳定的生活方式。在处理“专业对口、兴趣吻合与职业报酬”之间的矛盾关系时，问卷中提出“假如现有工作专业对口但薪金一般，你是否愿意放弃它而选择专业不对口但高薪的职业”，3.7%的女大学生选择“不愿意”，39%的女大学生选择“较愿意”，10.1%的女大学生选择“非常愿意”。《女大学生思想状况调查问卷》中，在回答“您择业的主要因素

---

① 黄爱玲．当代女大学生职业发展的心理障碍及教育对策．福建工程学院学报，2003，1（1）：117－122.

② 黄爱玲．当代女大学生职业发展的心理障碍及教育对策．福建工程学院学报，2003，1（1）：117－122.

是____”时，28.68%的女生选择“工作的稳定性”，25.74%的女生选择“工薪高”，16.91%的女生选择“自由度高”，只有2.21%的女生选择“对社会的贡献”。调查问卷反映出女大学生择业的顺序是：①事业单位（49.26%）；国家机关（17.65%）；③外资企业（10.29%）；④合资企业（8.82%）；⑤国有企业（1.47%）；⑥乡镇企业（1.47%）。由此可见，在社会转型时期，商品经济的物质观已广泛渗透于人们的思想和价值观，经济收入高低、生活的舒适安定程度都已成为当代女大学生职业价值观的重要组成部分。至于专业对口、服从国家和上级的安排分配、国家集体利益为重等都变成第二位因素。①

（二）就业后的心理障碍

职业女性在社会生活中占据着特殊的地位，她们的状况预示着妇女发展的未来，甚至影响着整个社会的发展，关系到21世纪的人类走向。当前，面对瞬息万变的社会发展和日益加快的生活节奏，职业女性所承受的压力也与日俱增，影响到职业女性的心理健康。

女性进入结婚生育年龄段后所面临的障碍会更多。“三十而立”对男性来讲或许是人生、事业的一个崭新起点，但对许多职场女性而言则更像一道门槛——许多女性悲哀地发现，眼角的鱼尾纹在不知不觉中蔓延了，热情和信心似乎从身体中抽走了，曾经对未来的憧憬在生活面前变得不堪一击，生活好像高速运转的旋涡，不能由自己来掌控。面对社会和家庭构筑的重重压力，有些女性被磨炼得越来越坚强，她们在不断的学习和持续的成长中坚守在自己所擅长的领域里；而有些女性在遭受打击之后，便会产生一种挫败心理，开始怀疑自己，丧失信心。就业后女性会出现以下心理障碍和心理问题。

一是年龄恐慌。由年龄而产生的恐慌心理在职业女性中很普遍，这主要是因为她们担心可能随时会被老板解雇，又因年过35岁而被众多招聘信息排斥。

二是心理疲劳。随着阅历的增长，职业女性对工作的新鲜感逐渐减少，不少人出现了莫名的疲劳感，这种来自心理的疲劳感降低了工作效率，也会削弱职业女性未来发展的竞争力。

三是自信心不足。事业发展不顺利的时候，很多女性怀疑自己的能力，这在很大程度上是因为她们信心不足，过多地消耗了她们的精力和时间，减弱了她们追求成功的动力，影响了工作效率。随着年龄的增长，女性的精力、体力甚至容颜都如流水东逝，与身边生龙活虎的男同事或者年轻女性相比，会产生很大的压力和失落感，这更加导致她们信心不足。

---

① 黄爱玲．当代女大学生职业发展的心理障碍及教育对策．福建工程学院学报，2003，1（1）：117－122.

四是目标游移。许多职业女性爱跟别人比较，总觉得自己处处不如别人。这种来自内心的干扰容易使职业女性被外界的目标所迁移。而对于那些吃“青春饭”的职业女性来说，则面临着更大的挑战。30 多岁的女性已经没有吃“青春饭”的本钱。特别是成了家，有了孩子，精力和能力都不允许她们再陷入无休止的职场“厮杀”。在她们眼里，继续待在目前的公司，与其说是在等待晋升的机会，倒不如说是一种习惯使然。一些职场女性知道自己在目前的公司干下去也没有多大发展前景，迟早会被新人所替代，但渴望成功的心理又使她们不知道该何去何从，于是开始迷惘。

五是知识更新不快。信息时代需要更新更快，更系统化、理论化的知识人才，而这正是许多职业女性所欠缺的。

六是心态紧张。中年职业女性是社会的中坚力量，是单位的组织、业务、技术骨干，是家庭的栋梁。上有老，下有小，在社会和家庭中都处于承上启下的角色。她们承受的各种压力较大，工作、生活节奏也较快，诸多的社会心理因素，常常使她们处于某种紧张状态之中。随着社会竞争的不断加剧，职业女性需要承担和面对的压力也越来越重。对一些天性要强的女性来说，她们既想在工作中出类拔萃，又想成为家庭中的贤妻良母。然而一个人的承受能力有限，如果忽视健康知识的学习，不掌握自我调节的技巧，必然无法摆脱工作压力和不愉快情绪，最终身心俱损。

女性出现以上心理障碍和心理问题的主要原因来自以下几个方面：

1. 双重角色冲突

进入职场的已婚女性面对来自职业和家庭的双重压力，时常会经历双重角色的强烈冲突。譬如，已经到了不得不考虑要孩子的年龄，然而生孩子却意味着要跟自己的工作、自己的社会角色脱离一段时间，意味着发展会停滞一段时间，等生完孩子回来之后，可能不再适应自己的工作，可能自己的位置已经被取代，晋升可能会被延误甚至错过时机等，这些都令女性望而却步，从而不敢下决心去履行母亲的职责。譬如，如果女性是家中的顶梁柱，需要将更多的精力投注在上有老下有小的家庭生活上，而自己的工作责任和压力也很大，常常需要额外加班，作为一个既重感情又重事业的现代女性常常身陷其中，似乎无法看到出路。

社会的变化给女性带来了新的机会，带来了成功。可是，现实生活中的职业女性不仅面临社会及男性世界的压力，而且承担着家庭的重任。在职场中，她们必须付出更多的努力才能获得与男性同样的成功；在生活中，她们必须照顾父母，关爱子女，维系家庭。

我国职业女性的双重角色冲突是由职业女性价值定位时其价值取向的双向性导致的。追溯历史，在农业文明时期，相对于男性，女性的价值被定位于家庭中，因此，女性是通过操持家务、养儿育女来表现自己的存在的。这种明确且单一的价值定位与角色分工使得在当时无论女性还是男性对于女性的角色规划、角色行为都处于一种心理平衡之中——女人把自己以男人为中心、以家庭为半径的人生看作天经地义，男人视女人在社会事务中的无所作为为理所当然。

新中国成立后，女性的价值取向出现转型，从单一的贤妻良母开始倾向于以职业女性的社会成就确定职业女性的价值地位，同时出于传统性别角色分工的惯性思维，男性自然要求女性成为家庭生活和子女教育的主角，职业女性的价值趋向呈双向性：贤妻良母兼社会职业劳动者。社会成就需求和家庭职责需求的同时强化，使职业女性陷入事业和家庭双重角色、双重性格的冲突之中，对她们的心理产生了极大的影响。

实际上，尽管夫妻双方共同承担家务的比例大大增加，但“男主外、女主内”这样的传统性别角色观念仍占据重要位置。人们把主持家务，照顾老人、丈夫和孩子作为女性“义不容辞”的责任。由于封建社会几千年的传统，女性向来被囿于家庭，足不出户，并且所受教育程度和活动能力大大弱于男性，这种表面现象使得人们会固从原有的分工，认为女性更适宜家庭劳动，倾向于女性对家庭的角色诠释而忽视了女性对社会角色的发挥，或将社会角色的发挥置于次要的位置。女性受这种观念支配，在做好家务的基础上再完成社会赋予的职业工作，受体力和精力的限制，要想同时做好，就必然面临双重角色冲突。①

正如在第一节中论述的“生”与“升”的矛盾一样，在现实生活中，一些女性为工作而牺牲家庭，或者为家庭而牺牲工作的事例并不少见。但是每一种选择取舍都是片面的，只能获得一时的安宁和成功，而失去的那些方面总会使人产生无法弥补的失落，甚至难以言表的痛苦。还有一些女性则选择兼顾社会角色和家庭角色，但是家务劳动占据大量时间和精力，影响了女性业务水平的提高。

有调查显示，生儿育女给女性带来的影响表现在四个方面：①影响职业女性业务水平的提高；②影响身体健康；③不得不放弃业余爱好；④减少娱乐时间。显然第一项直接影响社会角色扮演能力的提高，而后几项则意味着女性因生儿育女将处于无限的忙碌之中。等到基本完成这一阶段的女性角色时，她们的知识结构和实际能力与时代的发展已经有了不小的距离。

双重角色冲突的内在矛盾突出地表现在两个方面：

第一，两者的价值实现的方式不同。社会角色的回报是按劳付酬，女性在物质生产劳动中的付出，以货币的形式得到回报。而女性在人类自身再生产中的劳动付出却得不到肯定和补偿，几乎所有社会都把抚养子女看成个人私事。

第二，向女性提出要求的主体不同。职业要求女性精通业务，献身社会；家

---

① 汪莉．现代职业女性的双重角色的冲突问题及对策分析．安徽广播电视大学学报，2004（3）：96－99.

庭要求女性善理家务，奉献家庭。于是，女性角色的内在矛盾便表现为两种性质的冲突：一是外显性冲突，如时间冲突、空间冲突、精力冲突、行为方式冲突；二是内隐性冲突，如主体角色需要与角色能力的冲突、主体的角色愿望与社会角色期待的冲突、主体的决策能力与社会角色需求的冲突。由于女性主体能力的有限性和需求的多样性，社会对女性角色期待的理想化与女性主体能力的现实性之间便产生了种种矛盾，而这些矛盾则又引发了女性主体不同程度的焦虑。[①]

以色列前总理大臣戈尔达·梅厄这样描述女性的思维过程：“工作时，你挂念着留在家里的孩子；在家时，又惦记着还没有完成的工作。你的内心深处总是经受着这样的挣扎，仿佛你的心暂时是借用的，不属于你自己。”

许多女性都需要面对这样的抉择：是留在家中照顾孩子，还是外出工作赚钱，挖掘自己的潜力？在这时候女性往往不知所措，而大多数男人却无须面对这样的矛盾。女性为了平衡事业和家庭的关系不得不一直挣扎着，不停地变换角色。

2. 事业带来的压力

首先，是竞争带来的压力。随着社会的快速发展，人们的生活节奏正在日益加快，竞争越来越激烈，职业女性时刻面临着下岗的危机。由于科学技术的飞速发展，知识呈爆炸性增长，知识每时每刻都在更新着、丰富着。而且，今天的时代是一个知识改变命运的时代，它迫使职业女性不断地更新知识，学习“充电”成为职业女性业余时间的重要项目。她们总是因时间不够用而时时感到危机感和紧迫感，同时担心自身的竞争能力能否跟得上社会发展。时代赋予职业女性更多工作的权利、机会和动力，也留给女性激烈竞争所带来的巨大压力和负担。

其次，是成功恐惧症。当今，职业女性大都重视自己的事业，渴望事业有成，因为事业的成功意味着经济独立、物质财富的增长、名誉以及自我价值的实现。然而中国的社会现状是有为的职业女性特别是女经理、女私营企业主婚姻似乎多不美满，丈夫往往接受不了“女强人”；而在社会上，由于人们习惯用男性标准来评价白领女性，从而抹杀了白领女性应具备的女性特点。因此，在这种情况下，一些事业有为的女性回到家中还要装出“男强女弱”的模样，而一些渴望事业成功的女性因为担心失去女性形象，害怕被冠以“女强人”的头衔，对成功产生了恐惧，从而放弃了对事业的追求。

再次，性别歧视的困扰。在社会变革的大潮中，职业女性在就业和工作的选择与发展中越来越受到性别歧视的困扰和限制，这使职业女性事业心较强、比较自信、对自己的期望较高与期望难以实现的矛盾加剧，也势必增加职业女性的危

---

① 汪莉．现代职业女性的双重角色的冲突问题及对策分析．安徽广播电视大学学报，2004（3）：96－99.

机感和心理压力，引起现代知识女性的自信心滑坡。目前，社会上男女就业机会不同，男女向上一个阶层流动的机会不同，男女收入差距加大。有统计表明，近年上海专业技术人员中女性多于男性，可是女性的收入却只占男性的62.4%。由全国妇联和国家统计局联合组织实施的一项抽样调查结果显示，女性在经济领域就业层次10年来有所提高，职业结构趋于合理，但女性在业率降低，两性收入差距逐步扩大。2000年底，城镇18岁至49岁女性在业率为72%，比1990年低了16.2%，两性收入差距比1990年扩大了7.4%。女性较多地集中在收入偏低的职业，在相同职业中女性的职务级别又比男性偏低，这是城镇男女两性收入差距拉大的原因。

最后，玻璃天花板的存在。“职场玻璃天花板”是一形象的比喻，指“为女性的提升人为设置的障碍”，这些障碍反映了“歧视”。玻璃天花板看不见，却是女性登上组织阶梯上层的不可逾越的障碍——不管她们的资格或成就如何。

玻璃天花板是真实存在的，它实际上由男性组成。当出现一个受过同样教育、具有同样能力、拥有同样工作热情的女性，威胁到男性的安全、尊严以及对社会秩序一种先入为主的观念时，男性会本能地排挤入侵者，而女性自然的反应也是自我保护，于是两者之间的冲突不断升级。女性要想在家庭和工作中获得平等权利，必须首先改变男性的态度；要想与男性完全平等，就需要投入更多的努力。女性中这种自我牺牲的意识在今天已经成为一种自加的枷锁了。

玻璃天花板并不全然是透明的，它背后掩盖着诸多文化和制度根源。中国男权的根深蒂固丝毫不弱于西方。“三从四德”“男尊女卑”等宣扬父权和夫权的纲纪伦常贯穿了中国社会数千年历史的始终。今天，溺杀女婴等公开蔑视女性的极端行为变得极为少见，但只要看看孤儿院收养的弃婴的男女比例就可知道传统的男女观念没有得到彻底改变。报纸上关于外来女工被搜身、女性白领因怀孕被解雇的报道不胜枚举。而就算在政府部门和一些非营利机构，身居高层的女性仍凤毛麟角。玻璃天花板确实是一种“全球化”的普遍现象，其彻底消失，恐怕要冀望于后现代消费社会的来临与成熟，以及由此带来的对传统的颠覆和现代精神核心的重建。

3. 恋爱和婚姻问题带来的困扰

《工人日报》2003年12月17日的文章《宁波部分知识女性认为活得累》报道了浙江省宁波市妇联针对该市中高级知识女性所处的社会环境以及家庭生活、成长经历、教育情况、思想动态、现实需求等方面开展的专题调研。调查显示，对自己的婚姻生活表示不满意，但认为感情基础还在，只是时间久了，婚姻生活趋于平淡，可以继续维持的占30%；处于婚姻破裂边缘，勉强维持的占1%；离婚的占4%；另有个别人丧偶多年一直未婚。

婚恋对于未婚职业女性的困扰，是婚姻的理想与现实的差距使职业女性感受到一种无以名状的失落。职业女性随着社会劳动参与水平和经济收入的不断提高，对自身的估价随之升高，情感的需求也较为复杂，对婚姻的期望值比较大，也就相应地提高了择偶的标准。有的职业女性由于对自己心目中的“白马王子”的要求过于理想化而“高不成低不就”，从而走入了大龄单身的行列，成为“单身贵族”。现代职业女性普遍看重婚姻质量，宁缺毋滥。由于工作压力大，生活节奏快，加上办公现代化，有些人采取网络恋爱、虚拟婚姻或是未婚同居来缓解孤独感。

在角色冲突、事业、家庭各方面矛盾的冲击下，女性所面临和承受的压力很大，如何调适成为关注的重点。

第五节　女性职业发展与塑造成才

女性的职业发展要比男性艰难得多，付出的也更多。在中国传统观念中，社会并不大接受女性担任要职，女性若争取权利便会遭受贬斥，女性对家庭的经济支持作用并不被重视。尽管今天的职场上，优秀女性越来越多地从事着和男性同样的工作，但诸如“女强人”等称呼都表明整个社会对女性事业的成功并未足够认同。

由此，在同等环境和条件下的工作，当男性和女性都能胜任的前提下，相当数量的老板还是会“更放心”地把工作交给男性，习惯性地认为男性在工作中的表现更加可靠。

如何寻找自信，建立权威？这几乎是困扰每一位职业女性的难题。积极地争取工作机会并尽心尽力地完成它，让老板和同事认识到自己的能力并充分认可自己的工作能力，是很多职业女性正在努力达到的目标。

一、主观方面的努力

（一）认识自我，进行角色定位

认识自我，进行角色定位，在不同环境下扮演适合的角色是解决许多问题的根本办法。不仅是女性，每个人每时每刻都在扮演和转化着角色，如何进行角色定位是每个人都必须学会的技能。角色转换的关键是自我认识。我们每个人都有自己的独特性，我们的独特性使我们成为重要的人，我们的独特性使得我们被需要。每一位女性应该找出自己的特性，勇于接受自己的特性。接受自己的性别特征、外表、性格、气质以及作为女性所要承担的责任，包括接受自己的不完美。

1. 认识自我，做好职业生涯规划

职业生涯好似一个圆。职业生涯设计之初首先要确定一个圆心，这个圆心就是我们的职业目标。目标是引领一个人取得成功的最重要条件。“圆心”确定之后，为了能够在职业生涯之路上持续获得成功，我们必须不断延长画圆所必备的第二个条件——“半径”。在职业生涯这个“圆”里，半径就是我们所具备的综合能力。

在职业生涯规划中，需要采用归零思考的模式，从问自己是谁开始，然后一路问下去，共有五个问题——

- 我是谁?
- 我想做什么?
- 我会做什么?
- 环境支持或允许我做什么?
- 我的职业与生活规划是什么?

回答了这五个问题，找到它们的最高共同点，女性就有了自己的职业生涯规划。

第一个问题：“我是谁?”面对自己，进行自我解剖。第二个问题：“我想做什么?”探究了自身的价值观、动机和兴趣。第三个问题：“我能做什么?”旨在挖掘个人的能力和兴趣。第四个问题：“环境支持或允许我做什么?”提醒个体所拥有的内、外部资源。如果能成功回答前四个问题，就有了第五个问题“我的职业与生活规划是什么?”的答案。然后以三年为单位，提出近期、中期与远期的目标，再在近期的目标中提出今年的目标，将今年的目标分解为每季度目标、每月目标、每周目标、每天目标。这样，女性每天睡前就可以对照自己的目标进行反省，总结当日成就与失误、经验与教训，修正明天的目标与方法！这样日积月累，没有不能实现的规划。

在职业规划中，应在职业发展的前期坚持取长补短，后期坚持扬长避短，注意把握好每个阶段的主要任务。女性的职业生涯中一般都有三个转折点：高中毕业时、大学毕业时和参加工作5年到10年以后。在这三次转折中，如果选择好，就会得到良好的提升转化。从尝试、积累到攀登、发展再到成熟、巅峰再到总结、回顾最后到退休，女性职业的每个阶段都有其自身的意义和主要任务。21岁至26岁是职业前期。这个时期的职业目标以积累为主，应该掌握知识，了解自己，养成良好的工作态度和工作习惯，结识对自己重要的人，不要把钱和权看得过重，不要期望一步到位。26岁至35岁是立业期。目标应该是增长专业技能、知识，并在某个领域形成优势，找到自己的方向，了解职业生涯规划，建立自己的支持网络，树立良好形象，提升岗位，获得更多的收入，寻找适合的伴侣，处理工作与家庭的冲突，不要恐高、悲观，应该化被动为主动。30 岁至 40 岁是职业中期。这是收获期，要有业绩，技术要不断更新，要有广阔的视野，开发新的工作兴趣，跨行业学习。50 岁之后是职业后期，应以了解新信息，确认和培养继承人，计划退休为主。

可见，女性的职业生涯规划不是一个静态的结果，而是一个动态的过程，不仅是一个目标选择，更是一个方法体系。

2. 培养自信，发展成熟自我

职业规划的第一步就是认识自我。女性只有在了解自我、认同自我的基础上才能结合自身的情况恰当地进行生涯规划。

成功者的第一个特质就是自我认同。自我认同是清楚自己的长处和短处，而且能够泰然对待。自我认同意味着保持开放的心态，抓住任何可能性去拓展自己的视野。生活中获得成功的女性都能够接受真实的自己。一旦了解了自己究竟是谁，我们就知道自己有着丰富的才能和内在资源可以开发，知道自己头脑中还有未曾利用的领域，就像尚待雕琢的钻石。

女性必须学会自我认同，消除“可怜无助的我”这样的观点。大多数女性会低估自己的意义，将自己定位在“顺从的女儿”“包容的妻子”“无私的母亲”和“任劳任怨的员工”，而且女性也往往是被按照可以把自己全权献给家庭这样一个标准培养出来的。在接受别人夸奖时，女性往往都表现得非常缺乏自我认同感。赞扬应该被看成赋予我们的礼物，但是，许多女性都会小看自己，而把礼物又抛还给送礼者。之后，女性就会寻思为什么没有人赞扬我，为什么没有人欣赏我。可能就是因为我们没有欣赏自己，所以要得到别人的欣赏就会很困难。

实际上，女性无须通过贬低别人来肯定自己。自信也并不意味着要将自己置于他人世界的中心。自信并不是一项竞赛，你不是在角逐第一。自己设定一个成功的标准，比处处与别人做比较要好得多。如果与那些不如自己的人比较，就会自我膨胀，而要保持这种膨胀的自我，需要花费很多的时间和精力。如果与那些超过自己的人比较又会备受打击。

女性应该自强自立，为自己寻求最好的条件。成功者知道自己是谁，她们喜欢自己在现在生活中扮演的角色，她们相信自己无限的个人潜能。她们拥有对未来的计划和目标，以帮助她们充分发掘潜力。

健康的自我认同感对于每个获胜者都至关重要，那么女性怎样去提高自我认同感呢？要让自己保持长期的自信，最关键的做法就是要进行积极的自我暗示训练。当控制好人体的生物反馈装置时，语言和身体机能之间就会存在积极的相互作用力。运用积极的自我暗示，其实就是使用一种类似于“自信宣言”的表达。我们应该控制用于自身的言语表达。查出自己根植于内心的不安全感，然后把它们清除掉。要想成为一名成功者，你不能听从负面想法，不能允许任何人阻止你达到目标。成功人士很少使用否定的表达如“我本能够”“我本愿望”“我本应该”，也从来不说“我试一试”“我不行”。相反，他们会说“我能够”“我将要”“我会更好”“我一定能做好”“我期待着”“我能做到”……每天，女性都要运用这种建设性的自我暗示。

相信你能够获胜，这就像环球旅行之前首先要让自己拿到护照一样，没有这个，你不能离开家！不管你自己的背景、外貌以及现在的地位是什么，要从内心深处真真切切地相信自己的价值。这就是行动动机的关键。如果不相信自己能做到，就没有理由和动力去努力付出了。

3. 挖掘优势，从事优势职业

如果无法突破玻璃天花板，就转移到没有天花板的地方去。女性可以挖掘自身优势，充分发挥自身特点，从而获得更为成功的职业发展。

女性的优势有：

（1）语言能力的优势。

女性运用语言词汇的能力强于男性，在语法、造句、阅读能力等方面更为出色。一般说来，女性在从事文字整理、编辑、翻译、播音以及教育、接待洽谈工作等时更能发挥其特长。

（2）思维能力的优势。

女性在形象思维能力以及思考问题的细致、周全上具有优势，因而适合形象设计方面的工作，如服装设计，其作品往往能让人感到和谐、典雅、优美。另外，在文学创作、文艺表演方面也颇具优势。

（3）交往能力的优势。

女性普遍具有温顺、和蔼、容易与人相处、感情丰富且善于体谅别人的特点，在社交场合或工作协作中表现出较强的人际交往能力，因此适合从事行政管理、公关、推销等工作。

（4）忍耐能力的优势。

女性的忍耐力比男性更强。受过高等教育的女大学生，个人修养好，能广泛听取各方面的意见，善于与他人合作共事，因此，适于机关和企事业单位的管理工作。在相对单调乏味的条件下仍能孜孜不倦地长期工作，这是女性的一大特点，大多数女性工作耐心持久，态度认真，有较强的工作责任心，因此，女性在财务工作、计算机操作、勘测设计的内务、资料整理、图书情报、档案管理及办公室等工作中能很好地发挥自己的优势。

一般来说，公关、金融银行业、人力资源、传播媒介、化妆品推销等职业特别适合女性。女性特有的温柔、细致、耐心，良好的沟通能力、亲和力，也能满足这些行业和职业的要求，从而作出成绩。大量的女性聚集于此，晋升高级管理者的机会将比在其他行业和职业方面大得多。

获得职业发展的关键在于个人和职业的契合度，女性固有的特征与一个行业和职业的契合度越高，在此行业和职业中就越能获得事业成功。善于发现自己的优势，并充分挖掘潜力、发挥优势才是女性最明智的选择。

生活错综复杂，对于女性而言，年龄绝不是阻碍发展的绊脚石，只要明确自己真正想要的，及早作出合理的规划，将影响自己的方方面面的因素都尽可能考虑在内。分析自己的现状，确定自己想要的在哪里，自己拥有哪些资源；确定自己的人生目标，包括事业、婚姻、家庭……在这个过程中，因为你并不是个人在生活，而且你的决定可能会对你的家庭产生重大影响，所以必须与家庭成员充分沟通，取得家人的谅解和支持。同时还可以通过专业的职业咨询机构来得到帮助。这样就可以承受更多的挑战和压力，取得更大的职业成功。

只有给自己一个恰当的定位，女性才能更全面地认识自身的优势与弱点，扬长避短，经营出精彩的职业人生。

（二）平衡是金，寻找契合点

在认识自我的基础上，进行自我调节，解决角色冲突，寻找平衡。

1. 正确处理职业角色与家庭角色的冲突，努力实现爱情与事业的兼顾

当代女性既要在社会中拼搏，又必须照顾好家庭，这两种角色的冲突矛盾往往使女性陷入进退维谷的困境。要么选择放弃家庭，成为事业“女强人”，要么选择放弃事业，充当贤妻良母的“家庭妇女”。传统的家庭角色直接影响女性的就业动机、职业发展。女性不仅要承受这两种角色的重负荷，而且要掌握两种角色的互换，使它们能和谐统一、有机融合。我们不仅要提倡广大女性保持传统意义上的相夫教子、照顾家庭的女性作用，通过以家庭情感生活为定向来体现女性的个人价值，更要鼓励现代女性自尊、自强、自立、自爱，积极、主动地参与现代社会的各种职业生活，利用自己的专业知识与能力优势，通过以工作事业为定向来充分发挥知识女性的聪明才干，投入到火热的现代社会生活之中，与男性相得益彰、刚柔相济，正确处理好家庭情感与事业的矛盾，充分体现出知识女性的社会价值。①

2. 提高职业自我效能感

职业自我效能感可以通过学习来获得或加强，并有其具体的信息来源。通过鼓励、强化其正面体验来增加正面的职业自我效能信息，帮助女性作出合理的职业决策；通过辅助、合理、归因等手段改善影响职业自我效能感形成与发展的内

---

① 黄爱玲．当代女大学生职业发展的心理障碍及教育对策．福建工程学院学报，2003，1（1）：117－122.

外因素，帮助女性正确评估自己的能力，提高其职业自我效能感，作出成功的职业选择。职业自我效能感形成的效能信息源有四种，包括直接经验（主体行为经验）、替代经验、社会说服和生理心理状况。具体途径如下：

（1）直接经验。

直接经验是指通过主体自身的直接活动所获得的经验。直接经验中，主体成功的行为经验对提高职业自我效能感非常重要。依靠自身经验得到的知识最可靠，所以它是职业自我效能感形成的最有力的影响因素。成功经验可以提高自我效能感，不断的成功会使人建立起稳定的自我效能感。

此外，给予女大学生正面的言语劝导尤其是在事实基础上的言语劝导，比如师生之间、同学之间的言语鼓励以及个体的自我说服、自我激励，可以改变女大学生的认知、期待和信念，消除或减弱那些存在于社会文化中对个人职业自我效能感造成负面影响的偏见和陋习，弥补对个人职业自我效能感造成的损伤，激发信心，促进职业自我效能感的发展。

通过肯定女大学生各方面的兴趣和成绩来增加其成功体验，特别是那些通常被人们认为是男大学生专长的学科领域，通过强化机制、成功的经验和不断克服困难带来的积极情绪体验，也可以让女大学生对自己的能力形成正确的认识，增强职业自我效能感。

（2）替代经验。

替代经验是指观察榜样或他人的行为而获得的行为经验。让女性多了解某些职业中平凡人物的成功经历，特别是女性的成功经历，向她们提供这种替代强化，能激发其信心和斗志，提高自我效能感。另外，榜样还为她们提供了相关职业所需的知识和技巧。当看到与自己相似的女性在某些被认为应由男性从事的职业领域中作出成绩时，女性会极大地提高自己从事类似职业的信心。日常生活中，女性多半受到性别刻板印象的影响，了解这些女性成功的历程，可以使她们认识到这种刻板印象的极端，反省自己的错误认识，提高职业自我效能感。

（3）社会说服。

社会说服是指试图凭借说服性的建议、劝告、解释和自我引导来改变职业自我效能感的方法。如来自父母、老师、偶像等的鼓励十分有利于个体职业自我效能感的提高。言语说服简便易行，但因为它没有经验基础，且这种方法的有效性还受到说服者身份和可信度等因素的影响，所以通过这种方式形成的职业自我效能感不易保持。

（4）生理心理状况。

如疾病、身体不适或焦虑、抑郁等都会降低个体的职业自我效能感，而轻松愉悦、适度紧张等心理状态有助于职业自我效能感的提高。紧张负面情绪对成就行为的妨碍增大，对成就的期待也会减弱，即强烈的情绪如焦虑、紧张通常会妨碍行为表现而降低职业自我效能感。①

3. 引导女性正确归因，消除自我偏见

从第二节中，我们知道女性的归因模式相对于男性更偏向于偶然的或外部的原因，因此，调整和引导女性的归因模式显得尤为重要。

（1）学会全面归因。

许多女性在进行结果归因时不能全面客观地把握整体而比较容易关注细节，这种归因偏差往往使自己顾此失彼，被动应付，始终不能把握主动权，也容易使自己丧失信心。要学会对自己的情况作出全面分析，对较容易控制的不稳定因素如个人努力等进行全面归因。

（2）学会积极归因。

当取得成功时，可把其归因于"自己的努力"这一不稳定的但可控制的因素，这样会激励自己继续努力；还可归因于"自己的能力强"，使自己产生一定的满意感，增强信心，但应注意不能过分肯定这一点，因为此归因属于内部的稳定的不可控制的因素，易导致个体产生自负、骄傲情绪。除此之外，还要考虑取得成功是不是由于"任务容易"或"运气好"，因为这些属于外部因素且不可控制，从而提醒自己不要骄傲自满，而要更加努力，使自己的潜力充分发挥出来。

遭遇挫折时，最好不要归因于"自己能力不行"，因为这是内部的、稳定的且不可控制的因素，会打击积极性，产生自卑感，不利于进取；应该想想失败可能是由于"任务过难"或"运气不好"，从而为自己寻求解脱，获得心理平衡，但这两个因素属于外部的不可控制的因素，行为者对行为结果是可以不承担责任的，因此，也不能过于强调这两个因素。同时还应该多关注一些内部的不稳定的可控制的因素，如"努力程度""方法""情绪状态"等，从而进一步明确今后努力的方向。

（3）学会内部归因。

有些女性在解释失败的原因时，把"老板偏见""任务过难""缺乏他人帮助""运气不佳"等当作主要因素，一味地怨天尤人，强调客观因素，而不从主观方面寻找原因。这种不合理的外部归因会使自己过分强调客观因素，会产生气愤和敌对情绪，减弱自我努力的程度，从而导致学习质量的进一步下降。因此，要学会内部归因，使她们从自身努力程度、工作（学习）方式等方面寻找原因。

帮助女性对工作和生活中出现的失败进行正确归因，有意识地通过说服讨论、观察学习、强化矫正等方法掌握归因技能，消除归因过程中的自我轻视的偏见，帮助她们提高职业自我效能感。让她们认识到在生活、择业、就业过程中遇到困难是很正常的，在遇到困难时不要以"我是女性，女性这方面的能力本来就

① 孙宁成．培养女大学生职业自我效能感的思考．淮阴工学院学报，2004，13（6）：57－59.

差”等理由将暂时的失败归因于自己能力的不足，甘愿接受失败；让她们避免将失败经验归结为自己能力的缺陷，将成功经验归结为运气好；让她们感到自己绝不比男生差，通过努力可以克服各种困难并获得最终成功。

改善女性自身对性别的偏见，通过提高女性职业自我效能感来影响职业决策与行为，促使其从被动胆怯地等待、观望的求职过程转变为主动大胆决策、选择的择业过程。这种转变及其结果反过来又会促进职业自我效能感的更好发展，既有利于提高解困的针对性，也有利于女大学生们自觉地认识自我，挖掘自身潜能，更多地参与到传统由男性占主导的职业领域中，走上更宽广的职业道路。

二、社会环境的营造

（一）社会给予职业生涯规划的指导

1. 强化女大学生职业教育与职业意识

不同的职业、职业领域都对人格特征以及应具备的知识和能力提出了特定的要求，只有个人具备了某一职业、职业领域所要求的基本条件，才能适宜这一职业的发展。在专业教育中，要加强对女大学生进行相关职业的教育，使她们能够学到较多的职业信息、职业技术和职业能力，这有助于其职业发展，为以后的工作做好准备。大学生要不断地获取有关职业方面的信息，增加对职业的了解，依据职业或职业领域所要求的条件，有意识地锻炼和提高自己。

2. 加强大学生职业生涯规划课程建设

职业发展课程是通过课程的形式实施的职业教育活动，以促进学生的职业发展为目的。它是职业发展教育的主要形式。职业发展课程不同于一般的学科教学课程。该课程的教育形式灵活多样，内容宽泛。依据内容的不同，可采用讲授、讨论、角色扮演、现场模拟、社会职业调查、项目研究和工作实践等不同形式。课程内容主要包括职业发展计划的理论、专业及相关信息，与专业相关的职业职责、任务、环境与任职资格条件，社会职业发展变化等职业信息。

3. 建立职业发展计划的资料系统

女大学生除充分了解自己外，还需在充分了解社会职业和社会环境并在此基础上制订职业发展计划。这方面的信息贫乏或失真，是目前女大学生职业发展定向中遇到的主要困难，也是造成职业发展方向选择失误的主要原因。学校要及时为学生提供和传递当前的及发生变化了的职业信息，包括职业需求、职业发展、企业文化、工作环境、就业政策和形势、升学信息等相关的资料信息；要充分利用现代科技建立学校职业信息网络系统，通过网络平台为学生提供不受时空限制的广域范围的信息系统；要设置教育课程计划，并提供这种训练的教育机构、学习期限、入学资格及费用等。

4. **实施职业心理咨询**

心理学研究表明，青年期是人的一生中苦闷烦恼最多、体验最深刻的时期。而当代大学生正处在剧烈变革的社会环境中，面临的挑战很多，心理上存在的压力比以往任何一个时期都多。女大学生更是面临巨大的角色冲突和社会刻板印象压力，经常感到压抑、紧张、能力不足，并有可能引起一系列生理和心理不良反应，导致心理平衡失调，甚至出现心理障碍。高校必须高度重视大学生在求职择业中的心理健康问题。

在高校实施职业心理咨询，要综合运用职业咨询与生涯辅导的理论，坚持教育、辅导和咨询三结合，有的放矢，加强疏导。要坚持一个中心的原则，即以学校主管部门即就业指导中心和心理咨询中心为核心，建立健全的职业心理咨询的子系统；坚持两个面向，即面向学生，面向用人单位；坚持三个结合，即坚持课堂教学与社会运用相结合，学校与用人单位相结合，现实效果与中长期目标相结合，努力探索一条有特色的就业指导之路；拓展四个层次，针对一至四年级学生的不同特点、不同情况，开展不同层次的活动内容。

在“纵”的方向上，根据大学生在不同年级时的不同特点——一年级试探、二年级定向、三年级冲刺、四年级分化，通过实施职业心理测验、开展职业心理咨询对大学生进行有针对性的指导。

大学生职业生涯规划做得好可以让每一位学生早日定位，选择适合自己的职业发展道路，规划好自己的大学生涯，为走向社会做好准备。而且，每一个个体走向工作岗位后因为有明确的人生目标、正确的人生定位和详尽的发展计划，从而可以在社会上建功立业，成为不可或缺的人才。

（二）从教材中根本改变性别角色定型现象

学校教育是女性除了家庭外最重要的教育环境，而教材作为知识传递的载体起了重要的导向作用。罗慧兰在2002年出版的《女性学》中提出从教材开始改变潜移默化的性别角色定型。

（1）在国家课程政策方面，应用社会性别视角制定、编写和审查课程标准、各科教学大纲和教材，把男女平等原则渗透进中小学各科教学中；

（2）把性别教育纳入素质教育整体改革中，将性别平等作为现代社会成员所需要的基本素质，并体现在中小学教学和课程中；

（3）在中小学各科教材的编写、审定委员会的人员中，要规定一定的女性比例，并制定审定和检查教材和大纲的性别指标；

（4）用性别平等的视角对现行课程和教材进行清理和反省，并及时清除现行教材中的性别偏见和歧视；

（5）重视中小学潜在课程中所反映的性别倾向以及对中小学生的影响，如校园文化、班级活动、学生团体等对中小学生性别意识的影响。

（三）大众传媒拒绝社会刻板印象的传播

媒体作为时代的先行者，应该肩负起为女性权益呼吁的责任，让女性早日摆脱弱势群体的阴影。

在由 ISIS 国际传媒监测组织（马尼拉分部）主办的题为“媒体行为规范与性别意识地区对话”的国际会议中，提出了具有性别意识的媒体行为规范草案和各国的实施方案。

（1）不得片面强调（或区分）性别；

（2）不得以性别、种族、宗教、民族、语言、年龄和社会等级为理由来加强传统陈规定型观念；

（3）尊重妇女的尊严；

（4）在新闻报道、新闻图片以及报道中的女性和男性代表不得利用性别来区分社会角色；

（5）承认当今社会发生的女性和男性的角色变化；

（6）新闻就广泛问题引述专家、官员、评论家的言论时，要努力平衡男、女专家、官员、评论家的比例；

（7）对于女性与男性在各个领域所作出的成就，要给予相同的显著位置报道；

（8）不得采用容忍、教唆以妇女为目标的暴力的报道内容；

（9）报道和讨论有关针对妇女暴力的案件时，不得强调、渲染细节；

（10）在有关妇女的新闻报道、新闻图片以及引述女性代表言论时，媒体应该加强分析各种问题背后的原因。

2002 年，北京市发布《关于加强人才招聘广告管理的通知》，再次向不法招聘广告亮出红牌。通知明确规定，各用人单位在北京市发布人才招聘广告，必须具有真实、合法的主体资格，广告内容应当符合《广告法》及国家和本市的有关规定；用人单位、广告经营者、广告发布者在人才招聘广告活动中应当依法订立书面合同，明确各方的权利和义务；人才招聘广告必须杜绝各种侵权行为；凡涉及性别歧视的广告将清查出场，除国家规定的不适合妇女工作的岗位外，招聘单位不得以性别为由拒绝招聘妇女，或提高对妇女的招聘条件；以人才招聘为名牟取不正当利益的行为将被严厉查处，包括以各种名义向求职应聘人员收取费用，要求求职应聘人员以其财产、证件作抵押等行为；招聘单位必须充分尊重应聘人员的隐私，未经应聘人员同意，不得擅自发布、泄露求职应聘人员的资料和信息，不得擅自使用求职应聘人员的技术、智力成果。

（四）更新职业行为模式

我们要更新职业培养模式，尽快完善一套科学的、有效的女性职业化培训机制，根据女性“三期”生理特点建立一套对女性实施职前、职中培训的职业培养模式。

社会要建立一套符合女性身心特点的能力测评标准与人才培训制度，特别要重视分娩后女性职业技能的再培训和继续教育，避免女性因产假而导致专业技术技能的滞后与生疏。

首先，培训机制可灵活化，依据女性“三期”生理特点确定培训时间。其次，培训内容要多样化，不仅培训专业知识，还要教授法律、经济、科技、管理、教育等相关学科知识，使女性不断充电，更新知识结构，培养复合型应用人才。再次，淡化性别职业优势，鼓励女性参与培训学习那些男性优势领域的知识技能，提高综合素质，实现能力互补。最后，完善各种专业资格认可制度，鼓励女性参加跨专业技术培训，增加一技之长，获得具有权威价值的专业资格证书，争取与男性一样的就业权力。

（五）健全社会支持体系，形成纵横交错的疏导网络

社会支持是指个体所感受到的来自其所在的社会网络成员的关心、尊重和重视的一种行为或信息，它不仅可以缓冲生活压力的消极影响，还可以促进个体的社会适应和身心健康。①

人生活在社会群体中，或多或少会获得周围人提供的各种形式的支持和帮助，包括家人、朋友、同学、恋人等所给予的经济上的以及精神上的种种支持。肖水源把社会支持分为客观支持、主观支持和对社会支持的利用度三个维度。客观支持是指物质上的直接援助和社会关系网的存在，这类支持独立于个体的感受，是客观存在的现实；主观支持是主观的、体验到的或情感上的支持，它与个体的主观感受密切相关；对社会支持的利用度指个体对支持的利用情况。②

每个人的心理与社会支持系统、人格特点、认知方式有关。社会支持系统强大，人格特点比较随和，认知方式比较科学，三者均处于优势时，心理疏导就有优势。反之，社会支持系统薄弱、个性好强、固执，看问题偏激，就容易激发心理危机。

健全社会支持系统，包括党政机构、政法部门、群团组织和企事业单位以及

---

① 李文道，邹泓，赵霞．初中生的社会支持与学校适应的关系．心理发展与教育，2003，（19）3：73－81.

② 李慧民，王宇明．1 100 名大学生社会支持情况调查．中华医学与健康，2004（1）：18－20.

社会志愿者队伍、家庭等，组成一个互相支持的网络。设立社会支持服务机构，通过培训、咨询、矫治相结合的方式，进行心理咨询服务活动，通过疏通法、思路拓展法、平等交流法等方法，为妇女调整心理，从根源上破除职业女性产生的心理障碍。妇女热线电话服务是减轻女性心理压力的最好的社会支持之一，但仍满足不了广大女性的要求。各地妇联组织应在这方面提供更多的支持和服务。在媒体及有条件的单位开辟心理咨询专栏、网站，组织心理咨询专场等，帮助职业女性减轻压力，调适心理，理顺情绪。

（六）建立健全制度，完善服务机构和设施

在我国已经建立了一些福利制度，但在实践中并没有很好地落实。如产假制度，在竞争的市场机制下，尤其是在私人企业中，产妇脱离岗位将被辞退，在哺乳期母亲的薪水和升职大受影响。社会应树立养育孩子是社会的责任的观点，改变那种生育只是母亲和家庭私事的旧有观念。因此，社会应建立相应的健全的制度，给予妇女优惠政策，如缩短劳动时间，增加休假，普及育儿停薪留职制度，并提供保障和监督。社会提供较为灵活的工作方式，实行弹性工作制，母亲可以在哺乳期，或者把工作带回家完成，或者请同事帮忙完成。公司还可以提供有限度的临时替换帮助，使得母亲可以抽身处理特殊情况。现阶段城市建立了不少幼儿园，学校医院等机构也积极发展起来，基本上解决了母亲对孩子上学的后顾之忧，但是三岁以前的日托所或全托所却少之又少，至于为母亲在工作场所内建立育婴观察室的更是凤毛麟角。由于三岁前是幼儿智力发展的重要阶段，现在又是独生子女居多，每个家庭都希望给予三岁之前婴幼儿良好的教育，很多的职业妇女不得不放弃手头的工作，成为全职母亲，有的即使仍在工作，也要经常为三岁以前的孩子操心分神，因此应该着重发展三岁以前婴幼儿的养育机构与设施。①

自身与社会是互相作用、彼此影响的整体的、统一的系统。不管是自身的努力还是社会环境的营造，女性都应该自强不息，勇往直前，撑起“半边天”。

埃利诺·罗斯福说：“女人很像个茶袋，如果没有泡上热水，你永远不会知道她有多大的能耐。”最后送各位女性朋友一句话：面对生活，热情认真；面对欲望，心态平和；面对爱情，敏感细腻；面对尊严，人格独立。

思考与讨论

1. 我国女性职业发展与成才的现状如何？
2. 女性职业发展和成才有哪些心理特点？

---

① 汪莉．现代职业女性的双重角色的冲突问题及对策分析．安徽广播电视大学学报，2004（3）：96－99.

3. 影响女性职业发展的社会因素有哪些？
4. 女性职业发展过程中会存在哪些心理障碍？
5. 女性职业发展过程中为什么会存在心理障碍？
6. 试为自己设计一个职业生涯规划。

第五章　女性爱情心理与恋爱交往

——哪个少年不钟情，哪个少女不怀春？

第一节　女性恋爱的心理动力与矛盾

一、女性恋爱的心理动力

恋爱，是爱情生活的第一站，随着生理、心理的变化，随着社会交往的扩大，每个正常的成年人都会产生爱的需要。一谈到爱情，人们便自然联想到男女之间的感情，确切地讲，什么是爱情呢？什么使我们爱上特定的某个人而排斥他人？有人说“爱情是伟大的”，也有人说“爱情会毁灭人”，有的人谈到爱情时幸福万分，也有的人谈到爱情时悲痛异常。《情爱论》的作者西列夫说“爱情是本能和思想，是疯狂和理性，是自发性和自觉性，是一时的激情和道德修养，是感受的充实和想象的奔放，是残忍和慈悲，是温饱和饥渴，是淡泊和欲望，是烦恼和欢乐，是病苦和快感，是光明和黑暗，爱情把人的种种体验熔于一炉”。这段话典型地道出了爱情的复杂和精彩。斯腾伯格提出的爱情三因素论（triangular theory of love）勾勒出了爱情的心理结构。他认为不论人类的爱情多么复杂，都是由三个相同的成分构成的，分别是：①动机成分。人类爱情的产生必然有性驱力的原因，除了性驱力以外，一定还有一些其他的原因，例如我们会因一个人的外形而对他亲近或疏远。②情绪成分。情绪是人对反应内容的一种特殊的态度，可以引发身心激动的状态。属于爱情的情绪，除了爱与欲之外，还有可能含有其他成分，凡是恋爱过的人，都会知道恋爱中包含着酸甜苦辣。③认知成分。它对情绪和动机两种成分起一个调控的作用，减少爱情的冲动性。后来斯腾伯格进一步将发生在两性之间的爱情的动机、情绪、认知分别称为激情（passion）、亲密（intimacy），承诺（commitment）。[①] 这三种成分的排列组合，能构成不同种类的爱。例如，浪漫的爱是由亲密加激情构成，由承诺构成的痴情只有激情可以燃烧，而完整的爱是由亲密、激情及承诺共同构成的。激情是指男女之间本能的异性吸引，与生俱来，而亲密则是指两个人通过相互沟通，能够经常彼此分享自己

---

① 张进辅．现代青年心理学．重庆：重庆出版社，2002：351.

的内心世界，并得到对方的接纳。正是因为不断深化的相互了解，两个人变得越来越亲密。终于有一天，双方愿意为对方承担责任，并与对方保持恒久的关系，这就是承诺。只有激情而没有亲密和承诺的“爱”是不能永恒的。当激情消退的时候，留下的只是伤害。我们说，爱情是两性之间一种忘我依赖的、带有性倾向的情感。它的心理结构是复杂的。

在爱情的心理结构中，始终存在着一个复杂的爱情需要系统，它支配着人们的两性活动。有人曾经把爱情的需要系统归纳为以下几种：志同道合的需要、随俗屈从的需要、宣泄肉欲的需要、非爱情目的的需要、炫耀自我的需要、偶像崇拜的需要、打发光阴的需要等。以上这些典型的爱情需要系统，可以使人们产生完全不同的爱情动机。爱情动机使两性对爱情行为产生内在的、主观的愿望或意向。由于人们爱情需要系统的差别，加之人们生活环境、文化程度、生活目的、世界观的差异，因而必然会表现出各种不同的爱情动机。

女性恋爱的心理动力，主要表现为以下几个方面：

（一）冲动心理型

一般来说，一见钟情的人总是较多地偏重于自然吸引。一见钟情的心理基础是相信第一印象，而第一印象主要是对身材仪表、谈吐举止等外在因素的感知，这些外在因素就势必有一定的表面性和虚假性，过分相信第一印象，就有可能导致得出错误的结论。年轻女性刚刚踏入爱情之河，她们缺乏社会经验，容易受爱情小说、电影故事的感染，同时由于生理发育成熟导致的性冲动与性亲近要求，容易在心中形成一个早已定格的风度翩翩的“白马王子”的形象，现实中一旦出现了一个与心中的那个“白马王子”有某种相似的人，便不顾一切地敞开了自己的心怀，而不去考虑其他种种条件。

（二）虚荣心理型（功利心理型）

虚荣心是人的一种感情特征。虚荣心表现在恋爱中是多方面的，如在择偶时过多地强调身高、相貌、家庭地位、经济条件等，只要求对方能给自己“增光彩”，自己面子上好看。一旦生活中出现符合满足虚荣心条件的人，这虚荣心便成为一种恋爱的动力，使得一些女性不顾一切地敞开了自己的心怀。同时由虚荣心的恋爱动机所引发的恋爱有很强的功利性，即希望在所爱的人那儿获得社会地位、经济等方面的补偿，使恋爱带有虚假色彩，因此，虚荣心也是恋爱中的消极心理，它使婚姻建立在不稳固的基础上。

（三）自卑心理型

有些女性的自我评价较低，表现在恋爱问题上，一种是对男方各种条件的苛求。从现象上来看，女性找对象个子要比自己高，地位要比自己高，学历要比自己高……一旦生活中出现符合条件的人，这心理便成为一种恋爱的动力，使得一些女性不顾一切地敞开了自己的心怀。自卑心理型恋爱的另一种是对自身各种条件的不自信，常有一些女性因为自己还没有恋人而自卑，认为自己对异性没有吸引力，认为别人瞧不起自己，不敢坦然与异性交往，更怕在异性面前失误，甚至用逃避与异性接触的办法来保护自尊心，并极力掩盖内心深处的痛苦与失落。但是当有男性对她表示好感时，她似乎“久旱逢甘露”，敞开了自己的心怀，表现出过分激情，但常常因此而忽视了自己内心真实的感受。

（四）从众心理型

由于不少女性的独立意识弱、依赖心强等弱点的存在，也由于长期处于以男性为中心的社会环境，女性的从众倾向要大于男性。很多恋爱中或准备恋爱的女性却并不清楚自己为什么会去恋爱和到底爱对方什么，对于她们而言，恋爱更多的是羊群效应之下的产物。这种从众心理下产生的恋爱必然会随双方社会阅历的增长、恋爱目的的明确而逐渐失去吸引力。如此一段感情很可能成为两人的累赘而非快乐。

二、女性恋爱心理的矛盾

恋爱阶段是人的感情、激情最为高涨的一个阶段，这个阶段的心理特征最为突出的表现就是冲动、自觉、排他和波动。在这个阶段，感情之火点燃得很快，随时可能激起人们不顾一切的行为，它可以引导恋人不顾一切地对抗外来的阻力。它一方面可以显示出人们果断、勇敢的积极品质，但另一方面也会产生由冲动所带来的问题，由此又容易使恋爱出现波动。同时，在这个阶段，双方的直觉性感知异常敏感，恋爱中常见的一见钟情的现象便以此心理特征为基础。排他性是恋爱阶段很突出的一种现象，人们反对自己的恋爱对象对他人或他人对自己的恋爱对象予以任何性亲近的表示。这种心理特征的出现既与生物本能又与社会因素有关。

恋爱心理特征可能是单一也可能是多方面的促成女性坠入爱河的动力，但常常也是这些因素存在的弊端构成感情发展的不稳固的隐患。一方面女性往往把择偶愿望复杂化，既需获得爱，又要获得保护、依靠、支持；既渴望满足感情生活的需要，又渴望满足物质、精神生活的需要；对各种因素都要仔细斟酌，唯恐忽略了某些缺陷而错爱对方。另一方面女性又往往把恋爱过程复杂化，期望对方热烈追求，却怕被蒙骗；怀有好感，却忧郁不定；倾心爱慕，却羞于表示；向往丰富浪漫的恋爱生活，又小心戒备，忐忑不安。于是思而不前，半明半暗，若即若离，一旦失去机会却又后悔莫及。所以我们提倡理智、端正的恋爱态度。

第二节　女性择偶的心理及主要类型

恋爱是美好的，始终与爱相伴的婚姻是幸福的。古往今来，无数的哲学家、文学家、艺术家都把爱情、婚姻、家庭作为他们永恒的创作主题，因为它们是人类共同的生活轨迹。美满的婚姻给予人生无限的幸福和快乐，它促使了双方人格的成熟，催发了人生事业的成功。然而，婚姻也会带给人们许多的烦恼与痛苦。处在一个社会转型、价值观多元、人们的婚恋观念较传统社会更为纷繁复杂、离婚率日渐上升的特殊历史时期，每个女性的择偶心理可能都是不同的。择偶是婚姻的起点，对婚姻成败起着重要的作用。每个人将选择什么样的伴侣与自己共度人生，有的人认为这是个人有目的的选择，也有的人认为这是偶然的机缘。择偶看起来是纯个人的行为，与个人的择偶心理有关。

一、女性的择偶心理

择偶意向是婚姻的基础之一，它主要体现在择偶标准之中，也直接关系到婚恋的成功与否，是多数人人生的必经过程。张广群通过分析中美的征友或征婚广告，发现中国女性表明自身条件的百分比顺序是：职业、文化程度、兴趣爱好、物质条件；要求对方条件的百分比顺序是：文化程度、物质条件、职业、兴趣爱好。中国青少年研究所 1992—1993 年对青年的择偶因素进行了调查，结果表明，青年最看重的因素主要有：对自己有无感情、性格、工作能力、理家能力、过去与他人有无性行为、文化程度等。①

因为每个人的家庭背景、生活经历、文化程度不同，择偶的标准与规则也不相同，但择偶作为人们的一种心理行为，具有一些共同的心理特征。专家学者们对择偶心理进行了研究，提出了各具特色的择偶理论。

（一）精神分析择偶说

精神分析心理学家弗洛伊德认为，儿童的早期经历决定他一生的发展。他认为，儿童在家中与父母亲的关系会影响到他成年后对伴侣的选择，而且所选的伴侣不是在外表及心理上与父母有相似之处，就是完全不像他的父母。弗洛伊德认为，爱是一种重新寻找，择偶结婚其实是寻找自己父母的替代。由于儿童在生命

---

① 张进辅．现代青年心理学．重庆：重庆出版社，2002：365－366.

早期最先接触的爱的对象是父母，儿童性格的形成与父母爱的方式有关，因此成年择偶结婚大都以父母的婚姻为蓝本。如果儿童幼年时父母给予了足够的关爱，那么成年后他会不自觉地按照父母的影子为自己选择配偶。女孩子找父亲的替代，男孩子找母亲的化身。而那些在幼年时受到父母遗弃、厌恶、贬低、虐待，缺少正常父母之爱的人，他们在择偶时往往选择那些极不像自己父母的人。女孩子会选最不像自己父亲的人，男孩子会选最不像自己母亲的人。因此，精神分析的替代理论认为，恋爱择偶是成年的自我对儿童期父母感情的重新修正。一位美国学者曾经对女大学生的择偶心理做过一项调查，女学生们从一大堆男人的剪影中先找出最像父亲的形象，再找出最像自己所期望的未来丈夫的形象。结果显示，这些女学生挑选的未来丈夫的形象不是极像自己的父亲，就是完全不像。

（二）物以类聚说

许多学者认为，每个人在选择伴侣时，都在寻找最像自己的人。这与古代中国的“门当户对”有所不同，门当户对主要指家庭地位，而相似性的寻找不但在容貌、气质、学历、智商上要相配，个人的政治观念、信仰、工作职业、为人处世的态度也要相似，最好个人的兴趣、爱好也相同。这就是同质性择偶学派的要点。有学者认为，人们的自恋倾向可能是导致此种想法的主要原因。他们认为，选择了与自己相似的人，他们就又可以再度与自己相爱了。有些同质派学者则提出人们在择偶时，心理上有15个因素在起决定作用：

（1）类似的价值观；

（2）类似的人生努力目标；

（3）类似的智慧与教育背景；

（4）双方家庭类似的哲学观点；

（5）彼此之间良好的沟通能力；

（6）相互的生理吸引力；

（7）对婚姻与性的健全态度；

（8）对婚姻的高度承诺与期望；

（9）类似的人格特质；

（10）对养育子女有接近的看法；

（11）双方都有固定的经济来源；

（12）年龄很接近；

（13）双方的兴趣与爱好很相似；

（14）都有良好的亲子关系；

（15）都愿意接受婚前的辅导。

同质性择偶理论认为，同质因素在择偶过程中有重大的影响。同质理论还认为，一个人的择偶对象不仅由个人选择，而且会受到父母、朋友、亲戚的影响，也深受社会及文化规范的制约。

（三）取长补短说

美国社会学家温奇曾经提出过择偶互补理论。他认为爱情是个人需要的一种表达方式，可能是意识，也可能是潜意识的行为。一个人在幼年期的成长中欠缺某些经验，成年后就会在伴侣身上寻求弥补。温奇认为，每个人都有多方面的需要，如谦卑、成就、接近、独立、顺从、统治、敌对、抚养、被肯定、性满足、争地位及求助等。男女选择伴侣的过程实际是发现能给予自己最大心理满足对象的过程。他提出，一位支配欲很强的人，会选择一个意志薄弱、很顺从的人；一个强健的人，会选择一个很纤弱的人，这就是“互补作用”的结果。温奇曾对美国25对新婚夫妇进行过一项配对实验，先对个人的性格做一项调查，然后按其背景材料以匿名方式加以匹配，结果发现其中20对竟然都被他对上了。温奇的互补说在实践中很有普遍意义。我们常常看到许多夫妻性格差距甚远，如一个急躁，一个稳重；一个独立性很强，一个依赖性很强。两个人相互补充，相互配合。

（四）条件权衡说

美国学者墨斯登认为，每个人在选择恋爱对象时，实际是对方的某些特点刺激了本人的情感，本人按内心的价值观体系进行衡量，最后加以权衡，确定自己的意中人。他认为，每个人的择偶是在对对方的优缺点有所了解之后，对其各项加减之后考虑各候选人的得分来决定的。他举例说，某人有两个可选择的对象A和B。列出六个指标作为评价这两个人的标准。这六个指标分别是外表、智力、财富、幽默感、性格、信仰。假定某人的价值观体系中这六项的比重依次为：外表5分，智力3分，财富3分，幽默感2分，性格1分，信仰1分，那么，依据自己对A、B两人的了解与印象分别打分。最后算出对A、B两人各自的总印象分，谁的总分最高，就选择谁为伴侣。

二、女性择偶的主要类型

从文明发展的角度来看，择偶标准有进步与落后之分，就具体个人而言，应该说各有适合自己实际需要的主次、轻重条件。男女择偶存在一定的差异，主要有两点：一是男性眼光向下，女性眼光向上；二是男性注重女性的相貌和性格，女性注重男性的才华、职业和经济条件。现实生活中女性的择偶类型大致有以下几种：

（一）追求美满爱情型心理

她们的择偶目的，是要寻觅志同道合的、有共同语言的终身伴侣，在生活与事业中相互扶持、甘苦与共，全心全意地爱对方，同时自己也获得爱和力量。

（二）追求外在美型心理

如要求对方身材魁梧，英俊潇洒，既有模样，有口才，又有风度。究其原因，除了爱美、追求美的心理以外，主要是虚荣心在作怪。找个仪表堂堂的美男子，走到哪里，别人都会投来羡慕的目光。

（三）追求经济实惠型心理

这些女性有着强烈的物质需求，在选择朋友时，谁有钱、谁给的实惠多就考虑谁。家底欠丰、经济拮据人家的子弟，人品再好其也不予理睬。

（四）注重品德型

一些女性择偶时，把男友的品德放在第一位，重才不爱财，重德不重貌。强调对方正直、诚实、善良，心胸广阔，求知欲强，有事业心等。

（五）归宿型心理

在择偶动机方面，最主要的就是寻求归宿，建立自己的小巢，以得到生活的安定、经济的安定以及精神的安定。①

随着社会经济的发展，现代女性有较强的自省意识，开始关注婚姻安全等要素。对此，天津市妇联在相关媒体与研究机构的配合下，对已婚妇女的婚姻状况进行了为期数月的调查。调查结果显示，80%以上的受访女性认为“配偶双方各自拥有相对独立的空间，但在事业上互相帮助”的婚姻是她们最期待的婚姻，10%的女性认为“在家庭内是共同成员，但在家庭外互不干涉和过问”的婚姻是她们最希望拥有的。仅有7%的人希望过两人像“糯米团”一样紧紧地粘在一起的婚姻生活。在受访对象中，45%的女性认为感情是婚姻的基础。但除感情之外，丈夫的责任感最重要。这些女性的一个共同的看法是，男人只要有了责任感，不论处于何种状况，都会对事业负责、对自己负责。这样的男人一定要给他独立、发展的空间，同时要尽自己所能支持他、帮助他。24%的女性则注重对方的“能力”，仅13%的女性将对方的性格和气质当成最重要的择偶标准。而认为对方“经济基础”“相貌”“身份和地位”最重要的则不到10%。

---

① 任平安，赵艳屏．妇女心理学．沈阳：辽宁大学出版社，1986：131－141.

人生充满了选择，择偶是人生中的重大选择之一。选择一个最理想的伴侣，将决定你一生的婚姻幸福与家庭快乐，促进你个人的发展与事业的成功。因为你将选择另一个生命与你的生命相融，与你共同营造爱的港湾，与你共同驾驶命运的航船。做一个理性而漂亮的选择，将会优化你的人生。

第三节　女性失恋挫折及心理调适

“去年元夜时，花市灯如昼。月上柳梢头，人约黄昏后。今年元夜时，月与灯依旧。不见去年人，泪湿春衫袖。”

古时候失恋少女面对旧景潸然泪下。今天在我们的周围，每天都可能听到聚散离合的消息，看到伤心欲绝的失恋者。

一、失恋的内涵

恋爱不一定就代表着婚姻，现实生活中的恋爱并不一定能走向婚姻。从统计分析学的角度来看，初恋成功的情侣大约只有10%。很多人是经过一次或多次失恋痛苦的折磨后才找到爱情归宿的。因此，在爱情的道路上，失恋是正常现象，失恋给人带来的痛苦具有必然性和普遍性。爱情心理学对失恋的严格定义是：在热恋期其中一方由于某种原因觉得对方已经失去了在心中爱的位置，主动中断与对方的恋情，而被中断方的感情仍难以平复，处于“失恋”状态；或双方由于某种不可抗的外力的作用，被迫中断相互间的恋爱关系，双方的感情都难以平复，都处于“失恋”状态。这两种失恋状态对人的心理打击都是由热恋关系的突然中止引起的。而下列三种情况，由于都不存在爱的得而复失，因此都不能称为失恋。①

（1）刚建立恋爱关系就分手，双方还没有进入热恋期，感情并不深厚，对心理的打击还比较小。

（2）双方虽进入了热恋期，但经过充分思考之后，觉得继续发展这种爱情关系对双方都是折磨，从而理智地分手。

（3）单恋者，虽然对对方朝思暮想爱得刻骨铭心，但始终未得到过对方的感情回报，是一厢情愿的单相思。单恋的基本心理特征是痴情，这是当事人自觉进行的一种强烈而持久的感情折磨。

① 徐纪敏，王烈．爱情学．太原：山西教育出版社，1991：180－181.

二、失恋的原因及心理行为特征

失恋是爱情的悲剧。女性因各种理由相恋，失恋的原因同样也多种多样，或者受到家庭的阻挠，恋爱的一方或双方家长的反对，恋人承受不住压力而选择分手；或者是双方相处久了之后发现性格不合，导致感情不和而选择分手；又或者受社会舆论的影响而选择分手，如女性爱上比自己年少的男性、爱上不如自己的男性；或者因为第三者插足等。有些失恋者能理智地接受这一事实，经过一段时间的调整后能振作起来，重新寻找自己的幸福。而有些失恋者则由于失去爱情产生极度的绝望感、孤独感和虚无感，觉得自信心遭到挫败，感到自我价值、自我尊严的迷失。如在《少年维特之烦恼》中少年维特因为不能得到心上人而饮弹身亡。在这种情况下，失恋者往往有以下不良的心理和行为特征：

（一）自卑心理

失恋后受到极大刺激，觉得羞愧难当，无脸见人。各种负性情绪如悲观、空虚、羞辱、悔恨等通通暴露出来且极端强烈，若得不到即时调整，就会导致精神失常。有的甚至觉得活着没有任何意义，从而走上绝路。

（二）报复心理

报复是失恋后失去理智的极端行为，表现为伤害对方（“自己不好过，也不让你好过”）和伤害自己（“我要让你后悔，一辈子心灵都不得安宁”）。这两种心态都可能造成毁灭性的结局。如果是由一方不道德导致的失恋就更容易出现报复心理。

（三）渺茫心理

有的人把恋爱看得至高无上，一旦失恋了，就对什么都不感兴趣。把事业、前途全部抛到一旁，对未来一片迷茫，甚至破罐子破摔，自我封闭、自我折磨，一直颓废下去。

三、失恋的心理调适和应对

从生理心理机制上讲，失恋是痛苦的，在恋人心上留下久久难愈的创伤。这种心理状态的产生，在心理学上常用“动力定型”遭受破坏来解释。所谓动力定型又称动型，是指大脑皮层对一定客观刺激系统形成的完整的自动化了的反应系统，即条件反射系统。它是大脑皮层机能的系统性的最主要表现。动力定型的特点是当它形成后，一旦有关刺激物作用于有机体，反应定型系统就自动出现，这种定型在人身上表现为具有巩固性的、习惯化了的特点。因此，动力定型的巩固与破坏会给人的行为带来满足与不快，使人体验到愉快或绝望、痛苦等情感。[①] 很多女性在失恋后会觉得很痛苦，然后会形成自己的心理防御机制。适当的防御机制可以起到自我保护和恢复心理平衡的作用。然而，一些心理防御手段在使用过程中若走向极端，就有可能导致不健康心理的出现。失恋的人在失恋发生后很常用的一种防御机制就是"退避"。当事人会从引发挫折的状态中退出，尽可能地回避现实，拒绝与现实接触。这种情况又被称为"铁桶现象"。长此以往就会导致自己与他人和社会的隔绝，最终使自己被别人淡忘和遗弃，这种自身人格消极变化的后果是悲观和残酷的。

失恋是恋爱生活中的正常现象，并不是一种耻辱和无能的表现。失恋的痛苦也是可以理解的。但失恋后女性更应该学会自我调适，走出困境。自我调适的方法有以下几种：

（一）自我安慰法

天涯何处无芳草？天下谁人不识君？有了这种想法，就可以逐渐驱除原来的恋人在自己心中的位置。因为它可以激起人们获得幸福爱情的希望，打消自卑感和知音难求的心理。实际上，只要相互间建立起一定的感情，就会自然而然地产生西施效应，使新的情人在感觉上超过原来的恋人。若拿原来的恋人的长处和优势去对比现在的恋人的短处和弱点，那必然是越比越觉得原来的恋人像魔鬼精灵一样挥斥不去，从而错过一个又一个的机会，贻误了自己的爱情。春兰秋菊，各有风韵。失恋的人们换一个新的择偶模式，也许就会发现其他异性有一种原来的恋人从未有过的魅力和情趣。

（二）采取酸葡萄策略

这种策略是《伊索寓言》中的狐狸发明的。狐狸想摘吃树上的葡萄，可是跳了几次都够不着。于是它只好对自己说："那些葡萄是酸的，没什么好吃的。我才不想吃呢！"这样，它就心安理得地径自走开了。失恋者不妨向狐狸学习这种策略。如果对方抛弃了你，那么你也不妨在心里这样想：这样没情义的人，我才不要呢！就算将来结了婚，我也不会有什么幸福，还是早分手好，免得造成更大的不幸。一旦这样想了以后，你也许会心安理得起来，失恋的心理就可以很快恢复平衡。还有一种类似而相反的心理，称为"甜柠檬"心理。知道自己眼下的境况不很理想，却鼓励自己："这不也很好吗？"失恋者有时不妨这样想："你

---

① 刘平，汪海燕，陈艳秋．爱情心理学．北京：华龄出版社，1997：124－125.

不要我，我还不要你呢！凭我的条件，还怕找不到比你更好的对象?”这样一想，失恋的心理自然就平衡了。当然，这两种代偿迁移效应心理策略的应用是有限度的，只是在失恋者情绪激动时比较有效。失恋者一旦恢复理智以后，就应当实事求是地进行分析，这样才有利于心理健康。

（三）找人倾诉

把自己的苦衷在自己的亲人和好友面前倾诉出来，避免一个人暗自流泪，独自惆怅。朋友们的鼓励和开导可以使失恋的女性得到安慰，学会冷静地对待。

（四）参加社交活动

失恋的女性可以参加一些有益的社交活动，多交普通朋友。与普通异性朋友交往不仅可以学习如何与异性朋友相处，还可以培养自己对异性的判断力，以等待真正适合你的人出现。在交往时不要抱着找男朋友的目的，把这个心念抛开，敞开心与他人越自然地交往，缘分反而越容易降临。

（五）升华作用

升华就是代偿迁移法中一种利用失恋心理能量的方法。失恋者把失恋作为动力，用另一种活动来驱逐失恋的痛苦。一旦这种活动获得成功，就可以感受到成功的心理快感，使失恋的心理恢复平衡。人生不能没有爱情，但爱情并非人生的全部。罗曼·罗兰就是在失恋后才写出巨著《约翰·克利斯朵夫》的。

（六）环境迁移法

失恋后立刻换一个环境，有利于忘却能引起恋爱痛苦回忆的事物、场所与情景。时间有时是最好的心理医生。可以选择到外面旅游散心，欣赏大自然的美等，使心情逐渐恢复平静。

> 假如生活欺骗了你，
> 不要忧郁，不要愤慨！
> 不顺心的时候暂且容忍，
> 相信吧，快乐的日子就会到来。
> 我们的心永远向前憧憬，
> 尽管活在阴沉的现在；
> 一切都是暂时的、转瞬即逝；
> 而那逝去的将变为可爱。

《假如生活欺骗了你》这首诗是普希金在1825年题在他的一个女朋友叶·沃尔夫的纪念册上的，后来这首诗经常被拿来劝慰失恋者。分手不是必然的，但有时却是难免的。爱情并非没有烦恼，失恋也并不完全就是不幸。阳光总在风雨后，或许那朵真正属于你的爱情之花正在不远处等着你。

第四节　少女早恋问题及心理疏导

一、少女早恋的心理问题

恋爱，是人成长发育到一定阶段的必然产物，也是生活中不可或缺的环节。但是不合时宜的恋情往往是苦涩的情感。早恋在校园中并不是一个陌生的词汇，也常被人视为洪水猛兽。

当前，受市场经济多元价值观的影响，在学生特别是女学生中普遍存在对于爱情理解的一些误区，在各种不成熟的爱情观的影响下，女学生由于缺乏对爱情的科学认识和独立见解，容易形成对周围参照系的盲从心理。

第一种是将恋爱视作寻找一种情调的心理。不少同学因为认为整天和书本打交道、"一只书包两只碗，教室、寝室、图书馆"的生活十分乏味，于是希望找个异性朋友玩玩，调节一下心绪。恋爱的人心理上也会感到别有一番情调：有时充满着幸福愉悦感，有时又平添不少烦恼、苦涩……这种感觉往往是局外人无法体味的。由于高年级学长有意无意的言传身教，恋爱对很多刚刚入学的低年级同学而言，具有极大的诱惑力和吸引力，于是他们一进校就开始早恋。

第二种是为了满足好奇心理。那些很早就开始谈恋爱的学生中，有不少一开始并不是因为两情相悦，而仅仅是因为看见同班同学或者同寝室"玩"得有滋有味，于是便跟着试试，设法接近异性，表示出好感，但又谈不起来，想放弃不忍，想谈下去又不知道如何深入，进退两难，反而闹得极不愉快，既影响了学业，又破坏了同学之间的友情，既无聊又无情趣。

第三种是因为年轻人少不更事的虚荣心理。有些早恋的女学生并不懂得真正的爱情，也不懂得如何去珍惜、维护，最初只是想在同班或同寝室的同学中表现自己有异性追求，有男同学爱慕，以填补生活中偶尔泛起的空虚，给自己带来一些快感和满足感，有闲聊的资本，使自己增加一点自信。少数同学甚至以此为由提高了自己的身价，证明了自己的"本事"。更有甚者，认为恋爱同婚姻不是一回事，恋爱的归宿不一定是婚姻，因而不把恋爱与托付终身联系起来，而把恋爱视为学习寻找"快乐"的过程，把爱情和谈恋爱看作赶时髦，以能找到恋爱对象为荣，自我炫耀。他们无所顾忌地追求爱情，只是为了满足精神上的需要，以弥补学习生活的枯燥和乏味；他们把恋爱当成“消愁”的“甜茶”，“为恋爱而早恋”。

第四种是出于某种功利的心理。时下不少女学生视金钱、地位、家境、社会关系为择偶的标准。以往，女学生希望找有共同语言、学历比自己高一些或与自己同等的男友。现在，女生由于分配困难，便以爱情作筹码，将有钱或能留在城市工作作为择偶条件。有的女生甚至找上物质条件较丰厚的学校后勤人员。

影视网络的渗透、社会文化的辐射，也在一定程度上推动了学生早恋的发生。社会上的确有不少青年早恋、早婚，特别是农村青年中早恋、早婚现象比较普遍，这大大影响了在校学生的心理。社会上对大龄男女青年恋爱难、成家难的宣传更是不时地牵动着学生的心绪。

二、少女早恋的表现

歌德曾说过一句名言：“哪个少年不钟情，哪个少女不怀春?”这句话形象地刻画了青春期少男少女春情萌动的情感情绪体验。人的心理是全面发展的，现在还没有一个科学的或不科学的办法让一个孩子在成长的时候只成长智力而不成长情感。早恋是指在生理或心理上还未完全成熟的青少年之间发生的恋爱现象。进入青春期后，出现异性爱慕倾向的青少年会主动接近自己喜欢的异性，双方交往频繁，相互倾心，就会导致恋爱的发生。早恋的特点主要表现为：

（1）情绪性。由性冲动和外在吸引而产生强烈的情绪情感，缺乏思想意识方面的理性考虑。

（2）晕轮效应。恋爱双方往往是由双方身上某一方面的优点产生倾慕之情，缺乏对对方的全面评价。

（3）冲动性。缺乏责任感和伦理道德观念的约束，极易发生性行为。

少女期是智力发展迅速的时期，少女的感情丰富、强烈。少女早恋则是指青春期或在此之前还不到恋爱年龄的少女出现过早的恋情。早恋与早熟引起的性兴奋与性萌发有关，也与少女的孤独、空虚、心理上缺乏支持有关。陷入早恋之中的少男少女有的是把恋爱当作寻找情调，有的是为了满足好奇心，也有的是为了自己的虚荣心，表示自己有异性爱慕，从而使自己感到满足。当然也有的因互相吸引、互相爱慕、互相支持而恋爱，他们的情绪是欢愉的，情感是纯真的。早恋中情感处于主导地位，通常都缺乏理性。相当多的早恋少女满足于温馨的情感氛围，卿卿我我的语言交流，也有部分人基于性冲动而发生性行为。对于没有完美结局的早恋少女来说，早恋不仅影响了学业，而且让她们承受着失恋的挫折，甚至失身的痛苦。

三、少女早恋的危害

过早谈恋爱又过早失恋，对年龄还小的女学生会造成很大的影响，精神痛苦，影响学业，严重的还会改变一个人的人生观。某校有一个学生，入学后各方面都表现得很优秀，思想好，学习好，又是学生干部，高中一年级就被评为“三好学生”，受到老师、同学们的一致赞扬。不幸的是，这个学生从高中二年级就开始谈恋爱，从此，学习成绩逐渐下降，遵守学校纪律的观念也逐渐淡化，学业、工作、思想都受到影响，最后勉强毕业，非常令人惋惜。

少女年龄小，自制力差，不能理智地控制自己的感情，恋爱中极容易出问题。若恋爱方式不文明，还会出现越轨行为，发展到违反校纪校规，甚至会被勒令退学或者开除学籍，到那时则后悔莫及。甚至有些学生不顾法律约束，一旦恋爱失败，或施行报复或厌世轻生，成为学校管理中的一个大问题。近些年来，校园中发生的多起因恋爱不成而导致凶杀和自杀的事件就是有力的证明。

此外，学生早恋还将影响到学生个人思想的进步和良好道德品质的培养。学生，特别是低年级学生因为早恋容易变得不诚实，爱讲假话。因为在校学习期间谈恋爱或多或少总会受到外界，尤其是来自老师和父母的压力，一些同学既想谈恋爱，又怕别人知道，于是开始讲假话。从对身边的同学讲假话发展到对老师讲假话，甚至对恋爱对象讲假话。另外，两人恋爱还会影响同学之间的团结和正常班级活动的开展。正在恋爱的同学，交往的指向性很强，往往会与原来的伙伴疏远，甚至脱离集体。过多的约会、过晚回寝室、用寝室的公用电话“煲电话粥”影响他人的对外联络、对集体的事不认真、对班级活动不积极等，都会引起周围同学的不满，从而影响团结，女学生尤其如此。

四、少女早恋的引导

青年时期，尤其是当代大学生，他们在学习知识、探求社会、思索人生的过程中，在与周围人的交往中，会产生各种想法、体验和感悟。除了学习上存在诸如成绩高低、名次前后、专业兴趣等问题之外，还普遍存在着一些感情的困惑，由此引起向别人吐露真情、倾心相谈、交流沟通、化解心结的愿望。但由于青春期的生理和心理特点，他们又不愿意将自己的心里话随便告诉别人，包括父母长辈，从而产生了在同辈人、同龄人中寻求知己的需求，尤其渴望找到和自己观点一致或值得倾诉的好朋友。

由于青年学生在思维、心理、行动上并不成熟，交友时也常常带有不稳定、多变化的特点，这就要求社会和师长能够充分理解他们对于友情的需求，帮助其正确地择友，培养正确的友谊观。

人生中美丽的不仅仅是爱情。男女之间不仅有爱情，还有友情。友情是纯洁的、真实的，它不仅能帮助我们了解异性，还能让我们从异性眼中进一步认识自己，而且友情还是我们通向未来理想爱情的阶梯。一个人拥有很多的友情，其实是在为自己未来的爱情做丰厚的积累和准备。

古希腊有个神话，万神之王宙斯给了一个名叫潘多拉的女孩一个盒子，并告诉她绝对不能打开。“为什么不能打开？而且还‘绝对’？”潘多拉越想越好奇，便越想揭开真相。憋了一段时间后，她终于把盒子打开了。谁知道盒子里装的全是人类的罪恶，结果让它们都跑到了人间。于是，心理学上把这种“不禁不为，愈禁愈为”的现象叫“潘多拉效应”。其实从某种程度上说，与异性交往是对一个人综合素质的考验。在现实生活中，有的家长和教师不能正视青春期的异性交往，采取压抑和堵塞的办法被动应付。青少年不仅得不到及时的正面指导，反而会遭受来自各方的误解和责备，在巨大的精神压力下，就有可能产生被动的早恋。正如心理学上所说的“潘多拉效应”，越是得不到的东西就越想得到，越是不让知道的东西就越想知道。理由不充分的禁止反而会激发人们更强烈的探究欲望，所以这时候要对他们进行正确的引导。

（一）宣传科学的性健康知识

对于少男少女正常的情感萌发应拥有一颗平常心，抱着根除的期盼是不现实的，与其穷追猛打，不如实话实说。长期以来人们谈性色变，性知识的困乏导致了一种“性神秘”的氛围。早恋在某种程度上体现了处于青春期的孩子探索自身生理奥秘的一种渴望心理。因此，我们不仅应该注意控制孩子用钱的数量和在外活动的时间，督促孩子将精力放到学习上来，还可以利用讲座、谈心等形式，从心理及生理等方面多视角地对他们进行青春期教育，用科学知识帮助他们解读青春的疑惑。对盲目钟情的孩子，要帮助她们用理智勒住感情的野马，认识到不同的年龄有不同的任务，使她们明白青苹果看起来虽美，但吃起来却是酸涩的。学校还可以组织学生参加丰富多彩的校园文化生活，这对分散他们感情单一取向能起到积极的促进作用，使单纯的生理欲望被丰富多彩的活动所代替和升华。

（二）不要张扬，要冷处理

家长们发现自己的孩子早恋后，常常感到害怕、担心，采取高压政策硬性扼制，结果往往事与愿违，反而导致双方的对立程度加大，问题更加难于解决。家长对子女的教育要建立在尊重他们人格的基础上，重在以情感人，让孩子沐浴在浓浓的亲情中，帮助他们尽快走出情感沼泽。在处理孩子早恋问题时，有一个重要原则就是不要张扬，要冷处理，不要损伤孩子的自尊心，以免激起孩子的逆反心理而导致破罐子破摔。在教育过程中，家长要有耐心，不要操之过急，孩子转弯是需要时间的，有时甚至还会反复。另外，优化家庭氛围也是至关重要的，如果一个孩子生活在缺乏爱的环境里，那么他是很难形成健康心理的。

对于青春期的少女，我们不能草木皆兵，将友情贴上“早恋”的标签，扼杀男女同学之间的纯真友谊，反倒使其真的踏上“早恋”之路。对真的已经早恋的少女，我们要学会帮助她们渡过这个关口，引导她们等待苹果成熟时再采摘。爱情是一对男女基于共同的生活理想，基于发自内心深处的相互爱慕，渴望对方成为自己终身伴侣的感情。面对陷入早恋的少女，不妨问一下她们：“对于爱情，你们准备好了吗?”

第五节　大龄未婚女性的心理及调适

> 本人虽为一弱女子，但经过自己几年不懈的拼搏，事业终于小有所成。如今年龄也渐渐大了（今年29岁），特想有个温暖的家，有个宽厚的肩膀可以靠靠。如果你是一个会关心体贴人的优秀单身男士，如果你不会为自己不如女人强而不安的话，相信爱神之箭会钟情于你我的。如有意请联系……

上面是在某一网站上的大龄女青年的征婚启事，在现代市场经济条件下，大龄的未婚女性越来越多。

一、女性大龄未婚的原因及现状

最近，深圳一家社会调查机构推出的一份研究报告显示，深圳市有28岁以上的未婚女白领近20万名，其中包括离婚后未能成功再婚的。在如此之多的未婚女白领中，不乏秀外慧中、色艺双全的佼佼者，她们徘徊在“围城”的大门前而不入。根据女性年龄分布情况，我们把大龄女性青年界定为27岁至35岁的未婚女性。“大龄”使她们与青年人有了一个界限，“未婚”给她们带来了很多压力。传统的观念总是促使一些人认为女性嫁不出去总有问题，不是眼光高，就是有毛病……面对种种来自家庭、社会的压力，她们对社会各界的“好心”——大张旗鼓地解决大龄女性婚姻问题的活动，产生了抵触情绪。1995年，1%人口抽样调查原始数据对北京市大龄未婚问题进行了分析，发现北京的大龄未婚者集中于同龄人口的两极：一极是受教育程度高、职业背景优越、个人条件出众的脑力劳动者；另一极是社会地位偏低、各方面条件均较差、从事简单工种的体力劳动者。2006 年世纪佳缘网站联手与 MSN 合作的交友频道开展了“中国白领婚姻交友网上调查”，内容主要包括目前中国白领婚姻交友的社会现状、特点及典型的影响因素等，涉及都市白领“单身原因”“择偶心理”“择偶要求”“交友方式”等四个方面，共有 32 707 名会员参与了调查。调查发现，工作压力大，择友趋向现实化，择偶要求清晰细化是高知白领择友的典型特点。在未婚青年大龄化的趋势下，单身男女的渴婚动机如何呢？对于爱情婚姻的态度，41. 8% 的人对浪漫恋爱和幸福婚姻有信心，27. 8% 的人认为爱情可遇不可求，抱有将就居家过日的心理，而 30. 4% 的人则感觉爱情难求、婚姻渺茫。物质化的社会也使人们在选择爱情的时候不得不考虑更多的现实因素，在这个过程中，人们的择偶心态也随之发生了变化。一般来说，造成大龄女性未婚的原因主要有：

（一）客观原因

1. 时代原因

现在大学本科毕业的年龄为二十二三岁，毕业后一般工作 1—2 年才开始考虑婚嫁，这个时候已经是 25 岁左右。再加上越来越多的女性进一步深造，她们毕业工作则往往在 28 岁左右了。这样她们在学业结束、事业刚刚开始的时候就已经步入大龄的行列。

2. 交友面窄

随着社会分工的细化以及工作环境的变化，许多职业的特点都使得人们的交往面变窄。同时工作忙碌、人们的生活节奏快、网络的广泛应用使青年人依赖虚拟世界等原因，也致使交友面变窄，深度交流的机会变少。

（二）主观原因

1. 择偶条件过高

年轻女性择偶都十分注重对方的个人背景条件和综合情况，无论是事业、经济、学识、地位，还是外貌、举止、人品，性格等，都要求至少与自己“大致相当”。另外，受传统文化的影响，很多人还有着较强的“梯度选择偏好”，即采取“女不低就”的择偶模式，择偶条件往往比较高。并且随着年龄的增长，为择偶、恋爱付出的时间成本、感情成本、财力、精力等的增多，使大部分女性不但没有降低择偶标准，反而更加坚持自己的原有标准甚或提高标准。

2. 过分追求感觉、缘分，对婚姻质量要求过高

很多大龄女性受文学、影视、艺术作品的影响，希望自己与意中人也是一见钟情，整个恋爱、婚姻都是浪漫的、唯美的，甚至永远处于激情状态。她们对婚姻有着虚幻的期望以及过分的追求，遇到一些“瑕疵”便感觉不对或没感觉了，甚至认为恋爱、婚姻如果不能实现王子与公主幸福快乐地生活的童话故事，便是不能容忍的婚姻。很多女性为了追求这种感觉，坚信属于自己的缘分还没有到，久而久之便形成了“随缘”的想法。另外，还有一些女性在心中先描述了一个完美的特定对象，认为这样的特定对象人世间只有一个，可遇不可求，所以要“随缘”；并且认为只要找到这个“特定对象”就一切都没有问题，从此便可以过上幸福快乐的生活。“随缘”这种回避的应对方式也阻挡了她们继续主动寻找自己的幸福。

3. 追求事业成功

高学历的女性有比较扎实的事业基础，一般都有强烈向上的事业心，她们将太多的精力投放到事业发展上，以致机会常常擦肩而过，贻误择偶佳期。有的甚至把事业和感情对立起来，认为婚姻是事业有成的障碍，必须等事业有成后再谈婚姻。而当事业有成后，年龄等各方面条件适合的对象则变少，也致使择偶面变窄。

4. 恋爱过程出现问题

（1）一些女性由于与恋人迫不得已分开，或由于恋人的离世对过去的感情十分依恋，不愿再尝试新的开始。

（2）一些女性沉迷于不可能给予婚姻的爱情而不能自拔，比如与已婚男士的恋爱。另外有一些女性的迷恋属于单恋，跳不出自己所设的圈套，很难从这份情感中摆脱出来。还有一些女性常年在与前男友的分分合合中纠缠，难以挣脱。

（3）恋爱挫折与失误。有的女性因为对方变心或受骗，受不了打击而得出极端的结论，如不再相信爱情、不再相信男人、选择独身等。有的对某些方面总觉得不满意，但又担心分手后找不到比这个更好的，或者仍旧有感情舍不得分手，在犹豫和摇摆中，又不断用各种方法考验对方是否爱自己，闹得双方心灰意懒，最后不得不分手。

5. 对婚姻持恐惧心理，惧怕亲密关系

某些女性自幼看到自己的父母婚姻不幸，长年经历着父母婚姻不幸的家庭悲剧，对自己建立亲密关系感到不安，害怕那种不稳定的感觉，或者在处理亲密关系时不自觉地采用了曾经看到的父母的处理方式，因此不相信自己有能力建设美满的婚姻，而采取逃避的方式。

6. 父母的参与和干涉

有些年轻女性读书、工作仍是和父母住在一起，未能真正独立。由于多年来重要事情的决定都是父母帮着参谋、分析、判断，她们对父母有强烈的依赖心。在择偶方面，只要其父母对其恋人某一方面稍有不满，她便不再与之交往。

7. 缺少“爱”的能力

所谓“爱”的能力是指爱自己的能力、爱他人的能力以及被爱的能力。有些女性不知道如何去爱，如何交往，为了“爱”完全丧失了自我。有些女性为了保护自己不受伤害，而不愿付出情感。还有一些女性过于强势和控制欲太强，无法接受别人的感情与爱的表达，认为接受了便是自己的弱小与无能。

二、大龄女性未婚的心理特征

大龄女性未婚的心理特征主要表现为以下几个方面：

1. 自卑心理

许多大龄未婚女性惧怕别人谈论婚嫁，尤其害怕亲朋好友关心询问自己的婚事，并且对自己悲观失望，认为自己与爱情无缘。中国社科院青少年研究所对北京市大龄未婚青年曾做过一项调查，结果83.11%的人认为别人的“指指点点”“冷言冷语”和“另眼相看”是她们最苦恼的问题之一。这批人自尊心很强，她们不愿接受别人为她们“配对”的做法，过分的撮合反倒会引起她们的逆反心理。

2. 封闭心理

这类女性本来就不善交际，不愿在婚姻问题上采取主动态度，因为害怕别人的询问而常常将自己关在个人的小天地里，交际范围十分狭窄。

3. 逆反心理

在长期找不到合适的对象交往后，一些女性在意识上会比较好胜，希望能找到一个各方面条件都更加优秀的对象，不知不觉中提高了自己的择偶标准。有些女性在行为、举止上故意表现出与其他年轻女性的不同。还有一些女性心里明明喜欢对方，却故意表现出冷淡和拒绝。

4. 强烈的爱情需要

有些女性急切地想解决个人问题，非常愿意接近异性特别是未婚异性，有时往往把对方吓跑。有些女性在与尚且合适的对象交往时，因为害怕失去总是急于得到一个确定的答复，以致寝食难安。

5. 追求事业成功

有些女性将一切都寄托在事业上，发奋工作，企图在事业的成功中寻找快乐与安慰。

6. 焦虑、抑郁状态

担心青春不在、容颜逝去，来自父母的压力、社会的偏见以及自己制定的僵化的不切实际的标准的束缚都让大龄未婚女性长期处于慢性的焦虑、抑郁状态中，这对身心以及生活、人际交往都存在着很大的危害。

三、大龄未婚女性的心理调适

（一）调整心态，正确对待迟来的爱情

大龄未婚女性要正确对待迟来的爱情。秋菊之媚并不逊于春桃之艳，迟开的桂花甚至比早桂还要清香芬芳。迟桂正因为开得迟，所以花也就经得久。因此也有人把大龄未婚者的心理反应称为“迟桂花效应”。大龄未婚者由于年龄较大，社会阅历较丰富，处理爱情问题较理智，因而相对来说缺少一点爱的激情。每个人都会在情窦初开之时在心目中编织自己理想爱人的形象，但是现实生活中出现的异性与自己的偶像相近或一致的机会实在难得。一般来说，幻想中的偶像越是完美、越是崇高、越是完善，那么它与现实生活的异性距离就越大。这种追求“完人”的心理，常常使她们错过很多机会。有些女性常常因为难以承受大龄未婚所带来的心理压力不得不降低要求，找一个不很理想的对象过一辈子，这种人的内心非常痛苦。她们实际上是从绝壁跌到了深渊。有这种心理的大龄未婚者，必须改变“凑合”思想，要从长远的家庭幸福的角度来考虑问题。与其拥有不如意的婚姻，还不如独自一人自由自在地过一辈子。

（二）积极创造条件，善于捕捉机会

耐心等待、积极创造与异性接触了解的条件并善于捕捉机会是克服将就心理的良方。对于有过恋爱史的大龄未婚者来说，特别要注意克服前瞻心理。随着恋爱次数的增多，头脑中具体恋人的形象也增多了。这些恋人各方面条件的比较与冲突的机会也就相应增加了，自然就容易产生前瞻心理。这有点像到商店挑选商品，挑来挑去总不满意，甚至觉得一个比一个差。大龄未婚女性的婚姻问题已经得到社会上的重视。很多地方也成立了婚姻介绍所。现在还出现了纸上相亲、照片相亲，即很多大龄未婚者的父母把自己子女的条件写在纸上并写出对对方的要求，然后聚集在某个比较繁华的公园里把它张贴出来，希望通过这种形式帮助子女找到合适的对象。

大龄未婚女性要充分、及时利用各种机会，获得认识异性的更多机遇，要善于利用各种媒体中介机构或亲朋好友介绍平台，扩大自己的社交范围，寻求自己的幸福；社会也应积极创造条件，为广大大龄未婚女性搭桥牵线，帮助大龄未婚女性解决她们恋爱中的困难。

不管是采用何种形式帮助大龄未婚女性，我们都要理解她们的心态。她们中固然有因择偶标准不正确而错失良机的人，但更不乏有志有为的人，造成这一社会问题的原因是复杂的，有历史的，有现实的，有自己的，有他人的，还有观念上的，所以不能笼统对待，既要关心她们，又要不干涉她们的自由，让她们有一

片自己的土地，在适宜的气候中，该开的花总是要开的。当然真正的救星还是大龄女性自己，如果自己束缚自己，自己剥夺了爱与被爱的权利，那么只会让生命之树过早地枯萎。

思考与讨论

1. 女性恋爱的心理动力主要有哪几种？
2. 女性择偶的心理主要有哪几种类型？
3. 如何正确引导失恋者？
4. 少女早恋的主要心理表现是什么？
5. 大龄未婚女性的主要心理特征有哪些？

第六章　女性的婚姻心理与家庭幸福

——婚姻真的是爱情的坟墓?

第一节　夫妻关系心理类型

家庭是从婚姻开始的，婚姻是家庭成立的前提条件。从表现形式上看，婚姻是男女两性的生理结合，从本质上看，婚姻是男女两性一种特定的社会结合。它既具有自然属性，更具有社会属性。男女两性的差异和人的性本能，是婚姻在生理上的基础，也是男女两性构成婚姻关系的自然条件。人到一定的年龄，随着生理和心理的成熟，自然而然地会产生对性的需求，而青年男女两性间的婚姻关系，则是满足这一需求的合理的、稳定的、直接的方式。但是人是有社会性的，人的性行为不同于动物，它是具有社会规范的爱情行为，它必然会受到社会法律制度、社会风俗和道德观念的制约。因此，并非所有的两性结合都能成为婚姻关系，只有符合一定的社会风俗和法律制度的两性结合才是婚姻。婚姻是男女两性结合的社会形式，是为一定社会制度所确认的夫妻关系。讨论婚姻家庭首先要讨论夫妻关系。

一、夫妻关系

（一）夫妻关系的基本概念

夫妻是家庭的基本成员，夫妻关系是家庭关系的基础和核心。夫妻关系的一般概念和法律概念是需要加以区别的。一般意义上的夫妻关系是基于婚姻而形成的特定的具有经济、感情、伦理和法律等多方面社会内容的社会关系，是由道德、习惯加以调整的。夫妻关系是一种特殊的人际关系，它属于人性、亲昵性、长久性、发展性和契约性的关系。可以说它是人生中最亲密而又特殊的人际关系。就其本身而言，夫妻一方面要建立起巩固的夫妻联盟（如所谓的夫唱妇随），同时彼此间也要注意保持适当的个人天地，彼此尊重对方的个性、兴趣和志向（如所谓的相敬如宾）。因为现代夫妻的心理要求是既能同属一体，又能发展自己的兴趣，有相对独立、自由的时间做些自己的事情或参与自己的社会活动。而法律上的夫妻关系，就是夫妻间的权利与义务关系，即夫妻双方共同的和各自的权利义务的总和。

（二）我国社会制度下的夫妻关系的基本特征

夫妻是以永久共同生活为目的而结合的伴侣。双方具有特定的身份，与其他两性关系有着本质的区别。夫妻关系的内容是指双方之间的权利与义务，它是由法律加以规定的。在不同的历史时期，夫妻在家庭中的地位不同，其权利与义务关系也不同。世界上有多种婚姻形式和夫妻关系。随着时代的变迁，婚姻形式和夫妻关系也发生了变化。如一夫多妻或多夫一妻等便是相当难以处理的夫妻关系。我们这里就社会主义制度下的一夫一妻制夫妻关系的几个基本特征作简要的介绍。

1. 男女双方以公认的形式结合为两性关系

性生活只是夫妻关系的一部分，但没有性生活的夫妻关系显然是不正常的。由于性关系越来越受到法律限制，因此，男女双方的性满足便成了他们结为夫妇的最重要因素。就结婚动机而言，这是一个外表看不出的强有力的动机。应当说性的结合是夫妻关系的最大特征。

2. 夫妻是一家人，两人在社会、经济和生活中均需看成是一体的

丈夫的社会地位被看成妻子的社会地位，丈夫的经济生活因夫妻共同生活而决定了妻子的经济生活。总之，夫妻是一体的，超越了父母和子女的关系，所以说夫妻是人生伴侣，共命运者。

3. 养育后代，生儿育女，抚养他们长大成人

从人的关系来看，生儿育女是只有有夫妻关系的人才能做到的一种独特的共同工作。孩子的出生会使夫妻关系发生巨大的变化。也许只有在夫妻两人都体验了生儿育女的甘苦后，夫妻关系才能完善起来。

二、夫妻关系的心理类型

人类社会有无数美满的婚姻，也有许多勉强凑合的婚姻，或只是经济上的维持，或只是子女间的牵连，或只是名誉上的维护。还有一些家庭则经常处于口角、猜疑、戒备和无休止的纠纷之中。对夫妻关系按照不同的标准可以划分为不同的类型。一般可以分为支配型、独立型和平等互助型。其中支配型又可分为两种：丈夫支配型与妻子支配型。显而易见，前者的特征是家政大事由丈夫说了算，而后者则是妻子的权威明显大于丈夫。相比较而言，丈夫支配型更多一些，尤其是在农村。这种支配型夫妻关系，反映了婚姻生活的不平等。独立型的夫妻，双方在经济上各自独立，互不干涉，在生活上各自为政，互不支配，在处事上独自抉择、互不影响，相互关系比较松散。平等互助型的夫妻双方互相尊重、互相商量、互相支持。

这里把夫妻双方的心理关系划分为和谐型和失调型两大类：

（一）和谐型

和谐型的夫妻在气质、个性上能够相容或互补，在能力上能够互相体谅、配合，在兴趣上能够相互适应、协调。这类家庭很少有冲突，显示出夫妻间的心理平等和行为和谐。和谐型又可以具体分为两种类型：

1. 协作型

协作型的夫妻能力相当，在社会中所处的地位相近，多为双职工。他们能在事业上相互支持、比翼齐飞，在家务上密切合作，在非原则分歧上相互采取宽容的态度，在生活中和睦相处。

2. 主从型

主从型的夫妻能力悬殊，或双方能力相当，但一方为了另一方的事业而甘愿作配角。双方在心理上地位平等，和谐美满，只是分工有主有次：一方以事业为轴心，另一方甘愿围着对方事业的轴心转。当然，这里说的“主从”并非每件事都是一主一从，正如美国前总统福特的夫人贝蒂所说：“在处理日常事务中，有时我拿75%的主意，他拿25%，有时又翻个样，他拿主要主意，我则出些次要方面的修改意见。”主从型又分为分工型和依赖型。依赖型关系中依赖的一方自觉不自觉地将自己摆在对方的从属地位，一切由对方决策，如果缺了对方则无法生活，只有依赖对方才能达到心理上的满足。

（二）失调型

失调型的夫妻在家庭地位上不平等，在生活节奏上不合拍，在气质性格上不协调，在理想情趣上不一致，从而导致性爱和情爱发生变化。失调型又可分为以下类型：

1. 专权型

专权型的夫妻双方或一方极力争取或维持在家庭事务上的决定权，呈现出不平衡的夫妻关系。专权型的夫妻双方表现出超常的紧张度。有的家庭是男子专权，而大丈夫心理是造成男子专权倾向类型的心理基础。我国封建时代的婚姻家庭基本上是男子专权的婚姻类型。新中国成立后，随着男女逐步平等，男子专权的婚姻家庭有所减少，但仍然存在。女子专权的婚姻家庭过去有，现在也有，但这样一种女子专权的婚配是和谐的：女子对男子很凶，说一不二，但对他充满了强制性的关心、命令式的疼爱，男子甘受其令而离不开她。这种夫妻关系不能算失调。一般的自私的、专横的女子专权则属于失调的婚配。有的夫妻，双方都要争夺在家庭中的主导权，属双专权，往往导致夫妻纠纷，夫妻互不相让，容易造成感情破裂。

2. 松散型

松散型的夫妻关系是专权型的另一个极端，因一方或双方都不为家庭承担主要责任，导致夫妻关系失调。松散型的夫妻双方表现出较弱的、低于正常的紧张度。它分为三类：①懒散型。双方或一方自私、懒散、不处理家庭事务，一切依赖对方，造成双方经常性的矛盾纠纷。②空泛型。双方无统一的意识、理想和追求，生活乏味，夫妻常为小事争吵，失去了家庭的向心力。③飘逸型。双方或一方对对方容易起内质性的变化而使感情淡漠，发展下去不是凑合着过就是离异。这种情况多见于个性不合、性亲和下降的夫妻。当然，懒散型、空泛型与飘逸型并不是绝对的，它们可能是混合交叉的。

家庭是社会的细胞，和谐的婚配有益于男女双方，有益于社会；失调的婚配往往有害于男女双方，拖累社会。夫妻双方应该分析自己与配偶的心理类型，双方积极主动地调适，创立和谐的家庭气氛。

三、夫妻关系心理类型的影响因素

夫妻关系心理类型主要有和谐与不和谐两大类，导致不和谐的因素主要有以下几个方面。

（一）期待太高

许多不和谐的婚姻问题都是婚前夫妇双方的期待与婚后生活的现实相冲突所造成的。人们往往对婚姻期待太多，如：爱情、温暖、相伴以及我们自以为构成幸福的一切。但是婚姻并不是双双走向浪漫世界的通行证，而是一项充满琐碎家务、劳神费心而又必须负责的行动。有些夫妇不愿意放弃理想婚姻的模式，双方都不愿意作出调整和让步，这样，他们不但不能得到幸福婚姻的真正报酬，甚至还会走到离婚的地步。

（二）个人习惯问题

结婚的前几年是夫妻之间互相适应不同个人习惯的时期。事实上，夫妻双方都有许多的缺点，但是对方的缺点往往是夫妻之间所互相喜爱的气质中的一部分。如一个男人会把住宅弄得乱七八糟，可是他可能是个随和、乐观、不发脾气、幽默风趣的人。鉴别一种关系中什么最重要，并灵活地加以掌握是处理好夫妻关系的关键所在。

（三）经济理财问题

引起夫妻纠纷的问题大部分都集中在经济问题上。人们的用钱方式往往受家风的影响，夫妻花钱的轻重点很可能不一样，因而很容易产生冲突。双方应沟通如何用钱是明智的，让更善于理财的人当家，掌管财政经济大权。

（四）发展的不平衡

中年时期的夫妻关系最容易受外界事物的影响，这一时期影响夫妻关系的因素主要是夫妻双方发展的不平衡。例如，丈夫在事业上突飞猛进或者迷上了妻子分享不了的新的乐趣，而妻子也许会变得更为自信、更加成熟或者有了自己新的追求。这样，他们就会突然发现互相距离是那么远，甚至觉得产生了隔阂。

（五）角色的分工不平衡

越来越多的女性接受了良好的教育，她们有自己的想法和自己的主张，所以越来越多的女性对充当贤内助角色感到不满。她们想发挥自己的独立性，挖掘自己潜在的才能，也想轰轰烈烈干一番事业。然而有些做丈夫的对妻子独立自主的愿望深感恐惧，当妻子决定外出就业或者为一项责任重大的任务而学习时都会遭到他们的竭力反对。这样很容易导致夫妻关系的失调。在夫妻关系中，丈夫应该给妻子足够的发展空间，而妻子也应该考虑家庭的需要，适当分配时间。

第二节　女性婚姻心理冲突及调适

美满幸福的婚姻是人们所期待的，夫妻之间互相体贴、互相关照、同舟共济、白头偕老是人们所向往的婚姻生活。但是现实中的婚姻往往是伴随着各种各样的冲突和矛盾的，三天一小吵、五天一大吵是常有的事情。虽然说夫妻之间吵架是床头吵、床尾合，但是如果冲突经常发生而又没有加以调适的话，则很可能导致婚姻的解体。

婚姻中的冲突包含多方面的因素，既包含丈夫方面的，也包含妻子方面的。在婚姻关系中，女性的心理冲突包括因与丈夫的理想、情趣、性格等方面的差异未能互补而导致的心理负荷与情感挫伤。

一、心理冲突产生的类型

（一）因文化差异而产生的心理冲突

夫妻双方来自不同的家庭，各自不同的文化教养、知识结构和社会阅历导致他们在理想志趣、思想方法、社会经验和性格特征等方面存在不同程度的异质性。承认双方的异质性并进行整合的过程是长期的，贯穿整个夫妻关系的存续时期。而在这漫长的时期内就会出现各种各样的冲突。

比如在教育子女方面，由于在各自不同的家庭背景的熏陶下产生了不同的家庭教育目标，双方对子女的期待当然也不一样，所以在教育的手段和方法上就不可避免地会产生冲突。在工人家庭中成长起来的一方可能更希望孩子脚踏实地地学点知识，务实劳作；而在文艺家庭中成长起来的一方可能更希望孩子在文艺方面有更好的发展。这样，夫妻双方很可能产生冲突，导致家庭不再和睦。

有些婚姻内的冲突可能从结婚一开始就显示出来了。双方在家庭经济管理、金钱配置的方面不能达成共识，在业余的时间安排和兴趣爱好等方面不能相互支持等，所有这些都可以归结为由文化差异导致的冲突。

（二）因过高的期望而导致的感情波动

恋爱和婚姻在形式和内容上都是不一样的。恋爱时的男女比任何时候都宽容。正所谓情人眼里出西施，在光环效应的掩盖下恋爱双方往往只看到对方美好的一面，对婚姻的期待都很高。而女性恋爱者更是感情重于理智。从自身讲，她们总是尽量把自己的优越条件、良好品行表现出来，自觉不自觉地掩饰自己的缺陷；而在考察对方时，也往往把对方的形象过分理想化。在她们看来，自己的丈夫必将事业成功，拥有权力或金钱，勇敢、坚毅、精力旺盛……这种审美错觉的积极作用让人怀揣着憧憬，勇敢地迈入婚姻的殿堂。而婚后的双方在不知不觉中就以一种自然状态出现在对方面前，似乎在自己最亲近的人面前保持完美形象是一种客套，从而由于关系亲密而任性行事，由于相互依赖而无所顾忌。随着了解程度的加深，女性常常会发现自己所爱之人身上有着许多以前未曾察觉的毛病，对双方产生的新的差异、矛盾在思想上毫无准备，认为自己在感情上受了骗，有一种“看清庐山真面目”的感觉，所以情感上的波动在所难免。期望与现实中的天和地的差距是令人沮丧的，也令人难以接受。

（三）因角色变换而引起的心理矛盾

女性一旦进入婚姻就要为人妻为人母，这几乎是人人都必须经历的生活事件，是可以预知的。然而，它对于每一个女性来说又是从未碰到过的新问题。不管有怎样的思想准备、物质准备，婚姻和生育不可避免地会引起生活方式和个人行为方式的极大变化。妻子、母亲——新的角色要求她承担起责任。从依靠自己的父母到成为别人依靠的对象，这中间会有很长的一段心理适应期。此外，新的社会期待也必然引起态度、兴趣、价值观的变化。尤其是子女诞生后，面对新的经济、人际等一系列复杂关系，女性更容易产生“婚姻是爱情的坟墓”的感觉，发现生活的乐趣减少了，夫妻间的不一致却与日俱增。对子女的抚养教育角色是由夫妇双方共同扮演的，因而在孩子的抚养、教育等方面也都可能产生各种口角或冲突。

(四) 由于一些病态的行为而带来的冲突

我们把一切有损夫妻情爱与家庭团结的行为都看作病态行为。这样看来婚姻中的冲突很大一部分是由夫妻中的这种病态行为引发的，而当事人往往是意识不到的。

女性在与丈夫交往过程中常见的病态行为主要有以下三种：

1. 要强、支配、控制行为

有的妻子怕丈夫对自己不忠，控制了家里的财政大权，丈夫有什么开销甚至小到买包纸巾等都要向妻子拿钱；有的妻子则把丈夫当奴隶使唤，做丈夫的在外忙完本职工作回到家还要承担一切家务事……夫妻在家庭中应该是一律平等的，家庭的事要民主讨论、共同做主。要强、控制、支配行为有损夫妻的平等与民主，侵犯了配偶的独立自主与尊严，长期下去必然引起夫妻间的矛盾。

2. 陶醉与妒忌

人格不健全的女性尤其容易陶醉于自己的个体或个性特征，有的女性陶醉于自己的行为或他人的赞美与倾慕之中，以至于自我认识能力失调。这种有自我陶醉心理的女性在认识上只看到自己的优点，看不到丈夫的优点，所以在行为上一方面以自我为中心，觉得自己很了不起，另一方面看不起丈夫，支配、压制丈夫。妒忌是一种心智不成熟的表现，在很多女性身上体现得淋漓尽致。女性的妒忌心理一般表现于外而不表现于内。比如，妒忌她人的丈夫能干、潇洒，从而嫌弃自己的丈夫；妒忌别人家的孩子比自家的孩子聪明可爱，从而埋怨丈夫教育不当，不用心，等等。所有这些也常会引起婚姻的破裂。

3. 记恨与报复

记恨与报复在女性身上也表现得尤为明显。记恨是由于某种矛盾未得到合理解决而记在心上从而仇视对方的心理活动。记恨心常会转化为报复行为。夫妻间的报复大都产生于自尊心与自我防卫意识。报复思想常由攻击行为引起，也可进一步导致攻击行为。女性的攻击行为多为言语中伤，似也有一部分是行动上的，关于妻子杀夫的报道不时见于报端。山东省沂水县有一名农村妇女，70 多岁时用棍子打死了她的丈夫。原因就是她只生育了 3 个女儿，没能实现她丈夫想要个儿子的愿望，因此长期遭受其丈夫的痛打。这名妇女入狱后，身上被长期摧残导致的伤痕令为她检查身体的医生都感到震惊。在狱中，这名老妇人经常挂在嘴边的一句话是："他打了我一辈子，我只打了他一棍子。"

发生在婚姻家庭里的纷争事件屡见不鲜，女性的情感丰富而细腻并带有很大的隐蔽性，常常是爱戴、同情、怜悯等积极情感与憎恨、仇视等消极情感交织在一起。女性的情绪容易波动，快乐、惊奇、痛苦、愤怒、羞怯等情绪内容变化快。从女性的特点来说，女性感情脆弱，对婚姻家庭及感情问题看得重，对这方面挫折的心理承受能力弱，处理问题的方式感情化的色彩较浓。相关的资料分析表明，感情困扰、感情用事、缺少理性、缺乏理智是女性犯罪的重要的心理特点。从古至今，女性无一例外地承担了生儿育女等家庭主要职责，投入家庭建设的时间和精力相对于男性而言要多得多，根据经济学中成本与收益理论，女性对婚姻家庭的期望值显然要远远高于男性，所以在婚姻家庭的矛盾不能得到化解时，一旦感到绝望，无法正确地宣泄情感，就很容易选择一些极端的方式。

二、心理冲突的调适

（一）因文化差异而产生的心理冲突的调适

因文化差异而产生的心理冲突的调适，首先要从结婚之前谈起。中国传统流行的婚姻是讲求门当户对的。这在封建时代具有很明显的阶级性，但是从文化差异这个角度来说，为了婚姻的稳定性与和谐性，门当户对具有一定的合理性与科学性。一般来说，家庭背景相似的双方具有相似的价值观、人生观，思想品德、文化修养也很相近，具有共同的理想，这样双方在思想、语言、情趣、情感方面就更能经受得住风吹雨打，不容易产生冲突。所以，为了防止婚姻里因文化差异而产生心理冲突，夫妻双方在婚前应该加深了解。不少女性婚前往往难以觉察这种差异，而婚后又好求全责备，当发现这些差异时就如临大敌，不愿意或不善于与丈夫调适，致使这种差距越来越大，有的甚至造成家庭的破裂。对于已经结为夫妻的双方来说，要加强彼此间的沟通和理解。夫妻双方要经常交流一下自己对同一事物的不同看法，相互切磋，再合计一下最好的方案，这样，不必要的冲突就可以避免。当然，沟通的前提是要宽容和互相理解。

（二）因过高的期望而导致的感情波动的调适

对于过高的期望导致的感情波动，女性首先要从心理上认识清楚，恋爱和婚姻是不一样的。我们不必像“婚姻是爱情的坟墓”这句话所说的那样悲观和感到恐怖，但起码要知道：恋爱时精神成分比较多，不用为柴米油盐的生活忙碌，婚姻就不一样了。恋爱时的美好和现实婚姻中的烦琐是有很大差距的，如果能从思想上有所准备，这样婚后的感情落差就不会太大。

其次，女性在恋爱时应尽量理智一点，深入地了解对方。从大的方面讲，要看看相互之间的人生观、世界观是否一致；从小的具体的方面讲，要看看他的为人处世、待人接物的方式是不是自己所认同的，他生活上的缺点和毛病是不是自己所能包容的。

最后，作为新时代的女性，应该摒弃传统观念中女性卑从的角色、弱者的心态。爱情只是人生的一部分，丈夫也不是自己的靠山和顶梁柱，婚姻关系不是简单的依附关系，女性也应该自强自立。一旦婚姻出现问题，不能只是悲观叹息、坐以待毙，而应积极争取调节，把恋爱中的宽容带到婚姻生活中来，和丈夫进行积极的交流和沟通。

（三）因角色变换而引起的心理矛盾的调适

现在流行一个英文新词 Kidult，说的是生理上已达到为人妻为人母的年龄，而心理却还像小孩子一样不能独立，不想承担传统的社会责任。同样这些因婚姻角色变换而不能适应的人的心理上还不是很独立，人格还不是很完善。对这些人的建议，就是要多与已为人父母的人交流，比如自己的父母，从他们身上可以得到一些成熟的成年人的经验，这样对自己产生的心理矛盾是有缓解或解决的作用的。

对女性来说，还有一个重要的角色转变，那就是从被人疼爱的女儿的角色转变成别人家的媳妇。如何扮演好媳妇的角色、处理好婆媳关系尤其重要，因为婆媳关系对家庭的两大基本关系——夫妻关系、亲子关系具有极大的影响。在我国漫长的封建社会中，婆媳关系是一种不平等的人际关系，旧社会做媳妇非常艰难，必须俯首听命于婆婆，没有独立、平等的人格尊严。“多年的媳妇熬成婆”是妇女压迫妇女这种恶性循环的体现。今天这种妇女压迫妇女的不良传统已被广大的新一代女性所摒弃，现代家庭中媳妇有独立的社会地位，婆媳关系已基本成了一种平等的人际关系，但是也应看到，即使在今天，相处融洽的婆媳关系也并不十分普遍。对婆媳关系的调适方法有：

1. 相互尊重与谅解

首先要相互尊重对方独立的人格和经济地位。有了矛盾要用协商的方法去解决。其次要宽容、谅解对方。所谓“谅解”，就是站在对方的立场去考虑问题。我们的先辈在处理人际关系中所提倡的“设身处地”“以己度人”“己所不欲，勿施于人”等原则，都包含着谅解的思想，是处理人际关系的“金玉良言”，也完全适用于处理婆媳关系。要维持良好的婆媳关系，双方都需要学会谅解、体贴对方。例如周末去玩，做媳妇的不要只和丈夫、孩子去，把公婆留在家里，应该一同前往，这样婆婆也就不会产生寂寞孤单的感受。反之，如果媳妇对丈夫照顾较多而对婆婆相对照顾不周，做婆婆的也应多予体谅。如果婆媳双方在相处中都能设身处地地为对方着想，相互谅解，婆媳不仅不会出现大的矛盾，还会发展得如同亲子关系那样密切。

2. **避免争吵**

当婆媳之间出现了分歧、产生了矛盾时，双方一定要保持冷静的头脑。即使一方发脾气，另一方也应克制自己的情绪，等对方情绪平静之后再商讨处理现存的问题。心理学告诉我们，消极而强烈的情绪容易使人失去理性，导致冲突升级。争吵具有“惯性”，即一旦因一点小事“开战”，日后往往有事便吵，久而久之成见就会越来越大。因此，当一方情绪反应激烈时，另一方应保持冷静与沉默或者寻机走脱、回避，等事态平息后再交换意见，处理问题。

3. **物质上的孝敬与情感上的交流相结合**

作为儿媳，要和婆婆搞好关系，除了物质上孝敬之外，还应注意和婆婆交流感情，消除心理上的隔阂。只有彼此及时沟通，双方的心理距离才会缩短。因此，做媳妇的平日里要经常向婆婆嘘寒问暖，每逢老人身体不适，更需悉心照料，使老人在精神上得到安慰。

4. **发挥儿子的中介作用**

婆媳关系是亲子关系与夫妻关系各自延伸而形成的一种特殊的家庭人际关系，儿子在婆媳关系中扮演着“中介”角色，儿子对婆媳双方的性格特点最为了解。因此，通过儿子的沟通，婆媳之间可以更轻易地消除心理上的屏障，增进感情。

第三节　女性的亲子关系

一、亲子关系及母亲在亲子关系中的重要角色

（一）亲子关系的内涵

亲子关系是指儿童与父母之间结成的人际关系。亲子关系是家庭生活中主要的人际关系，也是儿童最初的人际关系。它是影响儿童认知、情感和人格发展的最基本的关系。

亲子关系有两个基本要素：一是接受—拒绝，接受即给孩子以爱，拒绝即拒绝孩子的爱；二是支配—服从，支配即随心所欲地支配孩子，服从即服从孩子的要求。这两种基本要素如果处于极端状态，就会出现这样的情形：极端的接受和服从，父母过于娇惯孩子，使孩子养成依赖的习惯，凡事以自己为中心，不会考虑别人；极端的拒绝和支配，父母对孩子过于严厉，或家长随心所欲地支配孩子，这样孩子会产生自卑感，不敢放开手脚，畏首畏尾，没有主见。

对于亲子关系的两种基本要素，不能简单地认为某一种关系是好或坏，而应取各自对孩子性格影响好的方面，避免走向极端。

（二）母亲及母子关系对孩子成长的重要意义

现代研究表明，一个人的基本态度、行为模式、人格结构在婴儿期的亲子互动过程中就已奠定基础，再经其后的儿童期、青年期等身心发展的重要阶段逐渐形成个人的独特人格。亲子关系直接影响到子女的生理健康、态度行为、价值观念及未来成就。同时，亲子也关乎一个家庭的稳定。

1. 母亲对孩子个性形成的影响

在婴幼儿时期和儿童时期，母亲对孩子的养育是至关重要的。母亲在怀孕、生育和哺乳的过程中所付出的大量心血和精力，使母亲对子女的眷恋、疼爱比父亲更加强烈。在对待子女的态度上，母亲更多地表现出体贴、细腻、温柔的特点。母亲会以更多、更浓的亲情方式、情感力量去感染、教养子女。因此，孩子在童年期对母亲也更加亲密和依恋。在母亲的精心照料下，孩子有了语言上的发展，开始形成自己的个性。

母亲在孩子成长过程中的惊人付出使他们“望子成龙，望女成凤”的心理也比父亲更为强烈。有研究表明，母亲对青春期子女的担忧、期望、干涉均高于父亲。如果孩子的表现让母亲满意，她们会表现出更多的娇惯、溺爱的行为，愿意为孩子做更多的事，使孩子渐渐习得了自我、索取。同时，母亲会情不自禁地对表现不好的孩子唠叨、干涉，使孩子渐渐不耐烦。

2. 母子关系是孩子建立各种人际关系的基础

母子结成的深厚的感情联系使婴儿对外界的刺激产生较强的适应能力。母子关系是最早的人际关系，母亲是孩子在人生旅途中最先接触到的人，孩子和母亲是人生中最早出现的对象关系，母亲通过对婴儿的照料，形成“母子同一性”。母亲不仅满足婴儿的生理需要，而且通过母爱使婴儿的情绪得到安定，获得安全感。孩子在母子关系的基础上会建立起各种人际关系，如父子关系、兄弟姐妹关系、朋友关系等，他们就是在各种人际关系中生活并形成自己所特有的性格的。

3. 母亲通过“教养”活动，发挥向孩子传达社会文化及道德规范的作用

母子间亲密的感情是进行“教养”的重要前提，也是性格形成的重要因素。母亲教养孩子，让孩子学会各种社会风俗习惯和生活态度，学会在社会上独立地生活。总之，母亲是孩子心目中的女性楷模，母亲是孩子的精神支柱，但是母亲应防止对孩子过分溺爱和过度保护。

二、女性亲子关系的建立和发展

（一）女性亲子关系的建立从孕期开始

母亲是最早和孩子建立联系的对象，据研究，女性的亲子关系最早开始于怀

孕期间。一项最新的研究成果显示，体内铁成分过低的妈妈在和孩子建立正常的母子关系方面会遇到麻烦。以前的研究显示，贫血妇女可能出现产后抑郁的情况，而身体缺铁则会降低思考力和记忆力。美国宾州大学的这项研究首次对缺铁如何影响产妇与婴儿情感上的协调进行了分析。研究结果显示，铁对维持健康的母子关系有着不容忽视的作用，它是建立这种亲近关系的重要基础。如果体内出现铁缺失的情况，产妇和婴儿之间建立正常的情感联系的难度将变大。研究人员指出，新产妇如果放弃补充维生素，一般情况下身体都会缺铁。研究人员把分娩后十周内的 85 名南非新妈妈和婴儿的互动情况拍了下来。在这组产妇中，64 人缺铁，31 人不缺。随后，研究人员让缺铁妇女的 1/2 服用补铁营养品，九个月后，研究人员再次拍下了所有 85 名产妇和孩子的互动情况。对录像带进行分析后的结论是：缺铁但没有补铁的产妇对婴儿各种表现并不敏感，在情感有效性测试方面的得分不如其他两组妇女高。研究人员在报告中指出，在九个月的时候，三组产妇的孩子表现各异，但低铁妈妈的孩子反应普遍迟钝，和妈妈之间的感情也不如其他两组亲密。

所以建立良好的亲子关系应从胎儿期开始，新妈妈应该意识到铁的重要地位。它不仅会对孩子有影响，对妈妈也有影响，产妇不补铁，可能影响母子互动。

（二）早期的依恋关系影响孩子发展

1. 依恋类型

最广泛使用的评价依恋类型的方法为“陌生情境”技术。最先使用它的是美国心理学家艾恩斯沃斯，她通过对婴儿的依恋行为进行实验研究，指出婴儿的依恋行为可以分为三种类型。

A 型为回避型。这种类型的婴儿容易与陌生人相处，容易适应陌生环境。这种类型的婴儿在与母亲刚分离时并不难过，但独自在陌生环境中待一段时间后会感到焦虑，不过很容易从陌生人那里获得安慰。当分离后再见到母亲时，对母亲采取回避态度。回避型依恋的孩子对外界有恐惧感，在人际交往中被动且不自信。

B 型为安全型。最初和母亲在一起时，这种类型的婴儿能很愉快地玩。当陌生人进入时，他们有点警惕，但还是能继续玩，无烦躁不安等表现。当把他们留给陌生人时，他们便停止了玩，并开始去探索，试图找到母亲，有时甚至会哭。当母亲返回时，他们显得比以前同母亲更亲热。当再次把他们留给陌生人时，这类婴儿很容易被安慰。安全型依恋的儿童在人际交往中主动、敏感，表现出积极的心理品质与个性特征，如自信、适应性强、自我独立等。这种社会性品质的发展与积极进取的探索行为常能带给孩子较好的同伴关系，他们在青少年时期乐于与父母以外的人交往，形成良好的同伴关系和师生关系，成年期婚姻质量也较高。

C 型为反抗型。这种类型的婴儿表现出很高的分离焦虑。由于同母亲分离，他们感到强烈不安。当再次同母亲团聚时，他们一方面试图主动接近母亲，另一方面又对来自母亲的安慰进行反抗。反抗型依恋的孩子表面上显得非常独立，个性也比较早熟，但对周围的人并不太信任，与人沟通时并不能敞开心扉，总是有所保留。

此外还有混乱型的依恋。混乱型依恋常是由父母不稳定的情绪所造成的，孩子长期与父母小心翼翼地交流，这使他们长大后也不确定自己的社会关系，社交表现显得混乱而不稳定。

总的看来，安全型依恋是最好的依恋类型。非安全型依恋的儿童普遍表现出强烈的不安全感和内心冲突，这在很大程度上阻碍了他们对现实世界的理解以及对外界事物的认知和探究活动，阻碍了他们社会能力的发展。非安全型依恋的孩子中只有 38% 的同伴关系良好。大部分非安全型依恋的孩子在青少年时期有更多的社交焦虑，容易对自己、他人以及周围环境产生不良认识和消极体验，并影响与同伴和教师的交往，难以调节因社交困难所产生的挫败感。他们在成年期的婚姻质量较差。

2. 早期的亲子关系的建立

婴幼儿时期的亲子关系主要表现为父母为孩子提供依恋的对象。父母本人或者父母为孩子购买的玩具都能成为孩子依恋的对象。大量的研究表明，早期依恋对儿童心理尤其是社会性的发展确实存在着不同程度的影响。建立早期良好的亲子关系非常重要。

0 ~6 岁阶段是亲子关系建立的关键期，其中 0 ~ 3 岁是黄金期，一旦错过，日后将无法弥补。婴儿最初的情感依恋对象是妈妈，因为他每天都与妈妈朝夕相处，从妈妈的呵护、哺喂和爱抚中产生最初的对外部世界的信任感和安全感。这个阶段是妈妈建立亲子依恋关系的重要时期。亲子依恋关系的建立，有利于宝宝身心的成长，也有利于他长大后的社会情感发育，使他能对别人充满爱心和信任。如果在这一阶段没有注意亲子依恋关系的建立，频繁地更换监护人或保姆，都将使亲子依恋关系不能正常稳定地建立，有可能影响孩子以后的社会情感发育，使其情感冷漠，性格孤僻，对外部事物缺乏信任。所以在这期间，母亲应尽可能地采用母乳喂养，母乳中含有代乳品无法供给的养分和抗体，在哺乳的过程中，宝宝躺在妈妈的怀里可以感到温馨的母爱，就像在妈妈的子宫里一样。母亲还要尽可能地自己带养宝宝，请别人带宝宝，宝宝的心理会产生隔阂。母亲还要尽可能地回应孩子的情感需求，宝宝的每一声呼唤都期待着妈妈的回答，能得到妈妈的回应，他会倍感兴奋。

有的妈妈抱怨“工作太忙，根本腾不出时间进行亲子教育”，其实，和孩子交流不需要总是专门腾出时间，妈妈可以一边做事一边和孩子玩。比如做家务时，不要把孩子放在一边不管不问，和孩子说说话、聊聊天，让孩子感觉和妈妈在一起十分温馨；整理衣服时请孩子在一边帮忙，还可以教孩子一起叠衣服；周末去超市买东西时带着孩子一起去，一起挑选物品，一起付钱，并一起回家整理购买的东西。在这个过程中，不但可以教给孩子最基础的人际交往，而且可以建立起亲密的母子关系。亲子互动过程中的“质”比“量”更重要。

此外还要注意给孩子应有的父爱，许多爸爸认为养育宝宝的主要责任由妈妈承担，爸爸只起辅助作用，这种想法会忽略对宝宝的关爱。爸爸在与孩子接触时，要经常与他拥抱、抚摸、亲吻、对视，抓住每次机会和孩子说话、游戏。

（三）更年期的母亲与青春期的孩子

一般来说，早期的亲子关系都会比较和谐，而当第一个孩子进入青春期时，妈妈的年龄一般都已接近40岁。研究发现，处于更年期的母亲与处于青春期的子女在面对双方的变化时出现了相互对立的立场和态度，这时候的亲子关系很可能变得紧张起来。

1. 生理差异

从生理上说，母亲和孩子在这一时期都对自己的身体表现出极大的关注，但是二者所经历的是相反的生理变化，因此会产生不同的体验。做母亲的开始渐渐觉察到生理机能不如从前了，她们对自己的身体健康状况和吸引力逐渐不再自信，面对自己子女身体的飞速成长和性成熟时期将要达到最佳状态的健康、力量和外表吸引力，在为孩子感到骄傲的同时也开始顾影自怜了。

2. 工作和社会地位

母子双方面对各自社会地位和身份上的变化，都开始对未来进行重新思考，但是双方并不是站在同一战线上。日趋成熟的孩子开始考虑如何选择自己的职业和婚姻家庭，他们的生活充满了机遇和挑战，这让他们对未来充满了憧憬。可是，母亲需要面对的是当年自己的选择所带来的结果，她们需要重新估计自己的人生价值。一些人实现了自己的理想，登上了事业的高峰，而对大多数母亲来说，现实中的无奈和遗憾使她们的世界和年轻时的梦想相距甚远。她们对未来的希望开始降低，认为自己的生活不可能会出现奇迹，于是把希望寄托在孩子身上。

3. 沟通问题

如前所述，两代人间不协调的变化使母亲在工作和家庭中感受到了前所未有的焦虑。越来越多的调查表明处于青春期的孩子与母亲之间会出现许多新的沟通上的问题。

首先，青少年对亲子沟通的满意度与母亲对亲子沟通的满意度存在差异。青少年对亲子沟通的满意度较低，青少年认为与母亲的沟通缺乏开放性且沟通时存在很多问题。但与青少年相比，母亲认为与青少年有较为开放的沟通，沟通存在的问题也较少。这样盲目的乐观会导致母亲不致力于改善与孩子间的关系，亲子间的距离会日渐拉大。

其次，由于母亲的生理变化大于父亲，母亲比以前更敏感，在家庭沟通中母亲比父亲更积极主动。母亲更多是交谈的发起者，对孩子的日常问题非常关心，这样往往会让孩子觉得母亲整天唠唠叨叨，不胜厌烦。

青少年与母亲的沟通问题主要表现在沟通方式方面，如分歧、误解、行为约束、盘问、批评和缺乏沟通等。研究表明，在所有的沟通问题当中，母亲对青少年过多的行为约束是出现亲子沟通问题的重要原因，而在沟通话题方面，出现问题最多的是课外活动和异性交往。在亲子沟通中得到母亲支持的青少年能够更好地探索自我同一性，而与母亲沟通不良的青少年更容易出现各种情绪和行为问题，比如离家出走、辍学甚至犯罪等。了解母亲和青春期孩子存在的这些差异有助于这个阶段家庭亲子关系的维持。

三、女性亲子关系的影响因素及其协调和维护

（一）母亲角色的转变对孩子的影响

现在的家庭正由互补型向着平衡型转变，夫妻双方都拥有职业，双方都有责任抚养孩子和从事家务劳动，家庭模式不再是男主外女主内。非家庭角色对现代女性更有吸引力，她们越来越强调家庭以外的生活和家庭生活同等重要，她们在社会化中改变了对工作和社交的看法，特别是改变了传统的关于男性和女性的社会角色分工的态度和行为模式。

在传统的性别分工观念下，如果母亲希望拥有自己的事业，那必然意味着她要有足够的精力来兼顾家庭和事业。于是当子女出现发育障碍或身心疾病或者出现家庭冲突时，母亲都必然先追究自己的责任。为了弥补这种内疚感，母亲最常采取的措施就是牺牲自己对人生价值的追求。这样看似成全了家庭，实际上母亲自我效能感的降低也一样会伤害孩子的自尊心。母亲将自己未实现的理想投射到孩子身上，会给孩子的发展带来新的压力。

（二）家庭沟通的影响

在亲子沟通过程中，父母是主导者，是示范者。孩子怎样与人交往，归根结底源于家庭中的亲子沟通。

1. **父母的自我状况会影响与孩子的沟通**

父母的自我状况，包括自我价值、从小成长的环境、婚姻状况、理想、欲求，特别是父母的即时情绪状态和身体健康状况等，会影响到与孩子以及家人的沟通。父母要致力于建立良好的家庭沟通，尤其要留意，当情绪不好或身体疲惫时，不要无意放大孩子的过错。随时注意清理自己的负性情绪状态，是促成亲子之间、家人之间良好沟通的前提。

2. **家庭中成年人之间的沟通状况影响与孩子的沟通**

一般而言，孩子与父母的沟通“模式”受家庭沟通模式的潜移默化的影响。无声的沟通行动远比有声的沟通语言更有效。比如教育孩子要尊敬父亲，妻子首先必须尊重丈夫。丈夫在妻子心中的分量有多重，父亲在孩子心目中的分量也有多重！

3. **父母对孩子行为表现的认知和解释影响父母和孩子的沟通**

父母应该把孩子放在这个他所处的年龄群体的背景中去认知他的行为表现。父母不要拿自己的孩子与别人家的孩子过分攀比，因为即使是相同年龄的孩子，发展的个别差异也是很大的。另外，即使是同一个孩子，其本身各方面的发展也是不平衡的。一个 5 岁的男孩，他的智力可能已达到 6 岁，而个性成熟度却不到 4 岁的水平。父母要指导孩子从他自己的起点，按照他自己的速度发展，任何拔苗助长的企图都只能适得其反。

（三）女性亲子关系的维护和协调

1. **女性要当好妈妈才会有良好亲密的亲子关系**

孕育和哺育这两个生理上的亲密接触，使女性与孩子产生更多的心理上的亲密感，也就是说女性更容易和孩子建立起和谐的亲子关系。

按照传统，母亲所代表的女性是感情表达专家，照顾孩子是她首要的职责，她是温暖和养育的源泉。所以儿童在某一时期会对母亲产生更多的依恋行为，心理学称之为“恋母情结”，这是一种正常的心理现象。

另外，无论立足于什么理论，从婴儿期到儿童期再到青春期，在孩子的人格形成过程中，尤其是在社会化过程中，母子或者母女关系是一个极其重要的构成因素。特别是在独生子女家庭中的母亲，更是会把较多的时间、精力投在孩子身上，这无疑将增加母亲与子女直接接触的机会，容易使亲子关系表现出更为亲密的倾向。女性要充分利用这种优势并改变自己的角色，从照料者、培养者、教育者，转变为孩子的伙伴和引导者，形成民主、平等、和谐的家庭氛围。母亲要理解孩子的真正需要。很多时候，孩子的需要不是物质上的，而是精神上的。他们希望别人考虑自己的感受，渴望得到自己的一方天空。对于独生子女，要尊重他们的选择，要重视情感交流，动之以情，晓之以理，避免空洞说教，要采用民主的管理方式，理解而不溺爱，民主而不放任，疏导而不压制，做到严有度、爱得法。

2. **女性良好亲密的亲子关系需要父亲的支持**

由于母亲更喜欢孩子的依恋和天真，往往过多地剥夺孩子与父亲交往的机会，人为地使“恋母情结”延长或加剧。而且，孩子也经常是由女性的亲朋好友带着。这种疏远父亲的“后遗症”不仅使家庭中的“亲情关系”向女性群倾斜，而且对孩子心理的发育也造成了极为不利的影响，甚至使孩子产生畸形或变态心理。家庭作为子女进行社会化的不可替代的最初场所，它对子女的抚育作用要同时满足孩子生理性和社会性的需要，最普通的分工方式便是慈母严父的安排。生理性抚育引起的往往是亲密的感情，生孩子与哺乳的能力显然是母亲担负生理性抚育的生物基础；父亲则应该担负起社会性抚育的责任，帮助孩子完成社会习惯的养成。孩子在社会化过程中所发生的个人与社会的冲突，很可能变成父母与孩子的对立。

女性在对亲子关系的维护过程中要把握分寸，适当地把时间和机会让给父亲。父爱与母爱在家庭教育中有着同等的作用，父爱给予孩子的坚强、刚毅、大度、宽容、幽默等心理影响是母爱不能替代的。如孩子每次考试结束后，母亲关心的往往是分数，是孩子在班里的名次，父亲关心的则是孩子的考试水平有没有受到紧张心理的影响。孩子考得不理想时，母亲常常要孩子缩减游戏时间，将精力更多地投入到功课上，父亲则建议孩子暂时通过游戏来释放自己沮丧的心理。而后者往往能取得较好的教育效果。

3. **女性良好亲密的亲子关系也需要良好的家庭沟通**

孩子在成长过程中难免有困惑或者不满，但又不能充分地表达出来。家庭作为孩子期待的避风港，要让孩子有足够的安全感，能够让他们毫无顾忌地表达其在生活、学习中的困惑，说出自己对家长、学校、老师、同学等的不满。这是保证孩子心理健康的一条有效的途径。而孩子心理健康是良好亲密的亲子关系的前提，所以家长要挤出时间与孩子谈心。

良好亲密的亲子关系，需要的不仅仅是数量上频繁的沟通，更需要能促进亲子关系向良性发展的高质量的沟通。良好沟通是指亲子之间的沟通是开放式的，相互之间能够自由地交流信息、表达情感，父母与子女交流的一些信息受到子女重视，并可以帮助子女形成正确的世界观和掌握良好的与人交往的技能。父母要尽量避免亲子之间在沟通时受拘束，沟通时要有耐心，不要相互抱怨；否则会使孩子在表达自己的看法时变得谨慎，对相互之间的分歧采取回避的态度。倘若如此，沟通中的问题也就更多了。

第四节　女性的婚外恋、离婚心理及调适

一、女性的婚外恋心理

（一）关于婚外恋

1. 婚外恋的概念

婚外恋是指已婚夫妇在婚姻之外与其他的异性之间存在着恋爱关系。一般的恋爱关系，其最终都是以结婚和建立家庭为目的，而婚外恋则往往不以结婚和建立家庭为目的。婚外恋是成年人而言，尤其是婚姻状况不美满的成年人精神生活的最后一片绿地。对于已婚的成年人，配偶已经成为自己的一部分，不再具有异性的魅力，因而希望在配偶之外去寻求新的异性刺激。婚外恋一旦既成事实，就意味着对社会道德约束的反叛，成为道德沦丧的起点。也有人因婚外恋而处于两难的困境中，使自己产生对家庭、对社会的犯罪感，从而不利于心理健康。

2. 如何正确地看待婚外恋

婚外恋是现代婚姻问题的一大热点，我们往往容易往负面的方向想象，把它同道德败坏等联系在一起，特别是女性婚外恋者，更是被当作第三者而“打入十八层地狱”，遭人唾骂，永不得翻身。对于婚外恋我们应该持什么样的态度才是比较理智和宽容的呢？

首先，每个人都会有爱的情感经历，都能体会那种说不清道不明、不期而至始料未及、自己用理智很难解释很难控制的对某个异性的好感。这种好感婚前、婚内都可能产生，即使是道德很优秀的人有时也不能幸免。如果把这种人类与生俱来的、自然发生的美好感情都视作丑恶现象、肮脏心灵去批判，无异于否定我们人类自己。

其次，不应把婚外恋与社会稳定视为负相关关系，而应逐渐将婚外恋作为“个人私事”来看待。基于“家庭是社会的细胞，家庭的稳定关系到社会的稳定”的说法，人们常常把离婚率与社会稳定联系起来，把婚外恋当成离婚率上升的主要原因，因此得出“婚外恋越多，离婚率越高，社会越不稳定”的结论。实际上，这种负相关关系被夸大了。从世界各国的情况看，离婚率高的国家，社会不一定不稳定，如欧美诸国；离婚率低的国家，社会不一定就稳定，如非洲和阿拉伯国家。就业状况、人口素质等才是社会稳定与否更重要更直接的影响因素。

当然，婚外恋绝不是一件好事，有害而无益，要尽量避免。

（二）婚外恋产生的原因

婚外恋的产生有各种各样的因素，主要可以从以下几个方面来看。

1. 婚姻中爱情的消亡和失落

爱情是婚姻的基础。在我国这样的国情制度和文化道德下，爱情必须与婚姻结合才是合理的。但是，因为爱情而结合的婚姻，并不一定能永葆爱情。只有随着岁月不断地更新爱情的内容、丰富爱情的内涵、提升爱情的层次，才不至于使爱情在婚姻里消亡和失落。

2. 婚姻中情感交流不通畅

婚姻里的情感交流不通畅是导致婚外恋的重要因素。现代的婚姻大多是自由恋爱的结果，一般来说感情基础都不错，但是在婚后的共同生活中却不注意沟通感情。女性容易把注意力放在家务、孩子身上，从而忽视了丈夫的感情需要，或者长期与丈夫分居，导致双方感情上的空白，给婚外恋提供了滋生的温床。现代职业女性更注重自我发展，容易把全部精力投入到自己的事业中去，很少有时间和机会与丈夫交流，造成丈夫心理上的寂寞，也容易导致婚外恋。

3. 非爱情基础上的婚姻

非爱情基础上的婚姻也是导致婚外恋的一大因素。婚姻中的双方受到外界的干预，被迫与自己不爱的人结合。这样，心理上的反感导致婚内生活不和谐，一旦遇到志同道合者或倾心者，就会出现婚外恋。有的人婚前已经有恋人，由于受到家庭、社会、自身发展等影响或干涉，终未成眷属，婚后却仍和从前的恋人保持联系，这样也会发生婚外恋。

4. 受西方生活方式影响而寻求婚外刺激

随着社会经济的发展以及社会开放度的不断提高，西方的“性解放”“性自由”等思想极大地冲击着我们的社会，导致很多家庭产生婚外恋，尤其是在一些文化层次较高的中年夫妻家庭中更容易出现婚外恋，而且男性会多于女性。

（三）女性的婚外恋心理类型

女性婚外恋者大抵有以下几种心理：

1. 失落心理

由于婚前对婚姻期待太高，而婚姻的烦琐让有些女性难以适从。比如“一见钟情”式的婚姻，婚前缺乏深入了解，草率成婚；或者是恋爱不久就“生米煮成熟饭”，而“身不由己”。婚后长期生活在一起，逐渐发现对方有很多不尽如人意的缺点，或生理上有某些缺陷。在这种情况下，就容易产生心理上的失落感，从而萌发异心。有的妻子在学历或地位、长相、能力上优于丈夫，而丈夫不愿积极进取或对妻子体贴不够，做妻子的就会有一种被埋没的失落感，由此而萌生婚外恋的概率更大，因为在她们周围很可能有比她们丈夫更理想的男人。

2. 报答补偿心理

因报答补偿心理而导致的女性婚外恋者不乏其人。如有情人未能成眷属者，双方各自成家，或一方成家后另一方不愿成家依然暗恋着对方，这样当男方生活困难或夫妻感情不和时，女方觉得还欠着对方的情想给对方补偿，于是旧情复萌，从而产生婚外恋。还有的女性因为生活有困难或者因丈夫长期在外，家庭长期得到对方照顾，自己觉得无以为报，只好以身相许，从而产生婚外恋。

3. 寂寞心理

现代社会生活节奏明显加快，很多家庭夫妻双方都忙于自己的工作而很少有情感上的交流，这样难免产生心理上的落寞。有的女性因为夫妻分居，或者因为丈夫有生理缺陷，生理上得不到满足，或者夫妻关系不和，丈夫不关心妻子，夫妻间的感情淡漠，妻子受到冷落，感到没有精神依托，因而主动寻找第三者或乐意接受第三者，从而形成婚外恋。

4. 贪财图貌的享乐心理

由贪财图貌的享乐心理而进入婚外恋的女性也存在。如有些女性由于自己生活辛苦便主动委身于对方，以换取金钱，从而形成婚外恋。有些女性则是贪图男方健美的身躯而主动示爱。有些女性受西方社会“性解放”思想的影响或者受淫秽影视书刊的影响，认为人生在世就是吃喝玩乐，应该趁着年轻及时行乐，因而滥交异性，从而产生婚外恋。

5. 怨恨报复心理

在夫妻生活中，如果丈夫有性功能障碍，或丈夫整日为事业而忙碌，忽视了给予妻子温情，或丈夫在外面贪恋酒色，不能满足妻子正常的生理需要和情感需要，久而久之，就会使妻子产生怨恨心理。为了报复对方，女性往往就会主动寻求第三者，从而产生婚外恋。

二、女性离婚心理

（一）关于离婚

1. 离婚的概念

离婚又称离异，指配偶在生存期间依照法律规定解除婚姻关系。它与婚姻的成立相对，故又称婚姻的解除。就当事人而言，它是摆脱婚姻效力即婚姻拘束力的一种手段或行为。从法律制度而言，它是终止当事人婚姻关系的一种形式。

2. 离婚的两种主要观点

对于离婚问题目前主要存在两种观点：一种是主流观点，认为所谓离婚就是夫妻双方在生存期间依照法定的条件和程序解除婚姻关系的法律行为。

另一种是非主流观点，认为合法性并非婚姻的本质属性，婚姻的本质属性应是设权的意思表示性，非法婚姻甚至无效的婚姻也是婚姻的种类，只要婚姻已成立就构成婚姻，而不论该婚姻是否合法有效。所以该观点认为离婚应包括三种不同情形：一是对已成立婚姻的解除；二是对事实婚姻（即非法但不一定无效的婚姻）的解除；三是对法律婚姻（即合法有效婚姻）的解除。

3. 对离婚的正确看法

现代社会，离婚率逐年增加。上海大学社会学系教授顾骏认为，离婚率上升说明婚姻在社会生活中的重要性正在下降。离婚率上升从一个侧面反映出人们选择生活状态的自由度增加了，也反映出现代社会的人们更强调自主个性和独立。传统的观念对婚姻家庭的影响越来越小，现代人更注重追求个人高质量的生活。

离婚通常是婚姻破裂的结果和婚姻不幸的终结，所以离婚既有负面的影响，也会有正面的影响。对深圳市离婚女性的一份调查研究分析发现，离婚对女性的影响是双面的，既有正面的也有负面的。研究结果显示，离婚对女性的负面影响主要是与前夫及其相关人的关系终结或恶化、性生活缺乏、家庭收入减少以及缺乏家庭归属感、伤心痛苦和感到无助等。正面的影响是女性在离婚后变得更自由、独立和自信，其与子女及家人和朋友、同事等的关系有所改善，生活能力也有所提高。

离婚毕竟是人生中一个非常悲伤的事件，对于中国女性来说尤为如此。虽然离婚会带来一些积极的变化，但更多的却是负面的影响，特别是对心理和经济方面的影响。而且很多研究也表明，大部分离婚家庭或单亲家庭的孩子在成长过程中具有更多心理上的和生理上的障碍。所以离婚要慎重。

（二）离婚产生的原因

现代社会不确定和不稳定的因素太多了，离婚的产生也有各种各样的原因，具体可以归纳为女性自身的原因和其他原因两大类。

1. 女性自身的原因

对于女性自身来讲，她们一旦开始追求婚外幸福，则往往比男子更勇敢、执着，不少人敢于蔑视主流文化，顶住种种社会压力甚至放弃子女抚养和财产利益，毅然与丈夫决裂。这主要是因为女性大多把爱情当作人生的主旋律，她们只有在对情人“动心”的前提下才会冒风险离婚。其次，女性往往很难把性和情相分离，她们不像男子那样没有爱也可以消遣，她们只有在自己的感情需求获得满足时才愿意付出。她们与情人间的凝聚力与日俱增的同时，与丈夫的关系就会每况愈下，以致无法忍受“同床异梦”的煎熬，因此会毅然离婚，从而解除其在精神和肉体上的痛苦。

2. **其他原因**

离婚的其他原因包括性格志趣不同、婚姻基础差、婚姻心理准备不足、婚姻双方期待角色的差异等。

性格和志趣是人们生活在一定的社会经济环境、自然环境、家庭环境下长期培养起来的。性格志趣不同是导致离婚的主要原因。婚前恋爱时，由于相互间交往时间的限制，对对方的了解往往是表面的、肤浅的，而婚后相互了解逐步加深，就会发现对方的一些弱点和双方在性格上的差异，婚后生活的满意度就会下降，争吵增多，甚至由于婚前对爱人过高的期望值失落而酿成冲突导致离婚。

很多离婚的夫妇是由于婚姻的基础太差。在婚前性饥渴的驱动下，把一时的冲动和短暂的激情视为爱情，或是在情感的光晕下，把对方完美化和理想化。这就会造成婚姻基础不稳，埋下了夫妻冲突造成离异的祸根。

爱情关系与婚姻关系是不同的。爱情关系往往是单一的、平面的；婚姻关系往往是复杂的、立体的。爱情生活只有两个人，婚姻生活却很复杂，它牵扯到许多人。如果对婚姻没有充分的心理准备，那么婚姻将使丈夫变得不通情达理，使妻子变得唠叨琐碎起来，冲突不断产生并难以应付，结果就很容易导致离婚。

随着现代社会女性的自我意识的觉醒，她们在社会生活中也在努力展示自己的人生价值，于是出现传统的高事业心、高成就感的丈夫对现代妻子的不满，而妻子也对传统丈夫不满、失望，乃至愤怒。男人由于社会竞争激烈，工作繁重，人际关系淡化和趋于利益化，增加了心理紧张感，他们往往把家庭看成消除疲劳和身心紧张的休息地，他们希望妻子温柔体贴。而同样投身社会竞争中的妻子们，希望丈夫能关注她们事业的成败，体谅和理解她们扮演双重角色的艰难，与她们经常交流情感。这种双方的期待没有得到满足带来的必然是婚姻的裂痕。

（三）女性的离婚心理

1. **离婚心理**

女性一旦发生婚外恋，十有八九会走上离婚的道路。除了女性自身的原因外，丈夫的心理也加速了离异。一般妻子与婚外异性交往过密，常会受到丈夫的当众羞辱。即使一些女性有悔过意向，丈夫也往往因强烈的占有欲和嫉恨心而难以再对其建立起信任感，有的还对妻子的人际交往、兴趣爱好等做了苛刻限制，使妻子的自尊心严重受损，从而导致离异。

还有一部分妻子原先只是对婚外异性有好感和正常交往，但丈夫采取的过激行为反而增添了其与婚外异性的向心力，使其走上离婚的道路。

另外，社会舆论的压力会促使离婚发生。一般人们只要听说谁有婚外恋，就会不加分析地把其看成道德败坏的人，对其施加社会压力，进行道德谴责，而其配偶就成了受害者，成为人们同情的对象。在一边倒的社会舆论中，如果原谅对方，人们反而会不理解，觉得怎么可以再与“坏人”生活在一起，辜负了大家的同情，因而常常弄得当事人“骑虎难下”，不得不离婚。

2. **离婚后的心理**

离婚后女性的心理是与离婚的原因息息相关的。如果是由于家庭琐事各不相让等原因而“赌气”分手，离婚后会感到很失落，并伴有后悔情绪，如果对方也有同样的感受和诚意，在外力撮合下完全可能复婚。如果是因为感情、性格不合或是因男方背信弃义并已有外遇而离婚，则会产生一种解脱的放松心理。

但总的来说，绝大多数女性在离婚后，心情总是很沮丧，情绪低沉、伤感，她们表现出愤恨、不满、自卑、看破红尘等各种各样的消极心理。对传统女性来讲，离婚可能使她们变得更加自卑，离婚对她们意味着再不能像过去那样作为一个正常人随心所欲地生活，必须穿朴素的衣服，低调为人，低调做事等。离婚后的女性对前途、对人生悲观至极，她们认为世上没有一个好男人，社会充满了欺骗和虚伪。

三、女性婚外恋、离婚心理调适

（一）婚外恋心理调适

当婚外恋变成一个既成的事实时，女性如何来调适自己的心理呢？我们可以从下面两种情况来看。

1. **当丈夫有外遇时**

当妻子发现丈夫有婚外恋时要做到以下三点：一是冷静对待，思考丈夫外遇的原因，想出解决的办法，切忌吵闹；二是理智处理，要克制自己的情绪，努力唤回丈夫对自己和子女的感情；三是防患于未然，注意与丈夫平日的感情交流，注意发现丈夫的婚外恋情，唤起丈夫对家庭的思恋，使其产生愧疚之感。

婚外恋总是脆弱的。如果丈夫的婚外恋对象是一位已婚的女性，那么他们就没有迫切将私情升级或者得到某一结果的现实需求，性是他们之间最重要的内容。如果丈夫的婚外恋对象是一位未婚的女性，这将是一段很难稳定的感情。因为女方时刻被置于一种从属地位，她的付出不可能得到男方平等的回报。他的日程安排会令她不满，随时都在提醒着他另一个女人的存在。婚外恋使男方产生苦恼、自责，使他陷入痛苦的情感折磨之中。妻子应了解这种情况，主动解决夫妻间的感情危机。

2. **当女性本身陷入婚外恋时**

当女性本身发现自己为婚外的恋情所诱惑时，也要设法让自己保持高度清晰的头脑。首先要清醒地认识到对方的心理特征。对方往往是一时的激情，他们会更考虑社会的利益，他们不大可能为了一段感情放弃自己在社会上已经获得的权利和建立的威信，所以不要轻易陷入他们设置的圈套。其次要时刻提醒自己发生婚外恋的严重后果。家庭、社会对女性的伦理道德的约束力更大。

（二）女性离婚心理调适

离婚会给夫妻双方尤其是女性带来心理上的创伤。一般来说，离婚给女性带来心理压力的大小及痛苦程度因人、因事而异。那些对丈夫仍有好感的女人，离婚给她们造成的心理创伤和痛苦最大；对丈夫的行为忍无可忍而提出离婚的女人，产生的心理创伤和痛苦则最小；夫妻关系一般的女人因离婚而产生的心理创伤和痛苦居中。离婚女人不论其痛苦程度如何，都会产生心理上的变化，如睡眠不佳、记忆力和工作效率下降；在生理上她们的免疫力降低，易患上身心疾病等。因此，离婚女人必须学会自我心理调适，以使自己更快地从忧虑、压抑和痛苦中解脱出来。

1. 认知平息

所谓认知平息，是指人的行为表现是由对引发事件的认知水平、角度所决定的，人的情绪可由对某事物认知的改变而改变。所以，改变当事人的认知思考方向，可以缓解她们的痛苦。一些主要因丈夫不忠、另觅新欢而反目离异的女性，常为自己被遗弃、感情被践踏而产生极度愤怒的心理反应。她们具有较强烈的报复心理。在这种心理情绪的操纵下，很可能做出一些过火行为，从而酿成更为可悲的后果。这种感情用事的处理方法是不可取的。如果能反问一下自己：“同一个和自己已没有丝毫感情的人继续共同生活，难道还有什么快乐吗?”这样，便可理智地控制情绪，使心胸开阔一些，眼光放远一些，从而得到解脱。

2. 保持自尊

这一点在心理调适中非常重要，因为不少女性一旦离婚，往往会产生浓重的自卑感，总觉得自己处处比别人矮了一截，好像做了一件不光彩的事情。这种消极的自卑心理可能会在相当长的一段时间内左右着她们的行动。为此，要振作精神，以积极的处世态度对待生活、学习和工作，努力发挥自己的长处，要自己看得起自己，对消极的舆论环境泰然处之。这样才能较早地摆脱困境。

3. 坦率交谈

坦率交谈这种方法又称“情感排泄法”，就是找自己所信任的、谈得来的朋友谈心，把离婚后的喜怒哀乐尽情地向他倾吐，这样做可以避免由消极情绪导致的大脑皮层功能失调。离婚者往往误认为四周的人对自己都抱有偏见，没有一个人能真正理解自己的不幸。其实不然，只要不把自己封闭起来，四周是不乏同情和关怀者的。他们都会真诚地倾听你的诉说，分担你的忧愁。

4. 环境脱敏

环境脱敏也叫情境转移。触景生情、爱屋及乌，人的情绪是可以随着客观环境的改变而改变的。因此，为了不让离婚后的消极情绪蔓延，可以采取情境转移的方法驱散不良情绪。比如探亲访友、外出旅游，或把精力倾注在事业上，或听听旋律优美的轻音乐，或参加一项体能消耗大的运动，通过改变离婚前的生活环境和生活方式来排解疏导，把不良情绪转移或消除。

5. 情感取代

情感取代就是振作精神，重觅佳偶。为消除离婚后的孤独感、空虚感，可通过寻觅新偶、建立新家庭的情感来恢复和保持心理平衡。比起未婚女人，离婚女人经过一次挫折的婚姻后会变得更加成熟，在择偶方面会更加慎重。如能找到情投意合的人，再婚往往比初婚更幸福。

第五节　女性的再婚心理及调适

一、关于再婚

（一）关注再婚的女性

1. 传统的社会观念对再婚女性的影响

随着社会的发展，再婚逐渐从一种“另类”向“众多”的趋势发展，再婚者和再婚家庭也逐年增多。传统的中国社会，一贯颂扬婚姻的恒定久远，提倡女子“从一而终”，夫妇“白头偕老”。再婚在民间则被称为“二婚”“半路夫妻”，这一说法本身就带有明显的贬义。“二婚”的女性，与初婚者相比被视为大大“贬值”了的女人。尽管从古至今一直存在着再婚者和再婚家庭，但在中国社会，特别是不够开放发达的内陆和广大农村地区，再婚仍然被视作一种非正常的婚姻形态，再婚的女性也经常被看作“另类”人物，再婚的女性通常要承受非同一般的来自社会传统道德舆论的压力。

2. 再婚前的经历对再婚女性的影响

女性再婚主要有两种原因：一是离异，二是丧夫。对离异的女性来说，无论出于主动还是被动，离婚都是一次严重的感情伤害。而这种伤害并不随着婚姻的结束而消散，它就像一个可恶的梦魇，纠缠着不幸的女人们，甚至影响她们的第二次婚姻。重组家庭之后，她们会担心原来不幸的婚姻会重演，因此不像初恋时那样喜怒哀乐溢于言表，相反会更加小心谨慎，避免出现裂痕，这样会导致内心压抑，生活很难幸福。

而丧夫的女性，她们的悲伤情感会延续很长一段时间，心灵的创伤较难因重组家庭而完全愈合。一方面来自外在的流言蜚语，往往把丧夫的女性歧视为“扫把星”“克夫”等，严重打击女性的自尊，会使她在现任丈夫面前畏畏缩缩，无法挺起腰杆做人。另一方面，如果她与前夫恩爱友好，那么再婚的女性时常会觉得有负罪感，或者时常陷入对前夫的思念之中，而无法维持再婚后的情感生活。

（二）对再婚的正确认识

1. 现代社会再婚呈现增长趋势的原因

现在再婚者和再婚家庭呈现增长的趋势，首先是因为社会观念系统的变革。在传统的伦理观念中，婚姻关系的最高境界是白头偕老，再婚者往往为社会所歧视。传统女性因为社会舆论压力、经济等原因不会轻易放弃婚姻。而现代人在婚姻中更注重情感满足和个性化，所以在婚姻关系濒临破裂时，较多地倾向于用离婚来解决矛盾，而不采取传统的忍耐、凑合的态度。

其次，再婚者队伍的扩大是再婚家庭呈现增长的另一因素。以往再婚者最重要的来源是丧偶者，现在虽然丧偶者依然是再婚的另一个重要因素，但是构成再婚的第一来源已经被离婚者所代替。

现代家庭制度变迁也是再婚呈增长趋势的一个重要因素。现代婚姻制度的开放性大大降低了离婚的成本。婚姻不成功的人，可以通过离婚、再婚而“改错”。婚姻的前提是人人有选择的自由，而且承认每个人在选择时都有“错选”的可能。既然不能否定错误选择的存在，我们就不能要求别人“一选定终身”，就得对他人“纠错”的企图持相当宽容的态度，并通过制度给予纠正的机会。

2. 再婚的利弊

无疑，传统的社会道德伦理观念对再婚的女性是不利的。首先，再婚女性要抵住来自社会舆论的压力，必须有较强的心理承受能力和调节能力。其次，再婚会带来一系列新的问题，比如财产分配、财产继承以及和继子女相处等复杂问题。再婚也会遇到和所有初婚家庭一样的问题，如因生活的平凡和琐碎、夫妻间因性格的差异产生的冲突。再婚家庭还有其特殊性，再婚者挥之不去的过去会影响再婚生活，也影响再婚者对情感关系、亲子关系、财产关系和婚姻冲突的处理方式。再婚的夫妻关系往往比初婚的更微妙。不管以往的婚姻是幸还是不幸，再婚者都有一个心结，有一个去不掉的比较参数，特别是在不愉快时，更喜欢用过去配偶的优点和现在配偶的缺点比较。另外，再婚家庭关系复杂，如果对方有孩子，还要扮演继父母的角色，扮演不好会对婚姻造成很大的伤害。离婚后再婚的家庭还会遇到其他的社会困难。原配偶的社会和经济义务与因离异和再婚导致的义务变化，会使事情进一步复杂化。总之，再婚家庭比一般家庭更敏感脆弱，家庭关系更容易破裂。这是再婚家庭所要面对的困难之处。

尽管再婚家庭稳定性比较差，但是对离婚或丧偶者来说，再婚仍然是一件好事。国外有调查研究表明，再婚者在心理上和生理上都比那些仍然单身的人健康。再婚有利于双方互相照顾，无论在精神上还是经济上都有人一起分担承受，不容易感到孤独和无助，更有利于社会的稳定。

3. 再婚要处理好子女老人关系

再婚家庭要处理好老人的赡养和孩子的抚养教育问题。再婚前要根据相关的法律条款和相应的社会道德责任做好老人的赡养工作。孩子是再婚家庭一个更难解决的雷区。再婚父母首先要把孩子视如己出，给孩子完完整整的爱，给孩子充分的自由。而不应该把他们推给爷爷奶奶或者是在离婚夫妇之间推来推去，这样会造成孩子一系列的不健康心理。有些孩子对新组合的家庭具有很严重的敌对情绪，这时候要耐心温和地处理，而不能像小孩子一样以敌对情绪对之。

二、女性的再婚心理及调适

（一）女性的再婚心理

再婚女性由于上述原因，在再婚过程中具有如下的几种心理特征。

1. 自卑心理

自卑心理首先是传统的世俗观念对独身女性的压力造成的。独身女性往往会被人们视为“怪异”，会成为人们窃窃私语、说三道四的对象。在巨大的精神压力下，这些女性渐渐体会到人言可畏，感到自卑，见人总觉得矮三分，不愿意在人前人后承认自己离婚的事实，怕被别人瞧不起。同时由于婚姻的失败和家庭的破裂，人们往往会悲观失望，自惭形秽，感到沮丧无助。在生活中表现为精神萎靡、不思进取，在精神上出现疑心重、敏感、神经质等种种异常的心理反应。在选择第二次婚姻的时候，因过于自卑甚至不惜一切、无原则地降低标准。

2. 畏惧心理

没有人不向往和谐美满的家庭生活，离婚女性也希望能找到一个如意的配偶，重组幸福家庭。可鉴于以往失败婚姻的教训，她们往往心有余悸，怕重蹈覆辙。同时由于感情受到挫折和打击，情绪消沉，进而封闭自己，不想见任何人，不愿意参加任何形式的社交活动，宁愿一个人走完以后的生活里程。另外，传统的从一而终的观念在当今社会仍有一定的影响力，她们容易被旧的婚俗观念所束缚。有婚姻经历的独身女性会产生“再婚不光彩”的念头，害怕周围人的耻笑，对再婚缺乏足够的勇气。

3. 盲目心理

大多数离婚者离婚后，面对周围人的非议和白眼，或者为了免于别人的纠缠，往往会急于寻找新的伴侣。再婚的最大目的是重组家庭，所以往往对择偶无较明确的标准和要求，较少考虑新组合家庭基础的稳定性，既盲目又麻木，在再婚相关事务上草率从事。再加上离婚女人的确需要感情上的慰藉，这往往导致她们在选择第二次婚姻的时候，缺乏足够的谨慎和耐心，从而陷入男人设置的感情陷阱，再次步入不幸的婚姻。

4. 怀旧心理

怀旧心理的出现，多见于前婚夫妻感情深厚，男方因意外而亡故的再婚者，其在再婚后时常流露出对前婚配偶的怀念之情。怀旧心理也见于主动提出离异的女性再婚者，其在再婚后，常在内心深处拿对方与前夫作比较，百般挑剔，遇到不顺心、不顺眼的事，就生出怀旧感，从而忽略了在新的婚姻基础上仍需培养相互感情的问题。很显然，这种怀旧心理最易引起再婚中对方的痛苦。再婚家庭的特殊矛盾，正体现在这挥之不去的过去时时影响着再婚生活，也影响着再婚者对情感关系、亲子关系、财产关系和婚姻冲突的处理方式。

5. 猜疑戒备心理

有些离婚女性，因前夫对自己不好，对再婚信心不足，对对方缺少应有的信任，疑忌较多，老是怀疑对方对自己的感情是否真诚，试探来试探去，而不注重真实感情的交流、谅解和协调，缺乏对对方的真诚和主动的关心和尊重。有的在经济财产上，不能毫无保留地让对方共享，而是实行经济封锁、分心眼、留后手、闹独立等手段，结果使家庭名存实亡。

（二）具体案例分析及对策

1. 自卑心理调适

有一位大学毕业生，相貌端庄，工作体面，但在婚姻上出了问题，生下一个女儿后，就和丈夫离了婚。本来以为凭自己的条件，再觅幸福不难。在孩子半岁的时候有人给她提亲，却是一个丧失了性功能的男人。她羞愤地拒绝后，亲戚介绍了第二个男人，却是个因为没有特别的技能而下岗，靠父母生活多年的人。父母给他介绍对象不过想把自己的包袱转嫁给女方。介绍的第三个男人是一个医生，身材矮小，还长着兔唇。即使人好，她当然也是看不上的。别人总跟她说，又不是头婚，能凑合就凑合，还那么挑剔。之后就没人再介绍了。三次失败的相亲以及后续的事情，大大挫败了她的自信心，在人们眼里，已经把离婚的女人当成有缺陷的人。不管她多么优秀，不管她多么美丽，就凭着她离婚的身份，就足以让任何人来轻贱，以至于她觉得自己已没有资格也没有自由去选择爱与被爱的权利了。

的确，离婚女人在寻找第二次幸福的时候总是摆脱不掉来自自身和社会的双重心理压力，但对幸福的渴望却不允许她们轻言放弃，甚至拱手让出爱与被爱的权利。通常情况下，遭遇情感挫折的女人很容易自怨自艾、失望消沉，这虽然可以理解，却是应该极力避免的。即使我们不能改变社会的心理偏见，但起码可以改变自己。对离婚女人来说，正确的态度应该是重新认识自己，善于发挥自己的优点和魅力，并在这个过程中培养自己的自信。一般来说，离婚女人更成熟，更懂得为妇之道。而且，在上一次失败的婚姻里，她们已经明白了婚姻的死穴所在，也就能更好地处理下一次婚姻。所以，要真正地认识自己，才能真正拥有对自己命运的控制力。

2. 畏惧心理调适

42 岁的王某和前夫原是高中同学，两人结婚后感情一直很好。女儿上高中的时候，丈夫职务升迁，并认识了一个小他 9 岁的女人，从此就像中了邪似的，非要离婚不可，家都不回了。亲戚朋友都劝他，王某也极力挽救，但无任何收效。女儿受不了这个打击，在家里吃了安眠药。可直到女儿被送到医院抢救，这个做父亲的也没有露上一面。王某彻底死了心。女儿还没出院，就跟丈夫办了离婚手续。母亲劝王某再找个合适的人，一个女人带着个孩子，够艰难的，但她不想。朋友们起初也有劝她再婚的，但王某一概拒绝了。在她看来，相濡以沫几十载的感情也不过如此，说灭就灭，又怎么能说开始就开始呢？她不知道自己该相信什么了，迷茫消沉了好几年。

婚姻的确是女人一生中很重要的东西，甚至是全部。但是对于生命和快乐本身来说，婚姻也只是一个附件。令人担忧的其实不是对婚姻的失望，而是对人生的失望。如果因为一次婚姻的失败就失去对生活的信心和勇气，那是非常可怕的。离婚的女人应该相信，不幸的婚姻只是一个意外，这世上更多的是美好和温暖。

3. 盲目心理调适

有硕士文凭的李女士，发现丈夫与别的女性有染，这极大地伤害了她的自尊心，一气之下，她毅然与丈夫离了婚。离婚后的她越想越觉得自己咽不下这口气，觉得自己论才论貌都不会比其他女人差，可前夫却为其他女人所吸引。为了自己的面子，她很快便与自己公司里的一个实习生建立了恋爱关系，并闪电式地结了婚。但是结婚不到两个月，夫妻冲突就极其严重，最后不得不再次离婚。

在男权社会中，女人本来就是弱势群体，而失去家庭的女人则更加脆弱。问题在于，此时是最危险的时候，最容易让虚假的感情乘虚而入。很多人因为受不了旁人异样的眼光，受不了内心的孤独和无助而匆匆忙忙地与他人建立一种亲密关系。这样的结合往往是不幸的。离婚的女人应该清醒地认识到，既然已经经历了一次失败婚姻，就不应该草率地再度坠入爱河，因为要获得美满幸福的婚姻所要求的东西太多了，包括生理、心理、智力、性格、兴趣、爱好、文化水平、生活习惯等，只有经过时间的考验才知道是否相匹配。所以，在选择第二次婚姻的时候，一定要充分了解对方的品行和背景，并留出足够长的时间进行考验和观察，看两个人是否真的能走到一起。

4. 怀旧心理调适

蔡女士的丈夫在 5 年前因车祸去世。由于夫妻俩感情甚好，她长久地陷入悲痛之中，心理和生理健康都严重受损。家人为了使她能尽快从悲痛中走出，给她换了生活环境和工作环境，并规劝其建立新的家庭。后来在别人的介绍下，她与离婚的王某成家。但婚后的蔡女士仍然天天以泪洗面，黯然神伤，时时忧郁，极大地挫伤了王某的积极性和自尊心，使得王某不得不选择离开。

再婚女性要从根本上认识清楚，过去的即使再好也已经过去，灰飞烟灭，能把握的只是现在。重组一个家庭不容易，需要细心呵护，而不是伤害，要克服女性本身的性格弱点，与过去的感情划清界限，扫除破坏新组建的家庭的危机种子。这样才能重建幸福生活。

5. 猜疑戒备心理调适

再婚后的方女士，老是觉得丈夫偏心，对他与前妻生的孩子好，而对自己的孩子比较不好。周末丈夫送他孩子去前妻家，如果在路上耽搁了回来晚了，方女士就忧心忡忡，追问丈夫的行程去向，总是担心丈夫心里还惦记着前妻。到最后她开始担心丈夫背着她偷偷接济前妻，于是越来越觉得自己在这个家庭受委屈，没办法过下去。她丈夫也觉得自己无端老是受怀疑，得不到对方的信任，不得不再次离婚。

离异再婚的女性，都经历过爱情和婚姻上的挫折，对她们来说，不信任对方常常是一种普遍现象。但是再谨小慎微也不应该用猜疑戒备的方式加以杜绝，应该加强交流，开诚布公。再婚女性在举止上应更加稳重，感情上应更为深沉，学会冷静、妥当地处理好各方关系。婚姻关系应该建立在彼此信任和欣赏的基础上，如果一切都从自己的角度出发，一味地怀疑猜测，这样的婚姻就像立足于沙滩上，是不会长久的。

思考与讨论

1. 夫妻关系具有哪些心理类型？其影响因素是什么？
2. 女性在其婚姻过程中具有哪些心理冲突？具体的调适方式有哪些？
3. 女性的亲子关系具有哪些类型？是如何建立和发展的？在其发展过程中，具有哪些影响因素？又该如何协调维护？
4. 如何正确看待女性的婚外恋、离婚及再婚行为与心理？女性一旦发生婚外恋、离婚及再婚行为，又该如何调适？

第七章 女性审美心理与形象塑造

——“郎才女貌”不无道理?

第一节 审美概述

爱美之心，人皆有之。古往今来，人们在生活中孜孜不倦地追求着美，创造着美，才有了辉煌灿烂的现代文明。正如马克思所说：“社会的进步就是人类对美的追求的结晶。”实际上，凡是热爱生活的人，总是表现出对美的渴望和追求。美，作为人们对审美对象的肯定性评价，广泛地存在于人类生活的各个领域。从自然界的日月星辰、花草树木，社会领域中的民俗风情、服饰言行，到艺术领域中的小说戏剧、绘画雕塑等，可以说，几乎所有进入人类生活视野的事物都能够用美与丑来进行评价。一位哲人说过，生活中并不缺少美，而是缺少发现美的眼睛。要真正发现美，鉴赏美，创造美，必须首先弄清什么是美和审美。

一、美的本质和特征

（一）什么是美

这是一个古老而又现实的话题，同时也是一个既简单又奇妙的问题。说它简单，是因为我们每个人都经常能看到和感受到美，也都有一定的审美判断能力。说它奇妙，是因为它很难一下子说清楚，即使是美学专家，对“美”这个词也一直争论不休，至今没有个令人满意的公认的定义。也许这正是美的魅力所在。当然，令人欣慰的是，美的这种模糊性，并不影响人们对它的向往和追求。“美”这个字，从字源学或词义学的角度来分析，是一个很古老的字，甲骨文里就有这个字。甲骨文的研究学者们认为：美，上部是一对羊角，下部是一个人，合起来就是一个人头上戴着羊头或羊角。原始社会人们称“羊人曰美”。这说明在远古时代，我们的祖先就把那些善于猎取野羊并圈养为家羊的劳动者称为美人。他们不仅把野畜圈养为家畜，而且向人们提供肉食和皮毛，使大家得以温饱，因而赢得了人们的尊敬。但到了奴隶社会，劳动者降为奴隶，美的概念就从人转义为羊了，称为“羊大为美”。奴隶主把“美味”作为享受的内容，越是大肥羊，味道越鲜美。汉代许慎在《说文解字》中解释说，“美”这个字的含义是

“美，甘也。从羊，从大”，也就是羊大则美。这是我国古代对美这个概念的一种朴素的解释。这个解释告诉我们，美是人类社会生活的产物，美来源于生活。

既然美来源于社会生活，那么，到底什么是美，或者说美的本质是什么？对于这个问题，两千多年来不知道有多少思想家、艺术家为它绞尽脑汁，试图回答，但至今仍众说纷纭，莫衷一是。正如俄罗斯文学家托尔斯泰所说：“多少博学的思想家写了堆积如山的讨论美的书，‘美’是什么，这一问题却至今没有完全解决，而且每一部新的美学著作中都有一种新的说法。”黑格尔说：“乍看起来，美好像是一个简明的概念，但不久我们就发现，美可以有许多方面。这个人抓住的是这一方面，那个人抓住的是那一方面。纵然都是从一个观点去看，究竟哪一方面是主要的，也还是一个引起争论的问题。”

古今中外许多思想家、艺术家从不同角度对美的本质进行了探索，归纳起来有四种观点：

一是客观美说。这种观点试图从客观世界的特征出发来说明美的本质，认为“美在形式”，即美在客观事物本身。如客观事物的“对称”“和谐”“秩序”“匀称”“明快”“多姿”等就是美。客观美说的合理之处是坚持了唯物论，承认美的客观性；缺陷是忽视了人的社会生活实践，有明显的直观性、机械性。

二是主观美说。这种观点认为，美的本质是“理念”。如柏拉图就提出“美是理念”，认为这个理念是先于美的事物而存在的，是美的事物的创造者。黑格尔认为“美是理念的感性显现”，“只有心灵才是真实的”。休谟认为“美是人的主观感受”，即你感觉它美，它就美；你感觉它不美，它就不美，美与不美取决于人的主观感受。

主观美说的合理之处是给合了人的审美心境、审美态度、审美感觉等这些主观的东西，把心灵引入了对美的本质和规律的探索，突出了美的价值评价主体的能动作用。但是把美与美感等同起来，把美的价值与主体对美的价值体验等同起来，就陷入了唯心主义。审美心境、审美态度这些主观的东西在审美过程中确实起作用，“情人眼里出西施”，就是审美态度在起作用。如果心境好，不美的东西你也觉得它很美；相反，如果心境不好，再美的东西你也觉得它不美。但是，美与不美还是有客观规定和客观标准的，否则，世界上不同的民族和国家在一起，就无法共同评出最佳健美选手和最佳影视片了。所以，美学家李泽厚说得好：“如果‘美’真的完全是任意的、主观的，并无任何客观的规定性或客观的规律和标准，那一切艺术将是多余的，一切装饰也无必要了。”

三是主客观相统一的美说。这种学说认为，美既不是纯客观的，也不是纯主观的，而是在“心物之间”，是主观与客观的统一。苏轼在《琴诗》中就指出：“若言琴上有琴声，放在匣中何不鸣？若言声在指头上，何不于君指上听？”所以，琴声的美既不在手指上，也不在琴上，而是人作用于琴的结果。从主客观的关系来研究美，是中国古代美学思想的一个特点。中国古代艺术家所追求的美的境界是意境，就是心与物、情与景的统一。它不是纯客观地描写自然，而是把自己的思想感情、审美情趣与自然景物融会贯通，化景物为情思、为意境。如杜甫的名句“随风潜入夜，润物细无声”，既表现了春夜恬静的气氛，又表现了诗人愉快的心情。短短两句诗，十个字，表现出的意境却是如此深刻细腻，特别是“随”“潜”“润”“细”这几个字用得精巧，能唤起读者丰富的联想和想象。

主客观相统一的美说虽然弥补了前两种学说的某些缺陷，但是还没有从人的社会实践的高度来认识美的本质。它虽然指出美是主客观的统一，但二者为什么能统一，是怎样统一的，在这个至关重要的问题上，主客观相统一的美说没有作出令人信服的回答，所以它也没有揭示出美的本质。

四是马克思主义的美说。按照马克思主义的观点，美既具有自然属性，又具有社会属性。所谓美，从其本质上来说，是人的本质力量的对象化，是自然属性与社会属性的辩证统一。

（二）美的基本特征

1. 客观性

美是一种具体性的客观存在，不依赖于人的主观意识。客观事物本身提供了美的物质基础，但又离不开人的客观的社会实践活动。自然美是人实践的产物，社会美是人的实践的直接表现形式，艺术美则是在二者基础上的再创造，更集中体现了人的创造性。美的客观性正是源于人的实践的客观社会性。同时，美的标准也具有客观性。

2. 形象性

形象性又称具体可感性。凡美的事物都以具体的感性形象出现，都是可见、可闻、可触、可感的。青山、绿水、美丽的花朵、绚丽多彩的物质产品、精美的雕塑、鲜活的艺术形象、生活中优秀的人物典型，都以鲜明的形象给人以美感和愉悦。

3. 社会性

美是与人紧密相连而普遍存在于社会之中的。美的本质是人的本质力量的对象化，而人的本质属性是指人的社会性，人的审美心理和审美标准体现了很强的社会历史性。人们的审美标准会随着时代的变化而变化，表现出很强的历史发展性。离开了社会性就无所谓美。同时审美也是人的审美，是人在社会中的体验、理解和创造。

4. 愉悦性

美的事物都能给人带来审美的愉悦。人在观赏自然美时，会获得愉快的体验，心情格外舒畅。在欣赏艺术美时，常常能达到忘我的境地，那勾魂摄魄的力量常使我们心摇神荡、畅快淋漓。就是在观赏悲剧时，也能获得美感，如《红楼梦》中的“黛玉焚稿”“宝玉哭灵”，不知让多少有情人为之落泪。悲剧直接给人以痛感，继而转化为一种美的意境，使观赏者情感上得到一种满足。

可见，美是客观地存在于人类社会范围内的具体形象，是人类社会实践的结果。人通过社会实践，不仅获得物质享受，同时还有精神上的享受。实践不仅创造了物质产品，同时也是实践者的思想、情感、聪明和智慧等这样一些本质力量的实现，而在这些本质力量的实现过程中，人感到了愉悦和幸福，感受到了美。马克思说劳动创造了美，动物只依照它所属的物种的尺度和需要来塑造，但人类能够依照任何物种的尺度来生产，并且能够将内在的尺度运用到对象上去，所以人类也依照美的规律来塑造。生活中千姿百态的美正是人类塑造的结果，作为主体的人应该懂得在创造中去认识美，感受美。

二、美的形态

美的形态是多种多样的，但不外乎两大类，即现实美和艺术美。现实美又分为自然美和社会美。所谓自然美是指自然界的事物和现象的美。日月星辰、雨露霜雪、山川岩石、花草树木、江河湖海等自然景物所表现出的美，都属于自然美的范畴。社会美是相对于自然美而言的。所谓社会美，是指在特殊的历史发展阶段上，以人与人之间的关系为中心的社会生活中所呈现的一种综合美，包括人格美、精神美、风尚美、心灵美、行为美、语言美、环境美等。艺术美是按一定的审美目标、审美实践的要求，根据美的规律所创造的一种综合美。它是自然美和社会美在观念形态上的反映，但又比现实美更集中，更典型，更带有普遍性。

三、审美的含义和标准

（一）什么是审美

面对空旷的原野、幽静的山谷、飞泻的瀑布、缥缈的烟雨，捧读伟大作家的经典杰作，聆听贝多芬的雄浑有力的交响乐，静静地站在达·芬奇或毕加索的绘画前……我们会不由自主地从心底涌出一种说不清、道不明的情感体验，这便是我们所说的美感或审美感受。审美是人的生理活动和心理活动统一的过程，个体通过感官直接感知审美对象，从而形成对美的直观感受、体验、欣赏和评价，是美感产生的实践过程。审美是一种综合活动，它服从认识的一般规律，即从生动直观的感性认识到理性思维。但它又有特殊的规律，即人主要通过形象思维的方式去感受、认识和评价美，这一过程始终伴随着具体的感性形象和丰富的想象及情感活动，人往往在感性阶段就产生了审美快感，继而引起形象与观念相统一的审美意象，推动着主体不断地创造美和发展美。因此，审美活动实际上是一种认识和创造的统一，是人从精神上认识世界、改造世界的方式之一。

（二）审美标准

审美标准是人们在审美活动中用来判断对象美丑的准绳。战国时期辞赋家宋玉在《登徒子好色赋》中说："天下之佳人，莫若楚国；楚国之丽者，莫若臣里；臣里之美者，莫若臣东家之子。""东家之子"之所以成为天下最美的女子，因其是"增之一分则太长，减之一分则太短，著粉则太白，施朱则太赤。眉如翠羽，肌如白雪，腰如束素，齿如含贝。嫣然一笑，惑阳城，迷下蔡"。这是宋玉判断美人的标准。审美标准是主体在长期的社会实践和审美实践中形成的，既有对审美对象的审美属性的概括，又有主体审美经验的凝结。审美标准具有相对性、差异性。不同时代、不同民族、不同阶级、不同个体，审美标准有所不同。但审美主体的审美感受总是以审美对象作为前提和基础的。只有符合客观真实、符合审美对象的实际审美价值、符合时代精神的审美标准才是正确的、健康的审美标准。

随着时代的进步和人类文明程度的不断提高，审美标准也在不断地进步和提高。面对丰富的人生实践，我们该坚持怎样的审美标准呢？

1. 劳动和创造是美的

人的劳动具有伟大的创造力量，自由、自觉的劳动是劳动者表现和肯定自身、实现自身价值的基本方式。劳动可使劳动者享受到极大的乐趣，体验到人生的幸福与价值，从而使精神得到净化。树立劳动和创造是美的这一标准，使我们在新时期更加崇尚和赞美那些爱岗敬业、无私奉献、勇于献身的社会主义建设者。

2. 生活是美的

生活美不仅指生活条件、生活环境的美化，还包括生活中人与人的关系、人与环境的关系，这些成为一种超越功利的情感关系。我们越来越倾向于认为那种平等、互助、协作、友爱、理解、尊重、共同奋斗的人际关系是美的。同时，认为热衷于美化我们的生存环境、改善人的生存空间的实践活动也是美的。

3. 心灵与人格美至上

心灵美作为生命的高级形式，超越了个人狭隘的欲求，走向一种无私的自由境界，表现为智慧美、道德美和情操美。它赋予人的外在美一种无穷的魅力和永恒的力量。它在生活中的表现，形成个体至高至大的人格美。当人们按照历史的发展规律进行改造世界的活动，当人们为共产主义理想和进步事业献身时，这种超越个体心灵的精神追求，就是心灵美的最高体现，它如一面生活美的镜子，照出人生舞台上的种种行为和心灵。它使人格的卑劣与丑陋，生活中的假、恶、丑成为时代唾弃的丑。每个人在事业、生活、历史的活动中，都应将劳动与创造、生活的美和心灵的美统一协调起来，去追求一种全面发展的人生之美。

既然如此，那么，审美评价究竟有没有客观标准呢？有。人们在相互交往的过程中，在共同劳动和生活的基础上，经过长期审美实践的检验，已经发现并形成了某些客观的、科学的、共同的审美标准。那么什么是客观标准呢？就整个社会而言，人们的生活就是最高的标准。凡是具有积极的、健康的、严肃的性质和意义的，符合人类进步愿望和先进理想的，能够揭示人生经验、人生价值、人生真理和具有进步思想意义的；凡是能够经常激起人们内心生活的深情和理想，对人民的精神培养大有裨益的；凡是有助于社会进步的，一般都应该是美的。

第二节　女性审美心理分析

一、什么是审美心理

审美心理是审美主体对审美对象的一种特殊的反映。它是在感知、情感、想象、理解等心理因素相互协调、相互推动下产生的一种复杂心理活动。① 女性审美心理因素的构成主要有以下几个方面：

（一）审美感知

人们的审美活动离不开具体的对象，在审美感受过程中，是美的形象作用于人的感觉和知觉，在大脑中形成一个美的主观映像。如果没有审美感知对审美对象的生动形象的反映，人与现实的审美关系就成了无源之水、无本之木，就不可能有审美想象、情感和理解的实现与和谐活动，也就无法真正获得具体的审美体验。女性的审美感知突出表现为直接性。

（二）审美情感

情感是审美心理中最活跃的因素，它不仅是审美感知和审美想象的动力，而且在审美活动中具有加强审美体验的作用。在美的创造和欣赏活动中，没有情感也就不会有美的欣赏，没有情感就没有美的创造。女性的审美情感极为丰富、敏感、细腻。

---

① 陈景春，蒋夏宁．论大学生审美心理分析与教育引导．江苏高教，2004（6）：100－102.

（三）审美想象

在长期社会实践中逐渐发展起来的想象力，被马克思称为“人类的高级属性”之一。审美欣赏和艺术创造都需要想象。所谓形象思维其实就是创造性的想象，特别是能够表现内在本质的艺术想象。想象是审美感受的枢纽，它能借助情感的推动，把审美感知和理解联结起来。想象的心理实质是建立在记忆基础之上的表象运动，即表象的再现、组合和改造。审美感知可以借助想象超越时空的限制而获得感受的相对自由，取得更为深广的感受内容。女性的审美想象表现为特别富于幻想，想象力丰富而广阔。

（四）审美理解

审美理解是以对审美对象的必要的知识准备为前提的。如西方的许多绘画取材于圣经故事，没有读过圣经，就不可能很好地欣赏。在中国艺术中，松鹤象征长寿，荷花象征高洁，梅花象征孤傲，菊花象征清高，等等。如果不了解它们特定的内涵，也不可能很好地欣赏。同样，中国社会有几千年的历史，产生了无数的杰出人物，他们的言行常常打动着人们的心灵，而当人们进一步理解了他们行为的真实动机后，就能更深刻地感觉到他们从外而内的美，心中就会自然而然地萌生敬意。因此，在女性审美活动中如果只有感知、想象、情感的因素，而无理解的渗透，美感的心理活动过程就是不健全的，要想获得真正的审美享受，也是不可能的。

二、年轻女性审美心理的特征分析和发展特点

（一）年轻女性审美心理的特征分析

1. 崇拜心理

青年人更容易为他们所崇拜的人物而倾倒。崇拜心理影响着年轻女性，为追随所崇拜的偶像，年轻女性竭力在各方面模仿，包括崇拜对象的言行举止、思想品德，甚至衣着打扮，行他们之所行，爱他们之所爱。

2. 从众心理

从众心理在年轻人中较为常见，比较多地反映在穿着打扮方面，如前几年大学校园流行文化衫，一时间各式各样的文化衫充斥校园；再如，一个不注意穿戴的学生，如果被安排在一个讲究整洁卫生的宿舍里，在群体的压力下，他的不良习惯也会逐渐改变。需要指出的是，在从众心理的支配下所做的事常常并非自觉自愿。

3. **好奇心理**

年轻女性对没有接触过的客观事物不但有兴趣，而且想方设法去体验，甚至不考虑所仿效的东西是否合乎周围的环境，是否适合自己的特点。这表明客观事物对年轻女性的感染力很强，而她们一旦受到这种感染，就会跃跃欲试，渴望亲身体验，但好奇心的存在又易使某些年轻女性对美的追求不固定，容易见异思迁。

4. **创新心理**

人类的审美活动总是处在不断发展、不断创新的过程之中。年轻人思想最活跃，改变现实的愿望最迫切，对新的事物接受十分迅速。在改革开放不断深入的年代，不论是艺术领域，还是社会生活领域，美的形态、美的观念发生着日新月异的变化，给年轻女性的审美体验提供了更加广阔的天地。

5. **求异心理**

从根本上讲，求异也是一种求新。与求新一样，求异者大多具有较强的独立意识，他们不愿意随波逐流，而常常别出心裁，与众不同，有时甚至会使人感到有些怪诞。求异心理导致的后果，一是被大家接受后容易产生新的时尚，一旦流行开来便又转化为一种从众现象；二是由于不为他人所理解和接受，便失去生命力。

6. **逆反心理**

这是与从众心理相反，在一些年轻人中常见的一种心理现象。在逆反心理的驱使下，一些年轻女性对来自家长或权威的意见、导向，不仅熟视无睹、不闻不问，而且还会反其道而行之，即“对着干”。逆反心理的产生，有主客观两方面的原因。从客观上看，倡导者在宣传、教育过程中或言过其实，或方式不当，或倡导者自身形象不佳等，使受宣传者、受教育者不屑一顾。从主观上来说，存在逆反心理的年轻女性大多数独立意识较强或具有孤傲不羁的性格。

（二）年轻女性审美心理发展特点

当代年轻女性是酷爱美、追求美的一代新人，她们有自己喜爱的审美对象、审美标准和审美理想。随着年轻女性生理和心理的成熟，生活经验的增多，文化知识的丰富，思想修养的提高，她们的审美心理也在发生着深刻的变化。

1. **审美能力提高**

当代年轻女性追求精神上的富有和充实，讲求实际，有强烈的求知欲望，渴求成才，具体表现为思想活跃、独立性强、情感丰富等。她们不满意自己美学理论知识的贫乏，不满意自己审美水平低下，努力学习完整、系统、有价值的美学观念和理论，用不断调整的新的审美标准鉴别一切审美对象，用一切审美方式加强审美修养，使自己的审美能力迅速提高。

2. **审美视野扩大**

随着社会的发展进步，当代年轻女性的视野在不断地扩大。她们对待各种事物，不是简单地作出好或坏的评价，而是力图从审美的高度对事物的内容和形式进行感知、理解和体验。她们的审美欲望高涨，渴望获得各种美的情感体验，因而大都涉足各种艺术领域，对古今中外艺术名作产生兴趣。这些都反映了当代年轻女性（特别是女大学生）渴求了解美的本质，探索各类美的特征，进而表现美和创造美的审美心理状态。

3. **审美实践增多**

年轻人是想象力较为丰富的一个群体，她们积极主动地以各种方式表现美和创造美。在大学校园里，广大女生既陶醉于自然美，又立志用自己的力量改造自然，征服自然，赋予自然更大的审美价值；她们既珍视艺术作品，为之倾心，又开始模仿、创造自己的艺术作品；她们既乐于用自己的双手美化生活环境，又十分重视对个人的心灵和外表的美化。

三、当代中年女性的审美心理

当代中年女性是我国女性群体中比较特殊的部分，她们的最大缺憾是青春时期恰逢文化大革命，时间长达十年之久，致使她们的审美心理受到强烈的压抑和扭曲。直到20世纪80年代初，社会上仍对“披肩发”等持有异议，这就使中年女性在自身的审美上更加胆怯和谨慎。

但历史的车轮终究是向前进的。随着改革的力度不断加强，中年女性在审美心理上得到了极大解放，同时又不可避免地带有过去时代的印记。因此就形成了她们与其他女性（特别是青年女性）群体明显不同且十分独特的审美心理。

这些独特的审美心理简单概括为：

（一）补偿性

受压力后的反弹无疑是巨大的，因而中年女性普遍存在着强烈的补偿心理。一旦告别了衣服“灰黑蓝”的年代，她们就不约而同地去追回逝去的青春。很多人特别注意每年的流行色与时装款式，注意新潮发型和化妆品，注意各种美容和保健知识。其中的先锋者还大胆地走上美容手术台，拉紧皮肤，去除眼袋，隆高乳房——由此找回她们的青春，增强她们的自信。中年女性的这种补偿心理意味着审美意识的觉醒，无论怎样都是值得理解和同情的。

（二）趋同性

中年女性是从“整齐划一”的年代走过来的，因而不少人的趋同心理特别强。她们生怕别人说自己“各色”，买什么、穿什么都要找人参谋，甚至不顾自身的特点，打扮得与他人一模一样。这些人没有独立的审美观，缺乏自信和个性。

（三）求俭性

勤俭是中年女性的明显特点，这与她们曾经历过艰苦的三年困难时期和物质贫乏的“文革”有关。很多人在购物时把价格看得很重，时常要反复挑拣、讨价还价。家中虽已过时但还结实的衣物轻易不肯处理，除非送人或支援灾区。子女淘汰的时髦衣物常常成了她们新潮的标志。

（四）失我性

中年女性一般都是上有父母公婆、下有儿女、中有丈夫、外有工作，因而从早到晚忙得不可开交。为了家庭和工作，她们常常牺牲自我、失去自我，根本无暇顾及个人的审美需要。长年的疲于奔命，使有些人容颜早衰、健康受损，甚至导致婚姻破裂。

（五）胆怯性

尽管社会已开放到今天这样的程度，但仍有少数中年女性的思想依然禁锢。她们并不缺少审美能力，可以把丈夫、孩子打扮得十分得体，但一到自身就缩手缩脚，生怕老人、邻居、同事说三道四。为了保险起见，她们宁愿把爱美之心深埋心底，也不愿给人以轻浮之感。

（六）消极性

与上述两种情况正好相反，有少数中年女性变得越来越自私，越来越放纵。她们工作时心不在焉、消极敷衍，对家庭也缺乏责任感。任何现代享乐，无论是积极的还是消极的，她们都不放过。极个别人沉溺于舞场、牌桌，甚至另找情人及时行乐。

（七）片面性

有的中年女性在爱美之时，由于缺少科学知识和整体思维而产生片面性。例如，穿宽大的喇叭裙骑车上街就忽视了安全，很容易发生交通事故。再如，化纤内衣尽管设计得十分精美，但长期穿着就不符合卫生要求，极易引发妇科病。又如，劣质化妆品、洗涤用品虽然价廉，却会对皮肤造成危害等。另外，着装不分时间场合，言行举止不够得体，也是某些中年女性的审美缺陷。

由此可见，中年女性虽有强烈的审美需求，但还需不断提高审美素养，不盲目追赶潮流，不刻意效仿他人。要以端庄和谐为主旋律，以内心世界的充实为基础，将真、善、美高度统一。

同时也应看到，中年女性毕竟已人到中年，由于工作、家庭两副重担，她们的个人时间和精力都不充裕，经济上也不十分富裕，特别是体形、头发、皮肤的明显变化，也为她们的审美水平提升带来一定的困难。

因此，中年女性一定要豁达开朗，在繁忙的世事中，保持一个良好的心境和积极向上的人生态度，在爱美的同时，切记不可忽略健康和安全，并根据各自的条件，扬长避短，或雍容华贵，或清新淡雅，或略施粉黛，或素面人生，不拘一格地去创造美、欣赏美、享受美。

第三节　现代女性的审美观

一、审美观的含义和特征

（一）审美观的内涵

审美观是指人们在审美活动中对客体的审美价值的总的评价和看法，即人们对审美中有关美、审美、美的创造的基本观点与看法。审美观是人们在长期的社会实践中逐渐形成的，是人们的审美行为的内化与提升，是人的世界观和人生观的重要组成部分。不同的审美观在审美活动中有着不同的表现与反映。正确的审美观是指导个体科学地进行审美活动和审美创造的先决条件。只有在正确的审美观的指导下，个体才能获得有价值的审美感受。否则，人的审美活动就会陷入盲目、低级趣味，甚至严重影响个体的健康发展。

（二）审美观的特点

审美观作为存在于社会群体精神文化中的一个系统，它的形成和发展要受许多因素的影响和制约。不同的时代、不同的民族、不同的阶级、不同的历史条件，人的审美观的内容是截然不同的。因此，在长期的发展过程中，审美观具有鲜明的时代性、民族性、阶级性和个体性的特点。

1. 时代性

美产生于社会实践之中。随着社会实践的发展，人们的审美观也在不断地变化。在人类历史发展的过程中，各个不同时代都有自己特定的审美观。它是一定时期人们审美意识的反映，受生产力发展水平及政治、文化等的制约。如就人体美而言，汉代时，崇尚细腰，北魏时以“瘦骨清相”为美，到了唐代则以丰腴为美。俄国著名作家车尔尼雪夫斯基说：“每一代的美都是而且也应该是为那一代而存在……当美与那一代一同消逝时，下一代就会有自己的、新的美。”

2. 民族性

不同的民族由于其地理环境、语言、风俗习惯及文化背景等的差异，其审美趣味、审美标准大不一样，审美观也差别很大。一个民族所推崇的，有时恰是另一个民族所禁忌的。在西方，裸体艺术（如维纳斯雕像）的审美价值有很高的地位，而在东方民族中不一定被欣赏。又如，人们对服饰美的评价，就明显地带有民族的特性：藏族人喜欢黄色的衣服，男子袒露右肩；维吾尔族喜欢戴花边小帽；蒙古族喜欢穿大袍和长靴；朝鲜族妇女喜欢穿白色长裙，等等。在日常生活、建筑风格、艺术表现等方面也存在着很大的差异。

3. 阶级性

不同的阶级，由于其经济、政治地位不同，生活方式和生活地位的差别，形成了审美观的阶级差别。车尔尼雪夫斯基曾说过，俄国上流社会，美人的标准是四肢纤细，面色苍白，耳朵小；而在普通农民那里，美人的标准是四肢强壮，面色红润。由于审美观的不同，所以“上流社会的女人走入乡间，会给人不愉快的印象”。《红楼梦》中的林黛玉，在贾宝玉眼里是一个美人，但对于贾府的仆人焦大来说，他不会欣赏弱不禁风的林妹妹，而是看重能操持繁重家务并具有健壮体魄的女性。剥削阶级常以豪华奢侈为美，劳动人民则以勤俭节约为美，也突出地表现了审美评价的阶级性。

4. 个体性

人们在社会中生活，不仅受时代、阶级、民族的影响和制约，还受个人特定的生活环境、社会阅历，以及个人气质、性格、能力、趣味等因素的影响，从而形成了审美的个体性差异。比如，同是欣赏菊花，陶渊明和李清照的感受却是两样。陶渊明的“采菊东篱下，悠然见南山”是写远离尘世的安然乐趣，而李清照《醉花阴》中的“东篱把酒黄昏后，有暗香盈袖。莫道不销魂，帘卷西风，人比黄花瘦”则是表达心中的苦闷与忧伤。生活中，当人们异口同声地称赞某个对象很美时，他们所说的可能完全不是一回事，每个人的心理感受都有其独特的个人特征，而且同一个人的心理感受，也总是处在不断变化的过程之中。例如，同是一个李白，写同一个长江之行，心境好时，写出了“朝辞白帝彩云间，千里江陵一日还。两岸猿声啼不住，轻舟已过万重山”的名句，表达自己欢快的心情；但他在心境不好时，却写出了“三朝上黄牛，三暮行太迟。三朝又三暮，不觉鬓成丝”的诗句，表现出忧愁的心情。两种心境，两种不同的审美感受，反映了个体审美趣味的丰富性和多样性，显示出审美观中鲜明的个性色彩。

审美观具有鲜明的时代性、民族性、阶级性和个体性差异，这正反映出了人们审美活动的丰富性和多样性。在审美中，我们既应重视差异，又要看到美的普遍的客观标准。尤其是个体，应不断加强审美修养，提高自身的审美能力，避免把庸俗当作高雅，将病态视为优美，把落后看成时尚，切忌以个人的好恶去偏袒低级的、落后的、怪异的和不健康的趣味。树立科学健康的审美观，是社会进步和个人发展的需要。

二、中国女性形体审美的演变

虽然有的美术评论家说中国近代之前没有人体艺术，但是通过史料、考古发现、文艺作品等手段综合研究，学者刘慧英提出，中国女性形体审美的演变分为六个时期：

（一）女娲补天与中国史前“维纳斯”

女娲是中国史前时代流传下来的最重要、最古老的女性神话人物，女娲和她的伙伴们的神话业绩，反映着整个史前时代两性关系的变迁和女性形象。

女娲形象如何呢？汉代的画像石刻“伏羲和女娲”以及有关神话中女娲的人首蛇身形象，显然是一种图腾。能略显其貌的是近年来出土和发现的一些史前雕塑和壁画，如辽宁省喀左县东山嘴红山文化出土的红陶女裸像，体态丰盈，曲线优美，但过分夸张的丰乳肥臀说明其完全是生殖崇拜的产物。牛梁河保存的基本完好的人头像，脸部丰满，呈深红色，圆长耳，低鼻梁，眼睛用圆形玉片镶嵌而成，显得炯炯有神，头顶塑有圆箍形的女性装饰，已有了生活的气息。人物多且生动的则推新疆呼图壁县康家石门子发现的原始生殖崇拜大型岩画，丰乳肥臀者有之，高帽尖领、狭面长颈、大眼高鼻、宽胸、细腰、肥臀、两腿修长者有之，面部形象秀美、浅露笑意者有之。由此，我们可以推断，史前女性形体以丰乳肥臀、健壮、高大为美。

（二）健壮、自然——文明社会初期的女性形体

中国奴隶社会的不成熟和以农为本的黄色文明的初步形成使文明社会初期的女性越发清新、大胆，自然地显露了女人之为女人的美好所在，形体上的突出特征为健壮和自然。

纵览《诗经》，既有诸如“窈窕淑女”“其静”“其姝”这些笼统的、整体的描写，又有“清扬婉兮”“舒窈纠兮”等画龙点睛般的局部特写，还有“硕人其颀”“硕大且卷”这样对形体的整体刻画，甚至有“其人如玉”“肤如凝脂”等裸体艺术的反映。参阅其他相关资料，同样可以发现那时对女性形体的偏好是高大、健壮、白皙、清新、自然、洒脱。同时，不同阶层的女性形体审美趣味差异已见端倪。以据说是描写卫庄公夫人庄姜的《硕人》为例：“硕人其颀，衣锦褧衣。……手如柔荑，肤如凝脂，领如蝤蛴，齿如瓠犀，螓首蛾眉，巧笑倩兮，

美目盼兮。”这一“生动之处，洛神之蓝本也”的美人图，绝非《芣苢》《十亩之间》等篇中从事劳作的女奴可比。

（三）春秋重素朴之美，战国重修饰之美

春秋时期，儒家认为礼比色重，理想女性的标准是道德才干方面的“善”“真”与仪容上的“美”三者的和谐统一，所谓“德、言、容、功”之“容”即仪容美，当然仪容美主要指和婉柔顺，也即顺从、驯服、听话。同时也主张素朴之美，反对过度修饰，就像孔子向学生子夏注解“巧笑倩兮，美目盼兮”何以像素绢上织有漂亮的花纹时所一语道破的“绘事后素”，描绘修饰必须在素朴之质具备以后才能进行，也即先有素朴之美，才能修饰得更漂亮。所谓“西施衣褐而天下称美”，这与当时社会的物质生活水平相一致，享乐的欲求还只是少数上层人的专利，社会还保有素朴淳厚之风，礼的节制也易实行，于是素朴的意识便贯穿于男女两性的审美观念之中。

战国时期“礼崩乐坏”，女性的特殊职业也应运而生，“刺绣文不如倚市门，以歌舞声色取悦于人为业”，这种职业要求女子修饰仪容以揽客。“长袖善舞”“明眸善睐”，素朴的修饰美转化为重姿色的修饰美。屈原笔下《九歌》中的湘水之神与山鬼是那么婀娜多姿、美目含情；《招魂》中的宫廷女性，“美人既醉，朱颜赧赤，更显露娇憨之态，目光迷离，含情睇视”，足令人飞魂荡魄；宋玉一篇《登徒子好色赋》更为千古树立起一美女标准，“增之一分则太长，减之一分则太短，著粉则太白，施朱则太赤”，“腰如束素，齿如含贝”，可见当时已重脂粉搽面、描眉束腰。到了“楚王好细腰，宫中多饿死”，“国中多饿人”，修饰已到了伤害身体、压倒自然之美的地步。

（四）汉、唐重修饰、才情、仪容之美

汉至唐，是民族大融合，经济、政治、文化等大发展，封建社会不断上升并渐臻全盛的时期。自皇族、贵族阶层起，以奢靡、豪华的生活为最高情趣，男女两性交往的环境相对宽松，交往中重才情甚至能坦诚相向，这给女性和对女性形体的欣赏无疑烙上了深深的烙印，从而涌现出一大批人生轨迹多姿多彩的女性。

汉代《洛神赋》中的洛神可作为贵族美人的代表，“奇服旷世，骨像应图，披罗衣之璀粲兮，珥瑶碧之华琚。戴金翠之首饰，缀明珠以耀躯”，仙风道骨、光彩耀人自不赘言；《孔雀东南飞》中的刘兰芝作为小吏之妻也能“足下蹑丝履，头上玳瑁光，腰若流纨素，耳著明月珰”，“纤纤作细步，精妙世无双”；《陌上桑》中的罗敷则是劳动人民的写照，居然也“头上倭堕髻，耳中明月珠，湘绮为下裙，紫绮为上襦”，修饰之美令人忘情变痴。同时，上行下效的修饰之风盛行，就像汉末童谣中所讲的：“城中好高髻，四方高一尺；城中好大眉，四

方眉半额；城中好广袖，四方用布匹。”

魏晋时期，士族阶层娱情山水、遁形声色，推崇唯美主义标准，对女性的审视表现为美色至上，客观上迫使女性以修饰为事。

唐代更是装饰极盛的时代，但高雅的文士则赏识天然的美姿丽质，如白居易赞善歌的樊素和善舞的小蛮二妓道：“樱桃樊素口，杨柳小蛮腰。”自此以后，樱桃小口、杨柳细腰便成了中国女性美的又一范式。盛唐气象在女性形体方面打下的重要印记是丰硕之美，丰满、雍容在当时最美：贵妃杨玉环是资质丰艳、体态丰满的典型美人，李白赞之曰“云想衣裳花想容，春风拂槛露华浓。若非群玉山头见，会向瑶台月下逢”，其闭月之貌可见一斑。敦煌壁画中的唐代女性，也多体态丰满，珠翠满头，雍容华贵。

最可贵的是，重情的焦仲卿、竹林七贤、唐之高雅文人等，能够用同情和比较平等的眼光来审视和对待女性，其时女性也将才华、美貌、风度发挥到了封建社会的顶峰。

（五）宋至清——阴柔病态之美

宋代是中国封建社会由盛至衰的转折点，表现在社会风气上是一种萎靡、哀怨、缠绵之气盛行，在女性美的观念上，往往笼罩着病态、瘦削的气韵情态。健康自然顿失为阴柔；开阔的胸怀代之以哀婉幽怨的柔肠；两性的情感交融变成了落拓不羁士人的倚红偎翠；女性体态丰满、仪容典雅的丰盈之美，让位于屏弱纤细的清癯之美。这种社会风气和审美情趣甚至使身材高大、仪容典雅的丰盈之美成为遭讥讽的短处，如苏轼题赠一高个歌伎：“舞袖翩跹，影摇千尺龙蛇动；歌喉宛转，声撼半天风雨寒。”羞得那位歌伎满脸绯红，悻悻而去。概括起来，宋代女性美的标准是天生丽质和神韵，也就是说杨柳细腰、亭亭玉立的美人慵懒困倦是美的极致。这种审美情趣也深深地烙在女性的意识当中，像女词人吴淑姬的一首《祝英台近·春恨》，便把当时女性美的全部内涵——病、瘦、羞，活脱脱地表现了出来。

这种病态美延至明清更是变本加厉，女性不仅要长得弱不禁风，做出病愁之态，而且要用毁坏身体的办法，令男性生怜出爱，从而满足男人的优越感和享受欲，最摧残女性的首推缠足。病态美还表现为对女性肉感、肉欲的满足上。女性的容颜、妆饰已不能令男性满足，他们还要追逐肉感、肉欲，我们可从相当多的明清小说、拟话本中看到露骨、放肆的描写，如《金瓶梅》等。及至节烈的大力表彰，则已经是变相地牺牲女人的肉体了。

（六）当代女性觉醒解放、形体趋于健康发展的历程

20 世纪是女性自我意识进一步觉醒、不断追求男女平等、实现自身价值的

过程，而这一过程首先表现在对形体压迫的反抗上，即反缠足、反束胸、反对封建的节烈观、反对“三妻四妾”，等等，审美观的变迁大致经历了五个时期：

（1）五四新文化风潮鼓荡，得风气之先的知识女性，齐耳短发、白上衣、黑长裙、白袜黑鞋，出水芙蓉般的清新形象，成为不绝于世的回响。

（2）20世纪二三十年代投身于革命洪流，跻身于文艺、科技、政治、经济诸领域的杰出女性，成为该时代的亮点，荡气回肠的壮美和才华横溢的柔美成为该时代的标志。

（3）中华人民共和国成立初期，新中国为女性的发展提供了更新更广阔的发展空间，“半边天”成为当时女性蓬勃发展、意气风发美的生动写照。

（4）20世纪六七十年代是女性审美的压抑期、迷失期。由于追求片面的“男女平等”，即抹杀性别差异（包括生理和社会的差异），追求绝对的一样，提倡“铁姑娘”和“不爱红装爱武装”等，讽刺地称女性一些行为为小资情调，追求男性化，从而导致女性美的普遍缺失。

（5）改革开放以来，思想的解放带来人性的解放，文化热和审美热的风行推动着审美的回归。生活中的人们，着装进一步大胆，形体也朝健康、健美的方向发展。艺术方面，健美操、韵律操、服装表演、裸体艺术、人体行为艺术等，也都“忽如一夜春风来，千树万树梨花开”，蓬蓬勃勃地发展起来。女性人体审美的春天开始到来。当然，随着市场化的深入，追求美的环境日趋宽松的同时，人体审美商业色彩或物化倾向也值得警惕，如当前“为伊消得人憔悴”，大有越瘦越美和只要身体漂亮就等于美的倾向。

三、现代女性审美观的变化

（一）现代文学作品中中国女性审美标准的嬗变

对女性美的认识和理解是随着历史的进程而逐渐深化的，特别是由特定历史阶段中产生出的时代精神和社会风气，常常使得这一时代下的文人一方面承继了前几代人积淀下来的传统的女性审美观，另一方面又自觉不自觉地衍生出符合历史阶段的新的美学观念。而这种美的观念的更迭嬗变，如从东西方文化相互碰撞、影响、交融的层面上去分析，便会很快得出这样的结论：在西风东渐的近现代中国，那些在五四运动中涌现出的大批作家，在对中国女性人体的艺术描写中，一方面批判地继承了中国传统文学中的女性审美观（尽管有的是不自觉的），另一方面又接受了西方近现代文学中的女性审美观念（尽管有的是不自觉的）。于是，在这样一种创作心态下，他们作品中的女性往往从整体到局部都与传统女性人体审美观发生了悖逆，女性审美标准产生了嬗变，其具体表现可概括为三点：

第一，一反中国传统文学中以柔弱为美的女性审美标准，以刻画女子丰满健美为艺术准则。这一点通过上述例证便可很好地说明：这些女性很少有“肩若削成”“金莲碎步”“腰如弱柳”的；正相反，她们大都胸部丰满、大腿丰腴、臂部圆大，而这些恰恰是西方美女的肉体特征。

第二，一反中国传统文学中对女性腿部的忽视，将腿的描写作为女性美的一个重要组成部分。五四以来的不少作家对女性的描写都突出了腿部的描写和刻画；如“两条柔嫩的腿肚”（郁达夫《秋河》）；“映着太阳光的白腿”（茅盾《创造》），“短短的黑绸衬裙下露出一双圆圆的小腿”，“薄丝袜里透出那细白的肉”（丁玲《梦珂》），“桃色的短裤遮不住腿的整部”（张资平《苔莉》），特别是巴金对女性腿的描写（见巴金《光明集》），活生生地刻画出现代中国女性肉体上一个最重要的特征——美腿，而这显然是借鉴了西方文学中对女性腿部的审美观念和艺术描写手法。

第三，将性意识与肉体审美结合起来。性意识不同于中国传统文学中对女性的玩弄和凌辱，“性”意识应该是双方的，这从西方文学作品的性描写中便可看出。而中国传统的文学作品大凡涉及性行为描写时，大都是以男性的生理需要和性欲满足为前提。男子可以变换各种方式，满足各种需求，甚至用极其残忍的手段对待女子，而作为女方，则只是处于一种被玩弄的地位。她们在男性集团权力限定下始终处于自然一文化等级制的下层，在男人们控制着文化符号、垄断着文化定义的文化模式中，即使作品中描写了女性的快感，也常常是为了满足男性的视觉、听觉、触觉而设置的。然而，现代社会中的中国作家在描写女性人体时大都无视传统，反而瞩目于异邦，他（她）们笔下的女子，在其肉体的层面上有着强烈的自主意识和自信精神，她们充分认识到自己的胴体是争取做人的权利的一件武器，同时也是一块使自己不陷入被玩弄、被凌辱境地的盾牌。这些在张资平、蒋光慈等现代作家的作品中都有充分的表现。

（二）“超女”引发的审美观思考①

从表面上看，“超级女声”以及李宇春等，都是娱乐事件。然而，“超级女声”席卷半个中国、李宇春赢得百万民众的支持等事实表明，这不仅仅是一个娱乐事件。无论是李宇春，还是周笔畅、黄雅莉，时代以及娱乐固然塑造了她们，同时，她们也创造了我们这个时代的生活，创造了新的审美趋向，在一定意义上，她们重塑了女性，并且获得了女性群体的普遍认同和男性群体的部分认同。一句话，“玉米”们代表着中国女性第一次从女性角度出发认识女性。而“超级女声”的竞争平台和投票机制，则为中国的这批新女性们，第一次提供了

① 朱梅梅．电视与女性．内蒙古师范大学学报，2002，31（4）：110－112.

集体发言和表决的机会。这一次，她们选择了李宇春，抛弃了由男性定义的传统女性美。尽管在这之前，类似李宇春的女性不时出现，但都被传统审美观遮蔽、掩盖掉了。

数千年来，男性对于女性美的界定，无论是德容颜工，还是丰乳肥臀，都占据着绝对的统治地位。女性按照男性的模子在塑造自己，学习厨艺，学习健美和整容，学习发嗲和温柔，学习生孩子和做一个贤妻良母，辛辛苦苦，苦中作乐，得不偿失，最终失掉了自我，成为男人眼中的女人。而从男性视角出发，这个世界上只存在着男性和他们认为的女性。超出了这个界限，他们则不解，则愤懑，则大声疾呼世道沦丧，甚至振臂高呼“保卫××”。这里的××，就是“超级女声”中极少数符合他们审美观的女性形象的代表。那些抱持着男性传统审美观的男人们终于坐不住了！

而让他们恐慌的，是以李宇春为代表的新女性。李宇春以及紧随其后的周笔畅、黄雅莉，超越了由传统男性定义的女性审美观。她们自然而不做作，骄傲而不臣服，她们充满活力并且张扬自己的与众不同。在传统男性审美观看来，她们不仅没有女性的身材美和脸蛋美，而且没有女性的所谓“女人味”——这是因为，她们无视男性的眼光和评判标准，不按照男性的要求做出某个姿态以示刻意收敛和谄媚。对于她们，气急败坏的男人们只能冠之以带有污蔑意味的所谓“中性人”称呼，似乎将她们逐出“女性”的行列，世界就清静了。

然而，他们忘了，在李宇春、周笔畅的背后，站着广大的中国女性，每周百万的短信投票以及其他言语和行动支持，预示着男性审美的统治时代已经结束——从此，女人的美，女人说了算。

（三）现代女性对中性美的青睐

现代女性对中性美的青睐并不足为奇，这是进入21世纪后整个全球性的审美趋向。21世纪以简约为美，这种趋向渗透在建筑、美术等各个方面，体现在女性美上，即为中性美。传统淑女的头发一定是长的，服饰精致，全身用很多配饰去装点，显得很繁复。而像“超级女声”中大受欢迎的李宇春的中性美——直短发、简洁的衬衫、长裤、平底鞋，清爽、干练，正符合现代女性的审美需求。

中国女性对中性装扮的欣赏，也并非起始于今日。京剧、越剧、粤剧中的小生，往往由女性扮演，成功者可令千万女性为其痴狂，如以扮演贾宝玉著称的越剧女小生徐玉兰。女性尤其是少女对男性有一种抗拒心理，当女性反串男性时，可以依照女性心理去掉男性共有的一些缺点，如庸俗气等，凸显男性帅气、洒脱等优点。两性心理差异也是女性青睐中性美的原因之一。

这种审美倾向被称为“女权主义审美”是有一定道理的，中性美一定程度上是纯粹女性心理审美的体现。但是这种审美倾向一般集中在青少年时期，人到中年后，传统的审美观又会重占主导地位，过了心理反抗期后，一切又会重归传统。

（四）现代女性审美观的三大巨变

近年来，随着中国经济、社会的迅速发展，人们对美的追求也越来越明确、大胆。与过去相比，很多女性审美的观念已发生了巨大变化。

首先，女性美化自己的目的发生了改变。某高校的一位大四女生说，虽然中国自古以来就有“女为悦己者容”的说法，但她觉得此话已过时，现在的女孩都是在“为己悦者容”，没人会只为喜欢自己的人去打扮，而是喜欢谁才漂亮给谁看。美丽而独立的现代女性认为，女人更应该“为悦己而容”，“我每天精心装饰自己，这与男人无关。因为一个清新的妆容会给自己带来好心情，让我充满自信地去做事情。我不相信每个到美容院和健身房的女人都是恋爱中的，她们更关心的是自己的感受”。对此，社会学家指出，以往女性美化自己的目的是建立在封建社会男尊女卑思想之上的，如今在男女地位和关系中，中国女性已经开始变被动为主动，变迎合为征服，有的甚至做到了以自我为中心，实现了生活形式和精神层面的双重独立。

其次，女性从掩饰女性特征转变到以“性感”为美。据某服饰设计师介绍，20 世纪 50 年代到 70 年代，中国女性所崇尚的美是朴实、精干、男性化，那时的女性齐刷刷地剪短发、穿宽大的衣服，羞于向人们展示女性特征。然而近年来，人们的审美开始向女性原有的柔美、性感回归。都市中的女性勇敢地亮出了自己漂亮的双腿，吊带衫和长卷发也屡见不鲜。不少女性为了更有“女人味”，还不惜重金隆乳、垫臀。一家女性网站的调查显示，41% 的中国女性希望自己拥有的首要魅力就是性感，其次是美丽的容貌，然后是亲切感。有一位模特说，在 20 世纪七八十年代，如果一个男人对女人说她很性感，会被当作流氓；而现在的女性听到这样的话却会很高兴，那绝对是一种最好的恭维。

最后，女性改描眉画眼为注重气质。经营美容院多年的徐女士说，20 世纪 80 年代到 90 年代初，美容还是一个很狭义的概念，那时很多女性都把化妆等同于美容，大街上常常能看到一些因为爱美把自己搞成“熊猫眼”或“血盆大口”的女孩。但近年来，中国女性对脂粉的兴趣越来越淡，而是把气力下在了提升气质上。不少女性开始跳芭蕾、练形体、学钢琴、读名著，按照时尚杂志的介绍去购物、搭配服饰。即使是化妆，也都遵从“为气质服务”的原则。徐女士说：“再漂亮的女人都会老，但是气质好的女人却是越老越有味道。”

第四节　现代女性的自我形象塑造

一、现代女性自我形象塑造的重要性

在这个越来越现代化的社会，一个人尤其是职场人士的形象可能左右其职业生涯的发展前景，甚至会直接影响到一个人的成败。著名形象设计公司英国CMB对300名金融公司决策人的调查显示，成功的形象塑造是获得高职位的关键。另一项调查显示，形象直接影响到收入水平，那些更有形象魅力的人的收入通常比一般同事要高14%。知名形象设计师鞠瑾女士认为，职场中一个人的工作能力是关键，但同时也需要注重自身形象的设计，特别是在求职、工作、会议、商务谈判等重要活动场合，形象好坏将决定一个人的成败。

二、职业女性自我形象塑造

著名作家冰心女士曾经说过："世界上如果少了女人，就少了50%的真，60%的善，70%的美。"她的话，寓文学家的浪漫性、思想家的哲理性和数学家的精确性于一体，既能够产生具体、直观的视觉效果，又使人回味不绝，在细细的品尝中去更深刻地感受女性，认识女性。那么，作为职业女性，应当有哪些能够为社会所认同的形象风范呢？

（一）高品位的自我包装

先谈谈女性最为关注，也最为敏感的自然条件。五官相貌，受之父母，与生俱来，仅此一副。无论"景色优美"，还是"灾害严重"，都应当认可和珍重。母体怀胎才十月，属于自我塑造的日子则路漫漫其修远。有位外国文学家曾经说过："女人不是因为美丽才可爱，而是因为可爱才美丽。"所以，无论容貌如何，都应当从以下几个方面进行再加工。

1. 突出女性的神韵

五官造型，无论是得造物主之厚爱，还是遭其冷遇，都应当努力赋予其神韵，进行再加工。端庄、温柔、友善、乐观、恬静的神情，会为女性增添无穷的魅力与风韵，展现出女性特有的阴柔之美。久而久之，面部表情肌肉随着年龄的增长、弹性的消失而形成固定的神态。这是一种趋美性的变化，一种内在美赋予了外在美的潜移默化的自我重塑。

在生活中我们看到，男性的严肃显示出一种深沉、成熟、沧桑、刚毅之美，

而女性的严肃则更多地给人以冷漠、严厉或刁蛮、凶狠的感觉，甚至会得到“不像个女人”的评价。观察你的身边，讨人喜欢、人缘好的往往不是那些“冷面美人”“病态西施”，而是面相“喜性”、随和温柔的女性。即使她的五官不精致，身材欠婀娜，但她洋溢着的善良与爱心，给人一种精神上的美感和情感上的抚慰。因为人是有血有肉的，需要的是鲜活生动的感情上的交互与关爱。对于女性，人们期待的更多是一种蕴含着母爱的美。这是一种崇高的、圣洁的、至尊至善的美。这种美能够弥补先天的缺憾，使年轻的女性可爱、年老的女性伟大。

2. 注意得体的着装

日本管理学家齐藤竹之助认为，人与人初次交往，90%的印象来自服装。英国前首相丘吉尔也认为，服装是最好的名片。在社会交往日益频繁的今天，人们越来越重视自己的着装，力求在某些特殊的场合因得体的服装而获得某种交际优惠。①

一般说来，职业女性的着装应当是款式典雅，色彩明快，图案简洁，整洁合体。既不艳丽浮夸，又不古板陈腐，既体现时代风貌，又突出个性特征。同时，还要把握好三个原则：一是应事，即因具体办事场合不同而着装，如执行公务要庄重、保守一些，参加社交活动则要入时、靓丽一些；二是应己，即充分兼顾自己的形象特点，扬长避短；三是要应制，即遵守各式服装约定俗成的穿着方法，如着西装时，皮鞋、手袋的颜色要一致等。

3. 素妆淡抹才相宜

职业女性在公开场合露脸的机会较多，对自己的形象应更为关注。人们发现，那些越是用过于浓烈的化妆品涂抹自己，以追求轰动效应的女士，效果反而离初衷越远，或者说产生了一种负面效应。人们感觉似乎是在与一个假面人打交道，厚厚的颜料遮盖住了她真实情感的流露，因而显得别扭，不自然。

实际上，能够很好地突出自己的优点，又能够弥补缺憾、使人看不出加工痕迹的淡妆，会产生更佳的视觉效果。巧夺天工、与本色浑然一体的美，是让人感觉真实、使人惬意的美，因而也是最动人心魄的美。美容专家认为，一切打扮都应当像呼吸那样自然，修饰而不留痕迹。

如果说女性化妆更多的是为了引起男性的注意，那么征求一下男性对女性化妆的看法，也许不无裨益。笔者针对这个问题走访过许多不同年龄、不同职业、不同文化水平的男性，他们当中的大多数对此没有表现出强烈的观赏欲望。对浓妆艳抹者，尤其是美容痕迹明显的女性，他们大多抱不以为然的态度。有位容貌姣好的姑娘，刚参加工作就做了各种脸部线条的美容术。当她以这种人工雕琢痕迹明显的面孔去结交男友时，对方大多因对她的第一印象不佳而告吹。其中一个

① 张静，张雨．服装审美心理与色彩探讨．漯河职业技术学院学报，2004，3（4）：71－72.

品貌俱佳的小伙子不无遗憾地说：“透过她加工的痕迹，可以看出她原本很美。可惜她把精力放在适得其反的画蛇添足上，说明了她的审美情趣和文化素养不高。”

（二）注意社交礼仪修养

礼仪有着社会公众共同遵守的形式规则，但在具体操作上，也要因人而异。对于女性，一般应把握以下几方面：

（1）礼节性问候，应以大方不失含蓄、热情不失文雅的情态表现出来，与男性的豪放、洒脱，甚至有时不拘小节，形成鲜明的对照。

（2）“女士优先”并非事事占主动。有教养的女性能够很有分寸感地享受这种待遇，坦然接受而不失礼貌与自尊。如果认为“女士优先”是对女性的一种娇纵、迁就，那就大错特错了。在社交场合利用女性的优惠待遇，过于表现自己，事事都占主动，方方面面都要求关照的女性，往往给人以轻浮、矫情、缺乏教养的不良印象。

（3）受到赞美时，不失优雅地表示感谢或自谦。当受到来自男性的应酬性赞美时，如“你今天真漂亮!”“你穿这件衣服挺合身!”等，应当有礼貌地表示感谢。如果自己是因为才华出众而受到称赞，则应适当表示一下自谦。两种措辞和情态，都应保持一种温和不傲的火候。听到对自己肯定、褒扬之词时的受宠若惊和过分谦虚的态度，都会令对方不舒服，影响和谐的交往气氛。

（4）“红花”“绿叶”两相宜。作为女主人接待客人时，要热情、亲切，使人感到温暖。不管在事业上多么不让须眉，在家仍然做温柔贤惠的妻子。当陪伴着丈夫出席某些社交场合，或去别人家做客时，要以丈夫的贤内助的形象出现，使人感到你是家庭的守护女神。

礼仪修养是人的综合素养、内在品质的外部折射，表现为一种习惯成自然的潜意识行为。职业女性在良好文化素养的基础上，读一些礼仪方面的书籍，不无裨益。

（三）丰富自身内涵

1. 内在美是一种深层次化妆

古人云：“相由心生。”这说明了形象的两重性以及相互之间的关系。人的内在品质决定外在气质、行为方式。公共关系学学者提出了一个新的观点——知识美容论。他们认为，掌握丰富的知识，深化自己的内涵，是一种深层次的化妆，一种生命的化妆。因为人的精神面貌的塑造，在很大程度上取决于其思想境界、道德情操和文化素养这些内在的品质。

自古以来，年龄一直是女性最为敏感的问题。女性对“青春易逝”一词的感觉更为深切。再娇美的面容，也经不住岁月的磨砺；再完美的化妆，也掩饰不了时光留下的沧桑。春天去了会再来，而女人的岁月却一去不复返了。

然而，当一些事业有成的中年男性的成熟美吸引了众多年轻女性爱慕的眼光时，人们对美的认识又赋予了新的内涵，升华到一个更高的境界。由此推理，对女性之美是否也应当作如是观呢？

虽然英国王妃戴安娜姣好的容貌、修长的身材和得体的服饰，一直为众多国内外女性所羡慕、赞叹、渴求，但同时，年过花甲的撒切尔夫人，以成熟干练的政治家素养和外交家风度活跃在世界政治舞台上时，也给无数人留下了更为鲜明、深刻的印象。

俗话说，花无百日红。要经历似乎比男性更为漫长的中老年岁月的女性，该以怎样的人生主体形象来展示自我呢？当然，外观的修饰仍旧必不可少，但主要应努力锻造自己的成熟美和气质美——以丰富的知识进行深层次的化妆，在内在品质的雕琢上下功夫。

我国一个工商代表团到德国某大公司考察，接待他们的是该公司的公关部经理，一个30多岁的中年女性。她虽然相貌平平，却气质高雅，彬彬有礼。她业务精湛，知识广博，并且能够熟练地运用四国语言开展工作。几天的考察中，在这位女士的精心安排和接待下，代表团成员收获颇丰，圆满地达到了预期的目的。同时，代表团成员也对这位女士产生了深深的好感和敬意，留下了难以磨灭的印象。

2. 职业女性应当进行内在品质的雕琢

职业女性进行内在品质的雕琢，首先要提高文化素养。形象的塑造是全方位的，而文化素养是最根本的。古人云：“积多则神。”当人的文化素养不断提高时，其他方面的素质也就相应地呈现出“水涨船高”之势。

（1）升华思想境界和道德情操。

知识的作用就在于，由于它深刻地揭示和阐明了事物的本质和规律，那些掌握了它的人自觉不自觉地按照它的理性标准来指导、规范自己的言行。古人云：“大德内充。”以高尚的行为为人类社会带来福利的人，无不是内心充实、思想富有的人。

（2）形成“才美外见”的能力水平。

知识使人各方面的能力潜质得以有效开发和迅速提高。女性在某些方面潜在的能力特质，如语言表达、形象思维、信息沟通、精密操作、社会交往等，如果经过一定的教育、训练，结合相应的知识、技能，就能够在实践中很快形成较强的能力。职业女性的形象风采是工作中能力的展现。有位哲人说过：“工作着是美丽的。”这美丽，是通过从事工作的人敬业投入的专注神情和纯熟干练的操作过程，使工作对象发生量与质的变化而表现出来的。人的能力越强，工作流程越顺畅，这道风景线就越美丽。

（3）拥有健康的情感心态。

公共关系学专家认为，对于女性来说，好性情胜过好相貌。好的性情修养，主要来自对有关心理学、人际关系学、伦理学、美学等人文学科知识的学习和掌握，以及良好生活环境的熏陶。即使先天气质有缺憾，也能够在理性知识的陶冶下自觉地进行自我完善。大凡女性事业成功者，除其他方面的素质优于常人外，具备善于自我调节的情感心态，也是主要原因之一。

所以说，职业女性，尤其是年轻的职业女性，把自我形象的塑造定位在深层次的化妆——知识美容上，将会受益终身。当你的容貌因岁月的流逝而失去迷人的光彩时，知识陶冶的烙印将会逐渐取而代之，使你变得睿智、文雅、干练，展现出现代女性之至美——成熟美与气质美。

三、女性完美形象的沉淀、内化与升华

女性的完美形象并不是一蹴而就的。在现实生活中，影响女性完美形象的因素很多，既有外在的，也有内在的；既有客观方面的制约，也有主观因素的影响。具体表现在以下几方面：一是受封建制度的束缚和封建文化的影响，存在着诸如心胸狭窄、目光短浅、多愁善感等缺点；二是自己以为发展潜力有限，甘愿牺牲自我，事业上保丈夫，生活中保孩子，希望通过丈夫和子女的成功来体现自己的价值；三是安于现状，总以比上不足、比下有余的思想来自解自劝、盲目乐观，缺乏开拓进取的精神，缺乏事业心和责任感，使自己沉浸在一种虚荣之中；四是一些女性尤其是走上领导岗位的女性，往往把自己正常的情感隐藏起来，寡欢少乐，让人敬而远之。

改变和塑造自我形象，培养健康稳定的心理，是当代女性需要解决的问题。笔者认为，女性的“完美”不是一个头衔、一项荣誉，而是一种综合素质的表现，且随着时代的发展，它的内涵也不同，不是短时间能培养出来的，应该把它视作人生的一种追求、一种向往。在知识更新日新月异、竞争日益激烈的今天，作为现代女性，要塑造“完美”形象，首先要强化终身学习的观念，要在工作之余，时刻不忘给自己“充电”。既要努力学习政治、经济、科技、法律、管理等方面的理论知识，又要学习与自身工作相关的业务知识和各种技能。要通过学习，进一步解放思想，转变观念，增强时代感、紧迫感和竞争意识；要通过学习，不断掌握现代科学技术，提高适应市场经济和把握各种机遇的能力；要通过学习，不断塑造完美形象，增强自信心，提高承受各种困难与压力的能力；要通过学习，提高沟通与交际能力，善于处理工作、生活中的矛盾，始终保持良好的精神状态。其次，作为新时代的女性要牢固树立起“自尊、自信、自立、自强”

的意识，要有“巾帼不让须眉”的胆识和勇气。要努力在工作和家庭中发挥“半边天”的作用，特别要针对自身的工作实际，以自己的智慧和热情，在自己所从事的工作中作出突出成绩，为社会和家庭尽自己的一份责任和义务。要努力克服女性在心理、家庭、社会等诸多方面传统习俗的影响，努力追求美丽人生，亮出自己的风采。

总之，现代女性只有不断增强自我意识，充分发挥女性温柔、机敏、热情、善解人意等特长，不断自我调适，在学用结合中不断提高自身素质，才能赢得大家的理解和尊重；只有树立远大理想，努力摆脱习俗困扰，进一步扬长避短，才能使自己更加完美。

思考与讨论

1. 何谓美？它有哪些基本特征？
2. 什么是审美？审美的标准是什么？
3. 女性审美心理有何特点？
4. 年轻女性与中年女性在审美心理特征方面有何区别？
5. 简述现代女性审美观的三大巨变。
6. 职业女性应该怎样提高自己的社交礼仪修养？
7. 职业女性应该如何从内在素质与外在形象方面塑造女性的完美形象？

第八章　女性的人际交往与休闲娱乐生活

——女性职责仅是相夫教子？

林语堂说过："出嫁是女子最好、最相宜、最称心的职业。"这反映了社会对于男性、女性具有一种相对特定的期望值。在人们的眼里，男性强壮、理性、主动，是一个家庭的支柱，负责与外界交往；女性则柔弱、感性、被动，负责家庭内部的联系。这种对不同性别所具有的不同角色的期望，是随着社会（包括社会文化以及两性分工）的发展而发展起来的。原始社会，男性从事狩猎和战斗，女性进行采集和养育子女。农业社会，则是男耕女织的生活。封建社会，女性受到封建礼教的束缚，其活动大多限制在家庭内，男性则有更多的社会交往自由。进入资本主义社会之后，妇女从封建家庭中解脱出来，参与较多的社会活动。但传统的角色定位观念仍然是男性应有事业心、进取心和独立性，行为豪爽、敢于竞争；女性则应富有同情心、敏感、善于理家，对人温柔体贴、举止文雅。如果其行为模式与所期望的一致，便会受到社会的接纳；否则，会遭到周围人的排斥。近几十年来，随着现代经济的迅速发展，更多的成年女性参与社会活动，从事过去男性传统的职业，而男性则相应地分担长期由女性包揽的一些家务劳动。同时在服装和行为习惯等方面也发生着很大的变化，例如，一些男性留长发、着女性服装，女性吸烟、饮酒、着男性服装等。一些文学作品也反映了传统性别角色的转变，《玩偶之家》中的娜拉就体现了女性日益觉醒的独立意识。娜拉这样说："你一直对我很好，可是我们的家只是一间游戏室，我只是你的玩偶和妻子，就像在家里我是爸爸的玩偶和孩子一样，在这里孩子们成为我的玩偶……我怎样才能适合抚育孩子呢？……我必须首先担任另外一项任务，那就是我必须努力教育自己——在这方面你无能为力，我必须自己干。这就是我离开你的缘故……我要了解自己和我周围的一切，我就必须独处……"娜拉在创造自己的独立角色，追求独立思考与奋斗，而不是局限于做个贤妻良母。这种种改变也在进一步融入当代社会，逐渐为人们所接受，成为当今社会文化的一部分。

随着社会经济、文化以及两性分工的发展，社会对不同性别的期望已不再固定于原有的角色期望。女性的职责也不再仅限于"相夫教子"了，女性还可以有自己的人际交往活动、职业、休闲活动等一系列生活方式。这一系列生活方式构成了女性健康的生活、良好的人际关系等。本章将就女性的人际关系与人际交往、休闲娱乐生活及其调适进行探讨。

第一节　女性的人际关系与人际交往

人际交往，可以简称为交往，包括两个方面的含义。从动态的角度说，人际交往指的是人与人之间的信息沟通和物质的交换。从静态的角度说，人际交往是指人与人之间通过动态的相互作用建立起来的情感联系，亦即通常所说的人际关系。这种关系是通过直接交往所产生的情感的积淀，是人与人之间相对稳定的情感纽带。①

"人生的美好是人情的美好，人生的丰富是人际关系的丰富。"② 人一生的成长、发展、成功都是和别人的交往紧密联系着的。心理学家通过大量的研究证明，良好的人际关系是一个人心理正常发展、个性保持健康和生活具有幸福感的重要条件之一。和谐、友好、积极、亲密的人际关系都属于良好的人际关系，对于一个人的工作、生活和学习是有益的；相反，不和谐、紧张、消极、敌对的人际关系则是不良的人际关系，对一个人的工作、生活和学习是有害的。我们正在步入一个崭新的现代社会，告别农耕时代"村舍之间鸡犬相闻"那种狭窄的人际交往。在人潮涌动的现代都市，人际交往不仅仅意味着成功的机会，更代表着更加丰盈的人生。"与人相处，是女人生命的亮点，它不仅照亮女人，也让身边的人感到光艳夺目。"③ 即便是古代的女性，也有其相应的人际交往活动和人际关系，现代女性的人际交往活动则更加频繁，人际关系更加复杂。下面我们将主要了解女性人际关系的心理需求、女性主要的人际关系网络、女性良好人际关系的培养。

一、女性人际交往的心理需求

人是一种社会性的动物，需要与人交往并建立和保持良好的人际关系。著名心理学家弗洛伊德曾感叹："虽然我花了30年时间研究女性的灵魂，但有个大问题我仍然无法回答——女人渴望得到些什么？"女性人际交往的心理需求很多，但是主要体现为女性对于获得自我价值感和安全感的需求。

（一）自我价值感

获得自我价值感是人们人际交往，也是女性人际交往的首要的心理需求。所

① 金盛华，张杰．当代社会心理学导论．北京：北京师范大学出版社，1995：195.

② 金盛华，张杰．当代社会心理学导论．北京：北京师范大学出版社，1995：195.

③ 张春兴．张氏心理学辞典．台北：台湾华东书局，1992：587.

谓的自我价值感（feeling of self-worth）是指个体对自身的感受，认为自己重要，有价值，因而接纳自己，喜欢自己。① 从自我意识出现以来，人们无时无刻不在用一定的价值观对自己以及周围的一切进行评价。也正是在这不断的价值评价中，我们的自我价值感得到了确立。一旦确立以后，我们就会相应地找寻到自己生活的意义，就会发展出自信、自尊和自我稳定的感受。女性也在人际交往当中发展自我价值感，从人际交往当中提升自我价值感，使自己的价值得到体现。

女性在自我价值感方面的需求体现在女性的认知、情绪和行为等方面，我们可以从女性对恭维的欣赏这个方面很明显地看出来。女性欣赏恭维似乎已经成为男性追求女性的强大武器了。即使是一句小小的赞美都能够让女性心情愉快。对年轻、魅力的渴望变成一种巨大的压力，迫使女性时刻注意自己的身体，只要体重多了几公斤、脸上爬上了少许皱纹便采取行动——减肥、美容等。女性在这里所做的一切不也是在追求自己的自我价值感吗？

（二）安全感

获得明确的安全感是人们人际交往，也是女性人际交往的心理需求之一。安全感包括生物安全感、社会安全感两部分。生物安全感是最根本的安全感需求，自我生存是人类的本性所为。当人们面临危险的情境时，和别人在一起可以减轻恐惧感，从而感到安宁和舒适。有人研究过战场上散兵的心理，发现其最恐惧的不是战场上的硝烟，而是与战友失去联系。此时，散兵的心理是处于高度恐惧的状态。社会安全感则是人类的社会性需要。人为了获得明确的安全感，就希望面临困境时得到别人的帮助，需要自己在不确定的情境中得到别人的指引，需要自己在烦恼、忧愁或悲伤的时候，有别人来安慰和排忧解难。这些导致了一个人对别人的依赖，导致了人们对交往和稳定人际关系的需要。

女性因其特定的性别特点——相对的柔弱、感性，对安全感的需求会表现得更加明显。只有在女性建立了稳定、可靠的人际关系之后，女性的安全感才能够得到满足，所以女性也就相对地更看重别人对自己的看法，其根本的目的也就是尽快和别人建立良好的人际关系。

二、女性的人际关系网络

上海市妇联下属的唯尔福妇女儿童热线曾对 2004 年的咨询电话进行统计总结，发现上海女性的困惑大多源于婚姻，一成为人际，一成为子女。其中 11% 的女性受人际关系困扰，有 42 名女性来电抱怨她们厌烦了现在的家庭人际关系

---

① 金盛华，张杰．当代社会心理学导论．北京：北京师范大学出版社，1995：212.

和社会人际关系。其中，受家庭人际关系困扰的30名女性，她们的抱怨集中在母亲和婆婆一同照顾孩子、是否与父母同住的矛盾上面。在社会人际关系上，她们的困扰集中在如何处理与领导、同事的关系，工作不错但没有得到正常的考评等。鉴于女性人际关系网络的复杂性及所存在的主要问题，下面我们来共同了解女性的人际关系网络——家庭关系网络以及社会关系网络。

（一）家庭关系网络

家庭关系网络是女性人际关系网络的重要组成部分，主要有婚姻关系、亲子关系、婆媳关系等。因为第六章已经就女性的婚姻关系、亲子关系进行了详细的说明，这里就不重复介绍，只着重探讨婆媳关系。

俗话说："婆媳亲，全家和。"这句话有双重含义。其一是说婆媳关系融洽与否直接影响着整个家庭中其他的人际关系，如夫妻关系等。其二指婆媳关系是家庭内部人际关系中最微妙的一种关系。婆媳关系可以说是中国家庭内部人际关系的一个传统难题。在漫长的封建社会中，婆媳关系是一种不平等的人际关系，媳妇必须俯首听命于婆婆，没有独立、平等的人格尊严。"洞房昨夜停红烛，待晓堂前拜舅姑"是旧社会做媳妇的艰难的生动写照。随着社会的进步，封建社会中不平等的婆媳关系不断得到改善。现代家庭中媳妇有独立的社会、政治、经济地位，婆媳关系已基本成了一种平等的人际关系；但是也应看到，即使在今天，婆媳关系也并不十分融洽。

那么究竟是什么原因导致婆媳如此难以相处？我们发现以下四个方面的原因起着重要作用。

1. 关系特殊

婆媳关系在家庭人际关系中有其特殊性。它既不是婚姻关系，也无血缘联系，而是以亲子关系和夫妻关系为中介而结成的特殊关系。因此，这种人际关系一无亲子关系所具有的稳定性，二无婚姻关系所具有的密切性，它是由亲子关系和夫妻关系延伸而形成的。如果处理得好，婆婆因爱儿子而爱媳妇，媳妇因爱丈夫而爱婆婆，各得其所，关系就会融洽。但是如果处理不好，婆媳之间则会出现裂痕。

2. 角色转换

婆媳同在一个家庭中，有着共同的归属，有着共同的经济利益，双方也都希望家庭兴旺发达，这是二者利益一致的一面。同时也常常在家庭事务管理权、支配权等方面发生分歧，出现矛盾。婆婆做了几十年的内当家，现在把权力交给媳妇，对这种角色的转换，做婆婆的往往不易适应。

3. 思想观念

由于婆婆与媳妇来自不同的家庭，所受的教育、经历不同，生活习惯、脾气性格各异，比较难沟通。加上生活在一起后，二者在家庭开支、小孩抚养、家庭管理乃至争夺儿子（丈夫）的感情等方面易起冲突，双方又缺乏母女间的血缘之情，容易心存芥蒂。婆媳之间产生矛盾还有历史遗留下来的原因，有些人受"多年的媳妇熬成了婆"的旧思想、旧观念的影响，认为自己当媳妇时受到婆婆的不公待遇，如今自己也当上了婆婆，便步上相同的路，有补偿心理效应。

4. 中介失衡

在婆媳关系中，儿子起着十分重要的中介作用。儿子的这种中介作用如果发挥得好，则可以加强婆媳之间的情感联系，反之，则容易成为矛盾的焦点，出现"两面受敌"的困境。在家庭事务问题上，夫妻观点的一致性往往要超过母子观点的一致性。这是因为儿子和母亲相隔一代，在心理上存在着差异，这样就容易造成儿子中介作用的失衡。母亲如果不理解，还会产生"娶了媳妇忘了娘"的心态。

婆媳关系的复杂性，要求女性要更加注重对这种关系的处理。那么，女性要如何处理好婆媳关系呢？我们认为要处理好婆媳关系，应该把握好以下几点：首先是做父母的要摆正与儿子、媳妇的关系。经常可以听到老年人这样抱怨："我现在有一种不正常的心理，希望儿子不要长大，因为儿子越大越不听话，尤其在结婚后，就像是失去了儿子。"在这种情况下，做父母的就要想开些，要求儿子像小时候那样依赖父母是不现实的。只有明白这个道理，老人才能摆正与儿子、儿媳的关系，度过美好的晚年。其次是小辈要尊重老人。有不少老人上了年纪后，离开了工作岗位，子女们相继分居和外出；有的老人丧偶，亲人的关怀与体贴少了，这些都可能使老人产生伤感、孤独、寂寞等情绪。当媳妇或晚辈的，都应该设身处地地了解老人的心理特点，尽量将婆婆当作母亲看待，积极地去关心她，丰富和充实她的精神生活。值得一提的是，在解决婆媳冲突时，儿子（丈夫）切不可偏袒任何一方，否则就可能把关系搞僵，应在中间起劝解作用，以理服人。再次是平等对待媳妇。老人要多体谅小辈，不要把媳妇当外人看，对后辈和媳妇应一视同仁，不要有亲有疏，更不要摆"婆婆"架子，过严要求媳妇。遇到矛盾冲突时，双方从对方角度多考虑，一切矛盾就会迎刃而解。如今社会竞争激烈，小辈们在外工作也不容易，有时他（她）们在外遇到一些挫折，做长辈的应尽量给予关心和帮助。最后是双方要互相沟通。宜心胸开阔，常常谈心，有事多商量，非原则性问题不要太计较，不要把自己的意见强加给对方，不要说伤感情的话。遇到矛盾时彼此忍让，切忌赌气不说话。

（二）社会关系网络

职业规划专家曾说过，10%的成绩、30%的自我定位以及60%的关系网络是成就理想的标准因素。可见，社会关系网络是女性人际关系网络的重要组成部分。然而，对于女性而言，这却常常是一个艰难的障碍。难道不是她们在办公室里取得的工作成绩和她们的专业知识，反而是她们的自我公关能力和良好的关系网才令她们魅力无穷吗？其实答案很简单：如果你的上司对你毫无印象，他们怎么会在重要的时刻想起你呢？所以，如何建立融洽的社会关系网，便成了我们日常生活中的一个重要课题。很多女性羞于运用她们的交际能力或是根本不愿展示自己的魅力。然而不合时宜的谦虚以及过分良好的家教都会成为成功之路的阻碍。最终我们可以总结出人际关系网络的严格规律：谁在关系网中处理得当，谁就会认识更多的人且被更多的人认识。人际关系网是付出和给予之间的不断平衡，一种双方同意的公平交易。这里谈不上什么道德评价问题，尤其是在仍然根本谈不上性别平等的职业生活中，女性的失业率要明显高于男性；同等职位，女性得到的薪酬比男性同事低得多；而高层领导中女性的存在更是少之又少。所以一个良好的社会关系网络对于女性来说，是非常重要的。女性应有意识地发展自己的社会人际关系网络，社会人际关系网络对于女性而言，不仅仅是职业方面的帮助，女性还可以从社会关系网络中得到一定的社会支持，包括心理和物质上的支持。

三、女性良好人际关系的培养

女性人际关系的培养对于女性处理好各种人际关系具有重要的作用，但是培养女性的人际关系也要根据一定的原则。莎士比亚对社交曾经有一段精辟的论述：“对众人一视同仁，对少数人推心置腹，对任何人不要自负。在能力上应能和你的敌人抗衡，但不要争强好胜，炫耀你的才干。对朋友要开诚布公，宁可他人责备你木讷寡言，不要怪你多言多事。”[①] 这也是社交的人际原则。女性在社交舞台上表现自我，也必须懂得人际交往的原则。莎翁的这句话经典地概括了人际交往的原则。根据这个原则，女性可以通过以下技巧提高自己的人际交往能力：

1. 重视良好第一印象的建立

在人际交往中，能够与我们朝夕相处从而了解我们的人毕竟较少。在与别人的短暂接触中，双方的第一印象很重要，对交往的继续与否有决定性的影响。怎样表现自己才能给对方留下良好、深刻的印象呢？卡耐基总结出了六条途径：①真诚地对别人感兴趣；②微笑；③多提别人的名字；④做一个耐心的听者，鼓励别人谈他们自己；⑤谈符合别人兴趣的话题；⑥以真诚的方式让他们感到自己很重要。

---

① 金盛华，张杰．当代社会心理学导论．北京：北京师范大学出版社，1995：212.

2. **主动热情**

主动是一种礼貌礼节，有“礼”走遍天下。主动是一种尊重，而尊重是相互的。热情是一种较强烈而深厚的情感，它是推动和鼓舞人们前进的一种力量。有人认为：“先向别人打招呼，不是看低了自己吗?”“我向他打招呼，他要不理睬我，那多难堪。”实践证明，我们主动交往得不到相应理睬的情况极少，除非对方对你积怨太深。即使对一些“傲慢、古怪”的人，我们自然、亲切地打招呼，他也会对你报以热情的姿态。

3. **经常赞美别人**

希望得到别人的注意和肯定，这是人们共有的心理需求。赞美是最能满足这种需求的。学会赞美别人，首先要时时留心身边的人和事，多发现别人的优点，真心实意地赞美你周围的人。其次要把握分寸，赞美得恰如其分，切忌“吹捧”“夸张”。

4. **积极的自我暗示**

不少女性在与人交往时，由于在交往中不够自信，特别关注别人是如何评价自己的，导致心情紧张，言语动作、表情姿态不自然，从而影响了双方的继续交往。那些害怕与人交往的女性，应该经常给自己积极的心理暗示，如对自己说：“我是受欢迎的人，我准行!”在头脑中把自己想象成一个良好的交际者。这样的心态会使你在与人交往时轻松坦然，挥洒自如。

5. **善于找自己与别人的共同点**

有些女性在交往的过程当中，不善于找自己与别人的共同点，常常带着偏见。有时候，我们一听谈话内容就觉得没劲，不知道别人正需要了解这方面的信息；有时和一个人第一次交往就看到别人的缺点，然后拒之千里。我们要做到耐心、细心，不要匆忙下结论。两个人的交往是需要慢慢磨合的，耐心地寻找和等待，你就会发现双方的共同点和优点。

6. **善于共情**

共情指的是个人体验到他人的内心感受，就好像那是自己的内心感受一样。也许做到这一点很难，但只要我们平时多从对方的角度来思考问题，设身处地地为他人着想，就可以不断提高自己的共情能力。

第二节　现代女性的休闲娱乐方式

现代女性的职责并不仅仅是相夫教子，女性还在不断地创造自己的独立角色，除了人际交往，还有休闲娱乐生活，在休闲娱乐当中进一步提升自我。

所谓休闲，是人们在可自由支配的时间内自由选择参与某些个人偏好性活动，并从这些活动中获得身心愉悦、精神满足和自我实现与发展。可见，这是人的一种放松、自由、美好的状态。当一个社会处于不够富裕、不够发达的时期，其价值观必定以工作为重，因为工作可以创造财富；而当社会比较富裕时，就会开始逐渐转向以休闲为重，因为社会的进一步发展要以人们的休闲需求为动力。当工作是生活的中心时，休闲只是为继续工作创造条件，它本身并不作为目的；只有真正进入了休闲时代，休闲自身的价值才会突显。所以休闲生活是人们在物质生活达到一定水平之后的一种更高层次的精神文化追求。

近些年来，随着社会开放程度的增大，女性经济地位的提高，女性休闲日益成为一种时尚，并呈现出多样化的趋势。我国女性休闲虽然获得了很大的发展，但是仍有许多不尽如人意之处。比如，女性日常休闲生活的内容仍较单调，休闲活动主要以休息消遣、室内静态为主，几乎没有发展型的休闲活动，难以提高休闲主体的自身素质等。本节将简要介绍女性休闲的发展潮流、影响女性休闲的因素以及女性主要的休闲方式。

一、女性休闲逐渐成为一种潮流

休闲生活是人们在物质生活达到一定水平之后的一种更高层次的精神文化追求。近些年来，随着经济的发展，“休闲”对于我们来说也不算陌生了。但是当我们频繁地接触“休闲”这个词的时候，我们是否思考过休闲有无性别差异？女性休闲又是怎样发展起来的？这就是下面将要讨论的问题。

（一）女性需要休闲吗

女性主义研究发现，在参与各类“休闲”活动的人数统计中，男性的比例远高于女性，在拥有休闲时间上也是男性多于女性，男女之间的“休闲差距”是明显的。而且，很多休闲项目在传统上是属于男性的，或根本就是父权制文化的产物。剥夺女性休闲权的历史相当悠久，欧洲19世纪维多利亚时代要求女性保持柔弱、苍白、被动、顺从的形象，认为这样才能对男性有吸引力。若是参与运动或其他娱乐活动，肌肉粗壮、面色黝黑、抛头露面、行为不端的话，就不符合这些要求。当时风行的紧身胸衣、拖地连衣裙等服饰，不仅致力于塑造女性的温柔形象，也直接限制了女性参与各种活动。

那么女性到底需不需要休闲呢？休闲难道只是男性的专利吗？答案是很明显的，休闲对于女性具有重要的作用。如果把女性的人生比作一个舞台，在这个舞台上演的有喜剧也有悲剧，当女性在这个充满较量的舞台上拼搏得精疲力竭的时候，总要找一个小憩的地方，用鲜花、轻松和快乐来缓解身体的疲惫和内心的压力。此时，休闲就是一个小憩的地方，它可以使女性在工作之余，缓解身心疲惫状态和巨大的压力，使女性的心理经历一段放松期，即调节其处于紧张之中的心理，达到身心健康。

（二）我国女性休闲的发展变化以及现状

女性参与休闲是随着人类历史的发展而演变的，它既受社会经济发展的制约，也受历史文化因素的影响。因此，了解我国女性参与休闲的发展过程、现状及存在的误区，对于了解现代女性的休闲活动将会有所裨益。

1. 我国女性休闲的发展变化

（1）古代女性是无闲阶层①。

由于终身劳作和儒教文化，古代女性不仅无暇休闲，而且休闲活动也受到压制。中国古代的广大劳动妇女在两千多年的封建社会里，深受封建政权、神权和夫权等的压迫，她们是我国无闲阶层的典型代表。总之，古代中国女性的生活完全是一种以依附、封闭为主要特征的、缺乏独立人格和创造精神的生活，它使古代女性丧失了精神方面的追求与愿望。对古代广大劳动女性来说，由于她们既不具有参与休闲的时间和经济基础，又缺乏参与休闲的主观愿望，因而她们不可能成为我国古代休闲的参与主体或主要参与者。这是封建社会的必然结果。

（2）生活方式的转变。

休闲娱乐本身就是一种生活方式，现代女性对休闲活动的参与是和女性生活方式联系在一起的。中华人民共和国成立以后，广大中国妇女从封建束缚下解放出来，中国妇女的生活方式也发生了根本性的改变：成千上万的妇女走出家庭，投身于社会生产领域。女性参与经济活动，大大提高了女性的经济地位，而经济地位的提高又抬高了女性的社会地位、政治地位，进而使其在家庭中的地位也发生了根本性的变化，同时她们也能参加各种各样的社会活动。

改革开放更促使妇女的生活方式发生了一次飞跃：观念进一步解放，现代意识大大增强。这主要表现在文化素质的提高，使得女性的休闲意识得到了增强，拥有越来越多的闲暇时间等。女性文化素质的提高，使女性对包括休闲娱乐在内的社会交往、文化娱乐活动的需求空前强烈。现代女性对物质享受和精神享受都提出了更高要求，渴望在生活中体验人生的意义和乐趣，越来越多的女性积极参与到休闲活动中，休闲意识在不断增强——经历了从无知到认识、从淡漠到接受的发展阶段。随着社会经济的发展和生活质量的提高，女性的可自由支配时间日渐增多。这也是女性休闲发展的必要条件。

2. 我国女性休闲现状

2001 年 9 月，由全国妇联和国家统计局联合组织实施的第二期中国妇女社会

---

① 张建萍．我国女性休闲生活的历史变迁及其当代形态．海南大学学报（人文社会科学版），2000（2）：46.

地位抽样调查结果显示，14.2%的女性有意识地参加体育锻炼，其中天天坚持体育锻炼的有5.9%，城镇女性的比例达13.7%；15.7%的城镇女性和6.3%的农村女性参加了社区文体活动；16.1%的城镇女性和3.1%的农村女性参加了旅游或郊游活动。与此同时，女性休闲方式趋向多元化。越来越多的女性在休闲时间看书看报，参加体育锻炼、社区文化活动等。相比于1990年的调查结果，女性休闲方式愈发积极。更不同寻常的是，有5%的城镇女性和0.5%的农村女性开始利用网上技术获取信息，每天上网的城镇女性有1.2%。

为了解现代女性的生活状况，天津社会科学院联合《每日新报》在天津市范围内开展了一次“女性生活状况”问卷随机调查。调查结果显示：现代女性休闲方式与传统女性休闲方式相比有显著的不同，出现了许多新的特征，主要表现在以下三个方面：一是室内休闲方面，女性参与读书的人数越来越多，喜欢在室内读书的女性占被调查总数的68.08%，可见女性读书率之高，这是提高女性自身素质的有效途径；愿意在室内看电视的女性占59.86%，看电视成为女性室内文化活动的重要方式；偏爱上网的女性占48.12%，50%的女性通过浏览互联网获得国内外信息。二是室外休闲，室外休闲又分为传统的室外休闲和现代的室外休闲两种方式。逛商场和找朋友聊天属于传统的室外休闲，分别占被调查者的44.61%和44.60%。逛一逛也是享受，乐此不疲地逛商场是女性休闲的传统节目；找朋友聊天是女性工作之余沟通与慰藉的重要方式。三是旅游、健身，这是女性现代室外休闲的主要方式，在被调查者中，有33%的女性喜欢旅游；女性虽然重视身体健康，但在这次调查中发现，女性经常到室外健身的人数还不足20%。女性休闲方式的现代追求体现在信息化、多元化和统一化三个方面。调查中显示，近半数的女性选择的主要休闲方式是上网，她们能够不出门就了解天下事，实现了室内休闲信息化；逛商场、找朋友聊天等传统室外休闲与旅游、健身等现代室外休闲方式形成了室外休闲的多元化趋势；另外，女性休闲方式中室内与室外的统一、传统与新潮的统一、专一与多样的统一，构成了女性休闲活动的统一化。

总体而言，女性日常休闲生活的内容仍较单调。据调查，上海女性常见的休闲活动前10位依次是逛街购物（76.8%）、看书（76.8%）、听音乐（59.1%）、唱卡拉OK（36.9%）、看电影（35.5%）、逛公园（30.7%）、种花（30.1%）、打麻将（27.5%）、打保龄球（26.3%）、打羽毛球（25.3%）。我们从中可以发现，这些休闲活动主要以休息消遣、室内静态为主，几乎没有发展型的休闲活动，难以提高休闲主体的自身素质。

3. 我国女性休闲存在的主要误区

我国女性的休闲观念、休闲内容、休闲行为等正在发生着巨大的变化，有所发展，但是也存在着一些主要的误区。

首先，不少女性走入了追求“高品位”的休闲误区。对休闲娱乐的认识不够清晰，盲目跟从“休闲一族”的休闲娱乐方式，觉得“休”得越贵族越好，“闲”得越流行越好。认为休闲方式越贵族、越流行，越能体现个人品位，而不管自己的工资状况、身体情况如何。如一位会晕船的女性，参加了漂流活动，目的在于享受“刺激”。对不会晕船的人来说，漂流是一项接触大自然、对心理素质的拓展有极大益处的活动，但是由于晕船，这位女性不仅没达到原先的目的，反而把自己的心情引向了低沉，事与愿违。可见，盲目追求高品位的休闲不仅无法使女性达到休闲的目的，还会产生一些消极的影响。

其次，在对休闲内容的选择上，对自我的提升不够重视。我国女性的休闲活动主要以休息消遣、室内静态为主，几乎没有发展型的休闲活动。我国女性休闲存在的这种情况对于女性素质的发展是一大障碍。有的女性认为休闲就是闲下来休息，跟发展没有多大关系，发展对于休闲来说是可有可无的。其实，在休闲中发展，在发展中休闲，是休闲的最佳境界。休闲与发展兼顾，不因休闲而失去发展，不因发展而失去休闲。如果只是休闲而没有发展，将难以提高女性的自身素质，无法为女性未来的发展贮备丰厚的“食粮”。

最后，很多女性对黄金周的休假安排存在误区。在这个问题上，不仅仅是女性，还有许许多多的男性的黄金周休假安排存在问题，可以说是休而不闲。有的抢在黄金周出去旅游，但是这样的旅游并不一定能达到休闲的效果，更有甚者最后身心疲惫，厌倦旅游；有的通宵达旦跳舞、唱卡拉 OK、打麻将、上网聊天；有的大部分时间都在聚餐、喝酒，等等。这样的休闲方式寻致很多人吃坏了肚子、玩坏了身体、累垮了精神。度一次假，休一次闲，还真是“劳民伤财”。其中，难得放长假的心理有很大的影响，很多女性认为要充分“利用”长假，玩个尽兴。对黄金周长假的错误认识，导致了女性在安排长假期间的休闲上的误区。

二、影响我国女性休闲的因素

如前所述，我国女性休闲获得了很大的发展，但是仍有不尽如人意之处，为此需进一步了解制约或影响女性休闲的因素。

（一）个体自身因素

1. 性别角色

性别角色是因人们的性别不同而产生的男女有别的社会态度、人格特征和社会行为模式。女性在成长过程中，始终被教导遵循社会对女性提出的价值观和行为模式，导致许多女性对那些运动量大、强调力量的活动不感兴趣，如足球、篮球等，而倾向于强调体态和外表吸引力的活动，如舞蹈、健身操、瑜伽等。

2. **自我认识**

自我认识在无形之中决定了女性是否休闲以及选择休闲活动的方式。有些女性根本就没意识到自己有休闲的权利，这种观念直接影响着女性是否休闲。还有，女性对自己各种能力的认识也影响着她们所选择的休闲活动方式。如果女性对自己的身体协调能力不认可的话，她就不会选择那种对身体协调性要求较高的休闲活动。

3. **性格**

性格也会影响女性休闲偏好的形成。例如，性格内向的女性喜欢安静，不善于甚至害怕与陌生人交往，她们较少参加社会交往型的休闲活动和体育运动。而性格外向的女性喜欢开放的交际型的休闲活动，这会影响她们对看书读报、书画赏析等静态型休闲活动的选择。

（二）人际关系因素

人际关系因素对女性参与休闲活动的影响比较明显。是否得到来自自己人际圈子里的支持，对于女性参与休闲活动有很大的影响，其中主要包括同伴支持、家庭支持以及社会人际支持。

1. **朋友支持**

女性参加很多户外休闲活动时，如逛街、运动，都喜欢结伴而行。这不仅与女性本身的特点——具有较大的依赖性有关，还与女性从小所受的教育有关。这些原因促使女性在休闲的时候更倾向于选择有同伴支持的场景。由此可见，当女性没有同伴时，她们对休闲的热情会降低，如果不能克服这个障碍，休闲活动就很可能因此而取消。

2. **家庭支持**

家庭支持对于女性选择何种休闲活动方式存在着很大的影响。如果家庭成员不赞成女性参加某项休闲活动，或此时正好与家庭休闲活动相冲突，女性往往会放弃自己喜爱的休闲活动，或者选择不和家庭休闲活动相冲突的其他休闲方式，这也间接影响女性的心理健康。

3. **社会人际支持**

工作单位的上级领导或同事有时也会成为阻碍休闲参与的因素。如果你所在的单位这个大群体更倾向于一种与你不同的休闲方式，你有可能在群体的压力之下，不自觉地选择与大部分人相同的休闲方式。

（三）客观的因素

客观因素是阻碍个体休闲愿望向休闲参与转化的一个因素，它体现了某项活动的兴趣和实际参与之间的矛盾，例如缺乏时间、经济能力不够和没有配套的设施等。这些客观的因素从外部更直接地限制了女性的休闲和所选择的休闲方式。

三、女性主要的休闲娱乐方式

在繁忙的工作和劳累的学习后，在生活压力日益增加的同时，女性急需参与休闲活动，缓解紧张的情绪，保持身心的健康。女性休闲娱乐的方式多种多样，下面列出一些比较实用的休闲娱乐方式。

（一）家的快乐

累了，烦了，回到家和家人说说话，陪陪父母，关心一下爱人，照顾一下孩子，让温馨的家带给你安慰、快乐、支持。陪父母聊聊天、说说话，帮爱人做做家务、逛逛街，和孩子玩玩游戏，用家的快乐来调节自己，用家的温馨来抚慰自己，这是不错的休闲方式。

（二）回归自然

休长假的时候，带上家人，约上朋友，一起去探寻自然界中那美丽的风景，利用周末时间携家人到郊外去走走、看看，体验一下自然清新的感觉。假期旅游是现在比较流行也是受大家喜欢的娱乐休闲方式之一。

（三）体育运动

体育运动如今受到越来越多的关注，电视转播的增加，国家在群众体育上投入的加大，北京奥运的影响，这些都使得体育在人们心中的地位越来越重要。建在居民小区中的公共健身器材也方便了大家进行体育锻炼，而一些专业的健身俱乐部的建立，适应了想得到专业指导的女性的要求。大家在运动的时候，放下了生活的压力，除去了工作的烦恼，锻炼了身体，也得到了休闲娱乐。体育运动的主要方式有坚持日常体育锻炼和跳舞、登山、打保龄球和高尔夫球等。

（1）坚持日常的体育锻炼和跳舞。坚持日常的体育锻炼对于及时缓解紧张情绪和保持身体健康有很大作用。跳舞则既可以愉悦身心，也可以交友，不但可以增强心肺功能，还有助于健美减肥。

（2）登山。登山是极为理想的运动，它比单调的跑步更有趣，水光山色令人大饱眼福，清新的空气更可以涤荡都市浊气。登山除了能达到锻炼身体的目的，还可以愉悦心情，放松自我，使在紧张生活中的人们得到极大的放松。

（3）打保龄球和高尔夫球。打保龄球是女性一项很好的健身运动，也较易实现。打高尔夫球是不错的休闲方式，绿草、氧气、阳光汇集一身。

（四）娱乐活动

下班以后，和同事们一起吃饭，和朋友一起逛街、喝茶、美容，等等，这些都可以让女性放下紧张的工作，去休闲娱乐，去放松自己。泡吧也是女性休闲娱乐的一种很好的选择。正常的、有节制地泡吧，聊聊天，参加一些主题活动，也是可以放松心情的。

（五）手工活动

工作之余，做点手工不仅可以缓解自己的紧张情绪，而且可以不断地发展和提高自己，并且从中获得成功的乐趣。此外，还可以学到一些技术，提高自己的艺术素养，提升自己。

（六）拓展训练

在放松的同时，不要忘了提升自己，拓展训练就是一种很好的方式。拓展训练是一种体验式培训，体验式学习，一种方法，一次旅行，一次挑战，一次超越……它利用各种自然情景，通过各种精心设计的活动，让参与者在解决问题、应对挑战的过程中，自我发现、自我激励，达到自我突破、自我升华。女性可以通过参加拓展训练来发现自我、提高自我。

四、女性休闲娱乐生活的调适

（一）观念上的调适

首先，正确认识休闲娱乐对于女性的重要性。休闲娱乐是一方“净土”，它可以使女性在工作之余，缓解身心的疲惫状态和巨大的压力，调节紧张心理，获得身心健康。女性不能够因为工作太忙，家庭负担太重，而忽视自身的休闲，适宜的休闲时间和休闲方式有助于女性的身心调节，为忙碌的工作与生活增添了亮丽的色彩。

其次，树立“休闲具体化”的思想。每个休闲主体的具体情况都有所不同，有教育背景上的差别，有经济条件上的差别，有性格上的差别，等等。正因为有如此多的不同，根据自身情况选择适宜的休闲娱乐时间和休闲娱乐方式也就显得格外重要，把休闲娱乐与自己的生活风格相联系起来，休出个性，闲出风格。特别要避免走入追求高品位的休闲误区，盲目跟从流行的休闲娱乐方式。

最后，休闲内容要多样化，重视在休闲中发展。有的女性认为休闲就是要顺着“性子”，只选择自己喜欢的一两种休闲方式，这样造成了休闲内容的单一化，影响女性良好休闲娱乐效果的实现，故女性在休闲内容上不宜过于单一；有的女性认为休闲就是闲下来休息，发展对于休闲来说是可有可无的，这种观念导致了女性休闲娱乐生活中缺少发展的成分。只是休闲而没有发展，将难以提高女性的自身素质，无法为女性未来的发展提供动力。故女性在放松的同时不要忘了促进自身的发展。

（二）行为上的调适

首先，选择正确的休闲娱乐方式。女性要根据自身情况选择适合自己的休闲娱乐方式，例如，女性可以用家的快乐来调节自己，让心在家的港湾里休憩，长期在都市工作的女性可以选择外出旅游的方式，体验大自然。体育锻炼对于女性来说相当重要，女性可以根据个人喜好选择体育锻炼的项目，例如羽毛球、排球、健美操等，让压力在体育锻炼中释放，让精神在体育锻炼中充沛。有条件的女性，可以让自己的身心时刻处在休闲的情境中，例如将家的快乐时刻铭记在心；没时间出去旅游的女性也可以通过观看一些旅游景点的照片来陶冶情操；充分利用周末的时间对身心进行调节，等等。切记不要非忙到放长假的时候才想起休闲娱乐，特别不要等到黄金周期间，这样有可能导致休而不闲，对身心发展不利，女性要尽量做到休闲娱乐与工作并存。

其次，女性休闲娱乐要在行动上争取他人的支持。家庭、朋友、社会人际关系等对女性休闲娱乐是否支持，很大程度上决定着女性的休闲娱乐能否进行以及效果如何。如果家人、朋友以及社会人际关系等对自己的休闲娱乐持支持的态度，女性就可以同他们一起分享休闲娱乐的快乐，一起调节身心；如果家人、朋友以及社会人际关系持否定的态度，女性就需要重新思考一下自己的休闲娱乐方式、时间是否得当。当然，女性如果在一番思考之后，为自己的休闲娱乐找到了充足的理由，这时候也不必为群体压力所折服，刻意改变自己的休闲娱乐方式。

思考与讨论

1. 女性如何处理好婆媳关系？
2. 在社会交往中，女性如何建立良好的人际关系？
3. 请分别为内向、外向的女性选择科学的休闲娱乐方式。
4. 如何避免走入休闲娱乐的误区？
5. 案例分析：

小 A，女，某大学研究生，独生子女，父母极其疼爱她。小 A 感觉自己没有好朋友，生活圈子较狭窄，常独来独往，自己不善于主动、长期与人交往，总觉得没有话题可说，自己也不希望是这种状况；再加上学业特点与学业压力，逐渐把交往疏忽了。最后出于对研究问题的困惑，以及无法处理好和两个导师的关系而导致心理问题突出，于是前来咨询。请根据本章所学知识，对小 A 的困境及如何解决小 A 遇到的问题进行分析。

第九章　女性犯罪心理与教育改造

——高墙电网下的彷徨与忏悔

女性犯罪，顾名思义就是指女性实施的犯罪，它不是指只有女性才可能实施的犯罪，或者说并不是专指女性犯罪的特殊原因，而只是表明女性犯罪相对于男性犯罪的差异性。

在漫长的人类社会历史中，女性长期处于无权的受压迫的地位，封建道德对女性的束缚，使其变成男人的“附属物”，没有独立的人格，依附性、软弱性和被动性成为女性的普遍特征。传统上认为女性攻击性和社会危害性小，不论哪个国家，在历史上的哪个时期，女性犯罪远比男性犯罪少。因此，女性犯罪问题并没有得到重视。20 世纪 60 年代以后，资本主义发展，女性越来越多地参与社会活动，资本主义国家女性犯罪比例急剧上升，女性犯罪开始成为社会大众关注的话题。半个世纪以来，各国学者越来越重视对女性犯罪问题的研究。改革开放后，随着国门的打开，我国女性犯罪与过去相比也发生了明显的变化，犯罪类型日趋多样化，手段更加狡猾和隐蔽，犯罪数量明显增加，性犯罪、暴力犯罪和财产犯罪等日益严重。特别是过去女性涉及较少的抢劫、诈骗、流窜盗窃、吸毒贩毒、贩卖人口以及走私等犯罪，愈来愈严重。在重大刑事犯罪中，女性犯罪人数逐年增加，杀人、抢劫、伤害等成为其犯罪的主要手段。尤其是职务犯罪，严重破坏了社会主义经济建设，腐蚀了国家公务员队伍，败坏了社会风气，诱发了其他犯罪。女性犯罪正呈现出与男性犯罪相同的发展趋势。

第一节　女性犯罪的心理动机

女性是社会的弱势群体，她们不到迫不得已是不会走上犯罪道路的，可为什么竟然有这么多的女性铤而走险？现有的对女性犯罪的调查研究表明，那些家庭生活不幸、情感遭受挫折、文化程度较低、流动性大、法制观念淡薄或不懂法律的女性最容易犯罪。女囚走进监狱的原因各不相同，但女性犯罪不外乎两个字，一是为“钱”，一是为“情”。

不论哪种犯罪类型，都有其犯罪动机。犯罪动机是指直接推动人产生犯罪行为，实现犯罪目的的内在动力。它是直接引起和推动犯罪者去进行犯罪活动的主观原因，以满足一定需要的意图、愿望和信念等形式表现出来。由于社会不断发展，人们的需要和社会现实之间总会存在不同程度的矛盾。人的犯罪行为，就是这一矛盾激发的具体表现形式之一。也就是说，当一个人企图满足自己非法的欲望或企图用非法手段去满足自己的私欲时，犯罪的动机就产生了。结合犯罪心理学家罗大华对犯罪动机的分类，我们把女性犯罪心理动机分为以下两种类型。

一、一般犯罪动机

一般犯罪动机可以分为以下两种类型：

（一）财物性犯罪动机

所谓财物性犯罪动机，指的是为了满足物质方面的需要，提高个人物质享受水平，或者为了聚敛财富而引起的犯罪动机。在多种多样的犯罪动机中，以侵占财物为动机的犯罪是最主要的犯罪活动，且女性参与的比率也较高。由于女性的性别特点，女性在犯罪过程中通常表现为非暴力犯罪，财物动机犯罪在女性犯罪上主要体现为盗窃罪、诈骗罪、贪污罪、受贿罪等。综观近年来持续增长的女性职务犯罪，其犯罪动机就是建立在非法占有国家或他人财产的基础上的。

财物动机犯罪的女性通常具备以下心理特点：

（1）贪图享乐，虚荣心强。法国哲学家柏格森说："虚荣心很难说是一种恶行，然而一切恶行都围绕着虚荣心生，都不过是满足虚荣心的手段。"女性的虚荣心常常表现为争强好胜，爱出风头，好面子，爱摆谱儿，爱听夸奖、称赞，喜欢引人注目等。爱慕虚荣是许多女性罪犯的共性特点，也是导致她们犯罪的致命弱点。在市场经济的冲击下，社会明显的变化之一是商品的丰富极大地刺激了现代高消费，我们可以明显感受到人们对物质生活的需求越来越强烈。"大款"们的超前示范又极富诱惑力，造成社会消费心理在一定程度上过旺和早熟，各种色彩斑斓的商品广告又激发着狂热的消费情绪，争富、求新、比高档、赛名牌的消费攀比往往带有不切实际的疯狂，由此所撩拨起来的享乐主义日渐盛行。金钱成了评价人的社会地位、存在价值和事业成功的唯一标准，许多高学历、高职位的女性对有品位、高雅的生活方式更加趋之若鹜。她们是拜金主义者，认为金钱就是实现幸福生活的唯一途径，有了金钱就有了一切。从马斯洛的需要层次理论来看，这一女性群体生活空虚，缺乏有价值的生活目标，她们的低层次需要，如吃喝玩乐毫无节制，在需要层次中占据主导地位，却缺乏高级需要层次，如学习、荣誉、成就的精神需要。在追求享受的同时，为了满足自己的虚荣心，往往与别人进行吃、穿、住、行等方面的攀比，当享受和攀比的欲望超出个人的支付能力时，便想方设法对他人或国家财产进行非法的占有和掠夺。

（2）贪婪。近年来，女性在经济领域的犯罪剧增。她们利用职务之便犯罪，且涉案数额越来越大。她们无视国家有关法律规定，行贿受贿，从小贪变成大贪，逐步走向犯罪的深渊。一些青少年女犯平时好吃懒做，追求享乐，喜欢不劳而获，她们贪婪的物欲经常超越客观可能的物质需求，这些都可能成为她们犯罪的原因。社会对女性的刻板印象如温柔、善良、贤惠、胆小、软弱等使得人们对女性的防范心理较弱，也为女性盗窃、诈骗，满足对物质的贪欲制造了机会。她们通过各种非法手段，达到为自己聚敛财富的目的，给国家和人民造成程度不一的财产损失。

(3) 自我控制力弱。女性是感性的动物，意志力相对薄弱。许多女性罪犯的自我控制力较差，在外界的不良诱惑下控制不了自己。当前，在市场经济大潮的冲击下，部分女性无法抵制金钱和物质的诱惑，享乐的欲望大大超过正常需要的范围，但个人的实际条件无法满足膨胀的物欲，一旦出现外界不良诱因，她们就无法控制自己，冲破了道德和法律的底线，从而走上犯罪的道路。

(二) 心因性犯罪动机

所谓心因性动机犯罪，指因心理的动机引起的犯罪。它并不伴随生理变化，而是以社会交往需要为基础的动机，多半呈现出强烈的情感因素。许多情绪型动机造成的犯罪，在一开始并不具有反社会性质，如自尊、友情、游戏、成就等，但在极端的情绪情感的作用下，却转变为犯罪行为。心因性动机犯罪在女性犯罪上主要体现为：因自尊心受损和人际关系中的矛盾而产生的伤害、杀人罪，因友情、亲情导致的包庇、窝藏罪，因交往不当造成的团伙犯罪，等等。心因性动机犯罪的女性虽然有时表现良好，但是她们身上具有潜在的不良情绪，在人际交往的过程中，如果遭受强烈刺激，这些不良情绪如愤怒、憎恨、嫉妒等便容易爆发，指向的对象经常为亲朋好友等

心因性动机犯罪的心理特点表现在以下几个方面：

(1) 敏感，自尊心过强。在人际交往的过程中，人往往会产生某些心理需要，如爱的需要、尊重的需要等等。有些女性对这些需要过于敏感，对他人的言语行为过于敏感，通常把别人无意的言行误认为是针对自己或对自己不利。如果这些心理需要的满足受挫，由于自尊心过强，便会产生被侮辱、愤怒、痛恨的情绪，进而发生纠纷，造成伤害。

(2) 多疑。猜疑是针对某种现象，按照自己的主观臆断，怀疑别人的行为。有些妇女心胸狭隘，对一些不值一提的小事耿耿于怀，遇事常往坏处想。

(3) 不良个性品质。女性由于受到性别角色的影响，她们的认知、情感通常比较狭隘，遇事缺乏理性思维的控制，容易受到外界环境的刺激。特别是情境发生重大改变时，比较容易与人发生纠纷，甚至引发犯罪事件。妇女犯罪很大程度上与其智力差、文化水平低、愚昧无知紧密相连。较低的文化知识水平，会限

制人的认知能力、抽象思维能力以及道德水平的提高，使人无法认清事物的本质及其因果关系，进而丧失行为的定向能力，为犯罪打下心理基础。

二、不良犯罪动机

不良犯罪动机即个体在特定时候产生的对个体身心健康不利，对社会交往与人际关系有害，易引起消极后果的心理性动机。通常，个体在需要得不到满足时，便会产生挫折感，在归因错误的情况下，个性不良便是引发犯罪的重要导火线。这在女性罪犯身上得到了明显的体现。

1. 报复型动机犯罪

所谓报复型犯罪动机是指个体在利益受损或是动机受挫时产生的，对妨碍他的对象实行以牙还牙的惩罚方法进行报复的犯罪动机。在富于攻击性、情绪性的人身上容易发生此类犯罪，心胸狭窄、个性品质低劣者遭遇挫折时易发生。女性罪犯在怀有报复动机的犯罪中通常采用的手段有毁人名誉、伤害身体、破坏家庭等。有些女性在婚恋中遇到困难、障碍甚至挫折时，就会丧失理智，不择手段，损人利己，用触犯法律的行为获取个人自私的畸形的爱，结果演出了一幕幕爱情悲剧。有些报复性较强的女性在与他人交往过程中，某些心理需求遭受挫折，她们便采取报复行为，采取以毒攻毒的形式，通过给对方造成一定的痛苦来减轻自己的痛苦，以此来发泄心中的怨恨，寻求心理上的平衡。这种报复心理是造成激情犯罪的重要原因，且犯人原先受挫愈烈，犯罪的冲动、程度、后果愈甚，具有很大的破坏性。

2. 嫉妒型动机犯罪

这是指“在与他人进行社会比较时，自感在外貌、才能、财富、名誉、地位或境遇等方面不如别人而产生的由不满、怨恨、愤怒等复杂心态引起的犯罪行为动机”。嫉妒型动机犯罪通常是在虚荣心的基础上产生的，起因在于物质或地位等无法超越他人而产生的憎恨情绪。有嫉妒心的人常常带有攻击情绪，好出口伤人，挑拨离间，情绪失控，大起大落，忽冷忽热。强烈的嫉妒可能导致报复，以损害对方利益作为宣泄自身怨恨情绪的手段，进而产生犯罪行为。

3. 毁灭型动机犯罪

这是指“主体在受到严重挫折后，怀着愤怒和绝望，意欲与他人同归于尽的动机”。在遭遇重大挫折或打击，如家庭暴力、婚外恋等情况时，有些女性对前途和生活失去勇气和信心，陷入迷茫的状态，找不到出路。为使内心强烈的情绪得到宣泄，容易通过极端的途径使自己得到解脱。常见的女性毁灭性动机犯罪有纵火、投毒、他杀后自杀等，而伤害的对象往往是自己的亲人和朋友。毁灭型动机犯罪和报复型动机犯罪以及嫉妒型动机犯罪有着不可分割的联系。毁灭型动机犯罪可能是由报复动机或者嫉妒动机引起的，由报复心理和嫉妒心理引起的犯罪走向极端就是毁灭型犯罪。

不良动机犯罪的女性在其社会化的过程中都可以找到社会适应不良和心理障碍的线索。在社会化过程中，她们没有培养出根据环境的变化调整自己以适应社会发展的能力，相反地形成了认知、情感和品行方面的各种社会心理缺陷。在她们的个性中，消极情感如焦虑、抑郁、悲观等情感占据主要地位，从而导致了社会适应不良。她们以反社会的认知作为支撑，采取不合理的宣泄情感的形式，为犯罪埋下了心理动机基础。

第二节　女性犯罪的主客观因素

一、客观因素

（一）生理因素

女性生理期包括月经期、怀孕期、产期、哺乳期和绝经期，女性生理期对女性犯罪有一定的影响。有研究表明，当女性处于生理期时，易产生违法犯罪行为。依据是，在此期间，女性会出现自主神经紊乱、大脑皮层失调、心烦易怒、情绪失控等现象，如果有不良刺激和诱因，容易越轨。

月经期对女性犯罪的影响尤其引起了有关研究者的重视。早在19世纪，国外的法庭在审理女性犯罪案例的时候，已经考虑到女性在犯罪时是否处于月经期。月经期是所有女性都要经历的一种正常的周期性生理变化。这种随着体内卵巢激素分泌的波动而产生的周期性现象对女性的身心健康产生一定的影响。其中有3%～15%的妇女因症状严重而影响了正常的生活、工作、学习。许多女性犯罪的案件就是在这种非常期间引发的。许多女性在月经周期中存在情绪波动问题，表现为情绪低落、抑郁或脾气暴躁。统计结果表明，相当比例女性的暴力犯罪活动和自杀都发生在经期前几天和行经这段时间内。当然，并非所有女性都存在这种情绪改变，即便有，也并不都严重。处于绝经期的女性，随着卵巢功能的逐渐衰退，内分泌暂时紊乱，会引起一系列不同于其他时期的心理症状，而显得焦虑、烦躁，心境变化快，情绪波动大，攻击性增强，实施各种犯罪的可能性大。

但是，人们亦有这种观点，生理期综合征可能成为攻击性行为的替罪羊。妇女可能会以月经期综合征作为反社会行为的借口，这是可能的，英国犯罪学家凯瑟琳娜·多尔顿（Katharina Dalton）在这方面的研究结果是，月经期综合征的病因还不清楚，我们仍考虑到有些妇女把月经期综合征作为犯罪和无责任能力的开脱原因，因此要有一个明确的诊断作为根据显得非常必要。因此，我们不能把女性生理期和犯罪的关系界定为因果关系，而只能是一定的相关。我们反对夸大生理期与女性犯罪的关系。

（二）环境影响

改革开放以来，我国的经济制度、经济政策、经济发展状况和物质生产等发生了翻天覆地的变化，女性生活的社会环境也随之发生了相应的变化。在物质生活和精神生活条件改善的同时，腐朽的文化价值观、人生观、道德观和没落的生活方式也逐渐滋生。在经济大潮的冲击下，社会价值观念呈多元化趋向，传统思想观念已发生蜕变，不少女性在利益和诱惑面前无法把握好自己，人生观和价值观发生了极大的扭曲：有些女性把赚钱作为人生的最大乐趣和终极目标；有些女性贪图享受又好逸恶劳，用不正当途径疯狂敛财；有些女性把卖淫作为致富途径，不以为耻，反以为能，等等。在这些扭曲的思想观念的指引下，不少女性慢慢步入犯罪道路。

美国著名的犯罪学家谢利认为，犯罪现象是现代化进程中必然出现的一个代价。犯罪率与经济发展形势息息相关。北方网的资料显示，文化大革命以前，我国女性犯罪占犯罪总数的2%左右。改革开放以来，女性犯罪增长很快。20世纪70年代至80年代，约占整个犯罪的6%～7%，现在则高达10%～20%。女性犯罪率不断增高，与女性经济地位和社会地位提高有着密不可分的关系。这对社会来说是一种进步，但是这种进步也不可避免地衍生出犯罪这个副产品。

从社会大环境来看，经济体制改革带来了社会的起步腾飞，我国的女性也不再像过去一样，天天围着灶台转，她们与社会的接触越来越多，对社会角色的参与越来越广。同时，社会正处于转型时期，在管理上不可避免地存在一些漏洞，这就给手中掌权的女性以贪污、挪用公款的可乘之机。女性职务犯罪的不断增加就说明了这点。此外，体制改革导致了下岗女工人数的激增，她们找不到生活的出路。一些女性就是为生活所迫在下岗后才走上诈骗、盗窃、性犯罪等违法犯罪道路的。

农村女性犯罪现象也日益增多，应该成为社会关注的焦点。改革开放以来，城市经济的活跃使得越来越多的农村人口大量涌向城市，不少农民包括农村妇女进城打工，期望改善自己的生活。她们在进城之前，往往期望值过高。这些农村妇女大部分文化程度低，没有一技之长，她们走进陌生的城镇，就业更加困难，生活没有着落，政府又缺乏相应有效的救助机制，致使农村女性没有办法靠自己的力量和正当的途径在城市立足和生存，使得她们在心理上产生巨大的落差感。一旦感到改变贫困境地的出路渺茫，很容易为生活所迫做出违法之事，特别是在一些不法分子的利诱下，容易走上诈骗、盗窃、卖淫等犯罪道路。农村女性向来是以保守、本分的形象出现在人们面前，是什么使她们冲破了几千年来传统道德思想的束缚，走上了犯罪的道路？很明显是经济发展对价值观的冲击以及贫困的生活所迫。女性通过流动，既开了眼界又长了见识，还增加了胆量，同时也增强了权利意识和自由精神。同时也沾染了许多社会的不良习俗，价值观念在悄然变化。各种思想的碰撞可能引起农村女性的行为失范，进而走向犯罪的深渊。

从小环境来看，家庭教育和家庭氛围直接影响着一个人的健康成长。一个人的个性品质以及道德、理想的培养和形成与父母的言传身教以及家庭氛围的熏陶有着密切的关系。从这个角度分析，女性犯罪的诱因主要有以下几个方面：一是不良的成长环境。青少年时期家庭成员间关系不和，爱和安全的需要没有得到满足，自然也不会去爱别人、关心别人，严重的甚至产生反抗、报复的不良心理。二是教养的缺陷。许多女性特别是少年犯罪与家长的溺爱、纵容、护短、歧视、虐待、专横或管教不严、管教过严、期望不当等是分不开的。三是不和谐的家庭氛围。充满矛盾的家庭、不和谐的父母关系，父母缺乏对子女的爱心，都是造成青少年行为失范或走上犯罪道路的主要因素。四是婚姻、家庭不如意，感情受挫。这种情况容易扭曲人的个性和人格，甚至形成不良的世界观和人生观，成为女性犯罪的诱因之一。五是邻里不和。邻里关系障碍往往是激发女性犯罪心理的诱因，邻里矛盾的激化，容易引发杀人、伤害、投毒等犯罪心理。近年来，因邻里矛盾引起的犯罪越来越突出。邻里关系和睦是社会稳定的基石，但有些女性不善于处理、协调邻里关系，多为生活中一些鸡毛蒜皮的小事发生纠纷，容易激情犯罪，严重的甚至引发人员伤亡。

二、主观因素

（一）人格系统

人格是在社会化的过程中逐渐形成的，它涉及个体的需求倾向，这些需求倾向是合群需要和精神需要。通过社会化过程，客体的社会化阅历逐渐丰富，它们成为具有个体身份的社会有机体中的一分子。

个体在社会化过程中由于某些原因而形成偏离社会规范的个性，从而造成人格缺陷，这是个体产生违法犯罪行为的心理基础。由于传统生活观念的束缚，女性的生活面狭窄，造成了她们中的一部分人认知水平低下，缺乏辨别是非的能力；依附心理较强，一旦失去依靠，内心经常出现一系列的不平衡和挫折感，且难以自控调节；法律知识欠缺，对法律持轻蔑态度；意志薄弱，不能抑制消极情绪的滋生蔓延；价值取向偏误，以错误的价值观为人生导向。部分女性的自我保护意识差，一旦受到外界不良刺激，她们不懂得通过法律的途径、采用合法的手段保护自己，而是实施报复走上极端的犯罪道路。

（二）文化系统

据统计资料显示，中国的文盲中女性占了七成。教育的缺失使女性被排斥在现代经济发展的竞争之外，在日新月异的现代化社会，即使是受过高等教育的人，要跟上时代的步伐，也必须终身学习，更不用说教育缺失的女性这样一个从一开始就被迫处于不利地位的弱势群体了。在中国农村，“女孩读书无用论”大行其道。在贫困家庭中，女孩子经常成为家庭经济的牺牲品。她们不仅失去上学的机会，同时要操持家务，有些甚至还要打工挣钱来供自己的兄弟上学。

法律意识淡薄是文化教育缺失的直接后果，有的妇女甚至对法律一无所知。相关调查显示，在犯罪女性中，少数人是因对法律的无知而犯罪，多数人则是因为对法律的认识存在误区，或者对法律采取蔑视的态度，缺乏守法的素养而犯罪。不少人自己的行为已构成违法犯罪以后还不知道是怎么回事。由于缺乏比较完整的文化教育和基本的法律知识，再加上有些妇女自身意志薄弱，无法正确运用法律手段保护自己，在受到不法侵害时，不能抑制消极情绪的滋生蔓延，缺乏正确的处理手段，要么默默忍受，要么就采用过激手段来奋起反抗，不计后果，完全不考虑是否会受到法律的惩罚。

（三）社会价值系统

几千年来，中国的封建传统宣扬“男尊女卑”的父权制文化，主张“三从四德”。直至今天，我国社会还深受封建传统礼教的毒害，中国妇女在政治、经济、文化、家庭各个领域都处于无权的地位。传统文化中，女性被赋予温柔、感性、脆弱等所谓的女性气质，即便到了今天，女性依附于男性的弱势地位仍未完全改变，人们在看待问题时仍然不同程度地受到根深蒂固的传统性别观念的影响。并且，这种传统的刻板观念甚至受到女性群体自身的认可，女性依附于男性的思想受到了强化，传统的歧视被内化为自我信念。在这种思想的束缚下，在婚姻和感情遭受挫折如恋爱失败或丈夫有了外遇时，有些女性容易认为自身的存在已经毫无意义，这样就容易走极端，要么用报复的方式发泄心中的怨恨，借以恢复心理上的平衡；要么采取伤害自己的行为，缓解心理压力。

第三节　女性犯罪的类型与心理特点

我国女性犯罪的类型主要有财产型犯罪、暴力犯罪和性犯罪。

关于女性犯罪问题，比利时统计学家阿道夫·凯特勒应用统计学方法研究的结论是，男性犯罪比女性犯罪多四倍多，女性易犯罪的时间为35岁左右。在女性犯罪中，青少年女性性犯罪居多，犯罪高峰年龄为18～25岁。但是在凶杀案中，女性犯罪的高峰年龄在25～40岁之间，已婚妇女占绝大多数。随着社会变革等因素的影响，女性犯罪的总趋势还会继续上升，并且犯罪类型、作案手段、犯罪高峰年龄也会随着社会的发展呈现不同的特点。

一、财产犯罪

（一）财产犯罪类型

女性财产犯罪的常见类型主要有盗窃、贪污受贿、诈骗、挪用公款等，利用职务来犯罪是近年来较为突出的犯罪类型。统计资料显示，女性侵犯财产一般占全部女性犯罪的45%～55%，长期高居各类女性犯罪类型的首位，女性为贪图钱财而进行盗窃、贪污、诈骗、拐卖人口等犯罪活动。近些年来，女性犯罪中的贪污、受贿等职务犯罪类型的发案数量亦明显增多，且涉及的数额也越来越大。

（二）财产犯罪的心理特点

从上述案例中，我们可以看出，女性财产犯罪都有着共同的心理特征。首先，物欲膨胀。由于自身金钱和物质的匮乏以及贪婪的心理，当外界有了金钱和物质诱因以及良好的作案环境，她们便一脚踏上犯罪的路途。其次，欲求不满。“欲”是人的心理活动赖以进行和发展的主观因素，某些女性在“欲求不满”时，可以做出某些违法犯罪的行为。同时，某些意志薄弱或者是心理异常的女性在“欲求不满”的情况下，会进行贪污受贿等犯罪活动，从而陷入犯罪的泥潭不能自拔。再次，她们的法律意识极其淡薄，行为缺乏理性认识，容易做出违反法律法规的事情。最后，许多女性进行财产犯罪如盗窃或诈骗时带有强烈的侥幸心理。在第一次作案时她们抱着“仅此一次”的态度，胆战心惊但是轻易得手，这使得她们一发而不可收，屡屡作案，从此不能自拔。

近年来，女性职务犯罪剧增，我们不得不关注女性职务犯罪。女性职务犯罪的增多，正是女性更多地参与了社会活动的结果。由于女性的社会地位提高，才可能有女性的职务犯罪，她们的犯罪有着深刻的社会原因。我国在经济体制改革过程中，在经济管理上存在漏洞，这给贪污、贿赂犯罪分子制造了可乘之机。女性正是因为其处于财务和经济管理位置上，利用这一可乘之机走上了犯罪的道路，如越来越常见的女出纳利用职务之便贪污等。值得关注的是，女性在职务犯罪中，除了热衷于追求物质利益、贪图享受之外，受情感支配而导致的犯罪较多，贪污挪用的钱财很大一部分用于亲人身上，而用于女性个人挥霍的占少部分。

但是，如此看来，是不是女性回到原来的社会角色，安安分分当一个全职的家庭主妇，就可以避免此类犯罪问题的出现呢？女性参与社会活动是女性职务犯罪的根本原因吗？我们知道，并不是所有的女性都会利用职务之便进行犯罪。归根结底，我们要对女性职务犯罪的特殊心理进行剖析，才能找出女性职务犯罪的根源。除了女性财产犯罪的共同心理特征以外，我们不难发现一些职业女性虽然具有一定的知识水平，但是她们缺乏对社会、集体、他人的责任感，好逸恶劳，贪婪自私甚至虚伪狡诈。她们既不懂法也不学法，世界观、人生观、价值观容易扭曲，而且自我控制力不强，当微薄的收入无法满足心里的贪欲，再加上某些突发事件的到来或者存在外界的不良诱因时，她们便利用管理上的漏洞和人们对女性的信任犯罪。

二、性犯罪

近几年，女性的涉黄犯罪层出不穷，主要是组织、协助组织卖淫，引诱、容留、介绍卖淫和贩卖淫秽物品等犯罪。

女性在从事性犯罪中通常扮演卖淫者和老鸨两种角色。老鸨的角色是负责购买娼妓的衣物及营业所需家具，支付娼妓的房屋租金与医疗费用，有时还提供情感与道德上的支持。在我国，有些卖淫者是独立的个体，不从属于老鸨的领导，有些则是在自愿或非自愿的情况下为老鸨服务。

改革开放迎来了西方先进的科学技术及管理方法，同时也涌入了西方的文化价值观、人生观、道德观，对中国传统的性观念和性道德产生了猛烈的冲击。过去，自尊、自爱、典雅稳重、分寸感强的女孩受到人们的喜爱，现在那些风情万种、打开性禁区的女孩却总有男人苦苦追求。性解放等腐朽没落的西方文化同我国残存的旧文化掺和在一起，为卖淫提供了温床。值得深思的是，在一些卖淫现象严重的国家，绝大多数卖淫女处于经济贫困状态，她们卖淫是为了混口饭吃。而我国的卖淫女有的是为了挣钱养家，有的卖淫女家庭条件很好，甚至出身名门，她们去卖淫不是为了生存，而是为了享乐。真善美在她们眼里一钱不值，她们的道德观发生了严重的扭曲。

（一）性犯罪的犯罪动机

1. 以金钱为出发点

学者康树华认为这一类型的卖淫者，她们从事此行业的出发点纯粹是金钱，不存在道义上的动机。许多卖淫女把卖淫看作一条致富的捷径，她们觉得那些在黄土地上一粒汗珠摔八瓣的农村妇女才是傻子。她们中的一部分人是在潜移默化中走上卖淫道路的，特别是从羡慕其他卖淫者挥金如土的日子开始，请人介绍嫖客或主动寻找嫖客，从而陷入卖淫的泥潭。正如法国社会学家米歇尔·克罗齐所认为的那样：变革产生了日益提高的期望，而变革的必然有限，结果却不能够使这些期望得到满足。一旦人们认识到事情可以变化，他们就不能再像从前那样轻易地把人们现实条件的基本情况看作理所当然了。

2. 以卖淫为生计

许多女性因家庭贫困、失业等各种原因，找不到其他谋生的出路，只好通过卖淫来维持家庭的生计。改革开放以来，越来越多的年轻女性怀着“掘金”的梦想从农村涌入城市，但是她们中的一部分人文化水平不高又无一技之长，当梦想被残酷的现实击碎而又无力在城市生存下去时，特别容易受到外界不良诱因的影响，如报纸的虚假广告等，从而走上卖淫的道路。

3. 报复型

许多女性特别是少女，她们认为爱情至上，若是在感情上受了伤，便想通过报复行为来发泄心中的怨恨，通过给对方造成一定的痛苦来减轻自己的痛苦，借以恢复心理上的平衡。

4. 破罐子破摔型

这类女性通常是不幸遭遇强暴或家庭不幸福，身心遭到严重的伤害。她们认为自己已经被社会抛弃，做人的尊严已经丧失，一切都已经无所谓了。在这样的心理状况下通常会产生破罐子破摔、自暴自弃的想法，以自我否认、自我践踏的方式求得发泄。

（二）性犯罪的心理特点

1. 女性性爱心理的畸形发展

青春期的女性在生理发育的驱动下，其性爱心理在社会环境下开始萌发，但这个时期的性爱心理变化是不巩固和不稳定的。因为处于青春期的女性刚刚从幼年向成年起步，生活阅历的不足，社会环境的影响，逻辑思维能力的限制，使她们的思想处于一种半成熟半幼稚状态。因此，尽管这时她们的思维能力在增强，但是判断力薄弱，不善于识别，更谈不上扬弃，容易片面和武断。对于青春期所产生的生理发育上的不可塑性和心理发展上的可塑性这个矛盾，女性自身虽然具有一定的调节力，但是，当这种矛盾随着生理上的急剧变化而日益严重时，单凭自身尚不成熟的心理较难驾驭生理发展的自然需求，这就有可能使性生理的动物性需求突破性心理的社会性控制，致使其片面地追求性生理的动物性，错误地把这种动物性生理冲动理解为正常的性爱心理，最终在两性问题上发生越轨行为，并可能导致各类犯罪行为。

2. 独立行动的趋向

由于性意识出现，少女意识到这是自己接近成人的标志，因此产生一种少女的成人感。所谓少女成人感，是指少女觉察到自己将要进入成年期，将要成为大人而出现的一种不适应感。这种情绪体验初始时是朦胧的，过了一个时期就逐渐变成比较自觉的意识。在这种自我陶醉中，少女的独立感也逐渐凝固起来，要求他人以平等的态度尊重她。对于粗暴型家长、老师，她们从心里感到反感，产生疏离感。必须指出，这种成人期的出现正是人生发展过程中含有十分深刻的心理学意义的第二次断乳期。第二次断乳期的出现，意味着少女有渴求摆脱父母、师长，自己独立行动的心理趋向。掌握这一点，对于正确地掌握女性犯罪的生理—心理特点十分重要。一些少女之所以堕落也与家长、教师、社会不注意少女的这种生理—心理变化有关。

詹姆斯（James 1976）指出，财富和物质利益的重要性使得一些妇女向往得到在社会经济分层中“按她们的地位本来得不到的好处”。很明显，经济动机（想要金钱）是卷入卖淫行业的最具说服力的原因。最新的研究表明，作为一种职业，卖淫提供了一个轻松的高水准的生活方式。换言之，选择这种形式的收入是“体制化的职业选择”，并不一定是被迫的生活方式。从我国最近的情况看，绝对或相对的贫困是难以消除卖淫现象的一个原因。有些农村妇女去城市卖淫的目的是“发家致富”，等到赚足钱也就回家不干了。有些妇女则是为了能过上奢侈的生活，而又不必花劳力。重要的一点是由于经济结构的改革和发展，形成了大量背井离乡的人员，其中男性形成嫖娼的需求，女性提供服务，而这一切又是在人们的性观念发生很大变化的条件下发生的。据有关调查发现，有1/3的妓女是被胁迫或欺骗而卖淫的，她们受组织者的控制，有2/3是自愿的。即使是被胁迫或欺骗的，多数人一旦卖淫后要她们改变很难。也就是说，一旦“羞耻之心”被打消掉，她们愿意至少暂时用她们的肉体来赚较多的钱。对于她们，没有其他机会能够使她们获得同样的收入。

精神病学解释这也是弗洛伊德理论的一个变种，主要用来解释妓女的卖淫行为。该理论认为卖淫是由于妓女某种心理的病态所致。西方有些人认为，没有“正常的”妇女会过这种卖淫的生活，妓女是低能的、意志薄弱的、心理变态的或品行不良的。有些弗洛伊德派的理论家认为妓女由于不成熟的性心理发育和严重缺乏对象关系而性冷漠，但性犯罪和妓女的案例研究未能表明这种异常的一般状态。我们除了从个人的、经济的角度去评判女性卖淫现象，也应该从社会环境和社会制度的角度去评判。我们必须深思社会的阴暗面对女性造成的伤害。一些不法分子为了牟取暴利，疯狂实施引诱、强迫妇女卖淫等犯罪行为。近年来，强迫他人卖淫的犯罪分子与拐卖妇女的犯罪分子相互勾结，强迫被拐卖的妇女卖淫，危害极为严重。在被拐卖的妇女中有相当一部分被强迫卖淫。2000年4—6月开展的全国公安机关“打击人贩子、解救被拐卖妇女儿童”专项斗争中所解救出来的被拐卖妇女中被强迫卖淫的比例很高，仅贵州省遵义县（今遵义市）

公安局摧毁的一个拐卖、强迫妇女卖淫特大犯罪团伙，自1996年以来，就先后多次将遵义县80余名青年妇女拐骗到福建东山岛等地强迫卖淫。一份统计报告表明，全球约有200万名女子遭人贩子诱骗或拐卖沦为娼妓，在欧洲大约有25万至50万妇女被迫沦为妓女。

女人是世界上最美丽的花，是上苍给人类最美的杰作。但在贫困的逼迫下，有这么一群女人却无奈地生活在阴影里，为了钱而出卖自己的自尊、肉体乃至灵魂，失去自我。金钱的贫穷，带来了心灵的贫穷，最终留给她们的只有苍白的人生。参与卖淫和组织卖淫的女性通常来自社会的弱势群体，她们生活贫困，处于社会的最底层。我们生活的这个社会充斥了太多的金钱和功利，社会对弱势群体生存状态的旁观、麻木和冷漠，使这些来自农村或者城市底层的弱势群体的真实生存状态往往被有意无意地“屏蔽”或低估，她们对生活、对社会更多的是无奈和绝望。当赤贫使人无法自然地认可命运的安排时，对生存的渴望就会滋生出人性中恶的根芽。

三、毒品犯罪

根据网络资料的报道，2004年，全国累计登记在案的吸毒人数为114.04万，比2002年上升了8.28%。而实际上，由于存在没有登记的潜在吸毒人数，因此估计真实的吸毒人数是登记在册的1.6~2.2倍。目前，全国仍在吸毒的有70万人，他们一年就要吸掉390亿元人民币。

同时，80%的女性吸毒者从事过卖淫活动。据统计，1985年至2004年9月，全国累计报告的89 067例艾滋病病毒感染者中，吸毒人员就占了41%。

当前，女性因吸毒、贩毒造成倾家荡产、众叛亲离、家破人亡的案例屡见不鲜，而且，女性吸毒、贩毒已经不分特定的群体，从百万富姐到卖淫女，甚至社会所认同的女性群体如女教师、女学生等都有吸毒者，可见毒品犯罪无孔不入。毒品犯罪还引发了一系列的犯罪问题，如许多毒品犯罪女性都是以淫养毒、以贩养毒，甚至毒品犯罪还很大程度地引发杀人案、偷窃案、抢劫案等其他类型的案件。

（一）毒品犯罪动机

学者杨士隆认为，女性参与毒品犯罪的心态有以下几种类型：

(1) 好奇型。对毒品的危害一无所知，并身处于不良群体中，看到同伴吸毒时吞云吐雾的快活表情，也想亲身体验，以便印证他人所说或书中所提之事。

(2) 刺激型。缺乏生活目标和远大理想，无所事事，又不满当前生活单调乏味，寻求声色刺激及不同的变化。

（3）梦幻型。不满现实世界，借毒品夸大自我刺激的效果。

（4）逃避型。承受不了家庭、学校、社会给予的压力，又摆脱不了道德约束，想暂时逃脱一阵。

（5）孤僻型。强烈感觉与这个世界有疏离感，四周的人又不了解自己，她也不愿意降格以求，而宁愿独善其身。

（6）无情型。缺乏家人关爱、师长重视和同学接纳，对自己失去信心，对自己存在的价值感到怀疑。

（7）报复型。不满父母对待或教养方式，积压久了，便采取激烈的方式来警告或反抗家人，或一心一意想让他们也尝到痛苦的滋味，而先伤害自己以伤害亲人。

（8）自杀型。觉得人生乏味，生命无意义，一切都是虚情假意。不想活下去又不敢自杀，便以吸毒作为慢性自杀的方式。

（9）失意型。遇到挫折、困难，怀疑自己的能力，缺乏实质的成就感。

（10）焦虑型。神经过敏，容易紧张，无法放松自己，失眠头痛而吃安眠药、镇静剂，以维持工作效率及生活步调，久而久之，愈吃愈重而尝试更强烈的毒品。

（二）毒品犯罪的心理特点

1. 心理失衡，价值观扭曲

随着社会的发展，人们的价值观呈现多元化，一部分女性的人生观、价值观发生扭曲，贫富差距导致心理失衡，她们选择了逃避。在外界不良因素的诱惑下，部分女性走上了吸毒的道路。

2. 从众心理，受暗示性强

这部分女性通常处于青少年时期，由于文化水平低，对毒品危害认识不足，涉世未深，存在好奇心理，没有自我控制能力和对毒品的清醒认识。她们的小团体里只要有人沾染毒品，为了不受到团体成员的排挤，他们常常会“入乡随俗”，沾染上毒品。

3. 需要缺失，低级需要占主导地位

这部分女性把吸食毒品作为她们享受人生的标志。她们精神空虚，寻求刺激。她们个性缺失，没有人生目标，在现实中迷失了自我，找不到自我价值，走上了吸毒的道路。

4. 贪图钱财，法律意识淡薄

在贩毒女性中，大部分人都是因为毒品交易利润空间大，只要敢冒险就有利图，贩卖毒品赚的钱比任何正当的工作都要来得轻松。在暴利面前，本来已经淡薄的法律意识更加不堪一击，于是她们铤而走险，走上了犯罪的道路。

5. 自身素质差，缺乏正确的价值观

不少犯罪青少年女性缺乏正确的人生观，对周围事物的意义、好坏说不清楚，错误的价值观导致青少年女性不能正确对待人生、事业、爱情，极易接受腐朽思想的侵蚀而盲目地追求物欲享受，这是青少年女性犯罪的重要原因。

四、暴力犯罪动机

莎士比亚有句名言：“女人啊，你的名字是弱者。”女性，往往是柔弱善良、温柔贤淑的代名词。但是，如今，暴力犯罪已不是男人的“专有权利”，女性暴力犯罪层出不穷。在社会逐渐走向文明进步的今天，为什么却有越来越多的女性成为暴力犯罪的实施者？

（一）诱发女性暴力犯罪的因素

诱发女性暴力犯罪的因素主要有以下几个方面：

（1）感情纠葛，如婚外恋、夫妻关系紧张、家庭问题等。

（2）反抗家庭暴力，如丈夫虐待等。

（3）邻里纠纷，邻里不和或疏远，关系淡薄。

（4）贪图钱财，鬼迷心窍。

（5）愚昧无知。

（二）女性暴力犯罪的心理特点

女性杀人犯杀害的对象主要是她们的亲人，其中有不少人是因为不堪丈夫的虐待而行凶的，也有少数人因移情别恋而谋害自己的丈夫。由于没有找到解决问题的正确途径，女性从受害者变成杀人者的现象在世界范围内具有普遍性。有些女性对感情过于执着，当恋爱或婚姻遭到挫折时，虽然感觉到受了伤害，但还是委曲求全地试图加以挽回，而这样的挽回经常得不到回应，一些女性就由爱生恨，产生复仇心理，孤注一掷地选择极端的方式来表达悲愤或憎恨之情。

女性犯罪大多具有恶逆变倾向，即先是受害人，后转为加害人。综观我国许多女性暴力犯罪案件，我们不难发现女性暴力犯罪者的心理。

首先，性格上有缺陷。由于几千年来“女子无才便是德”的传统观念和重男轻女的思想，中国女性特别是农村女性，她们缺乏学习知识的机会，生活、日常交往局限在家庭的小圈子里，缺少与外界的沟通和交流，婚姻和家庭就是生活的全部。她们中的一部分人思维面狭窄，依赖性强，失去了爱就等于失去了全世界，因此悲观厌世，容易走极端。

其次，缺乏法律知识或法律观念淡薄。当这些女性受到丈夫虐待或丈夫有了外遇，产生家庭口角等突发事件的时候，她们常常处于孤立无援的境地，缺乏解决的办法，找不到合理的宣泄手段。有些女性认为："我付出了这么多，绝不能就这样失去一切，也让你尝尝痛苦的滋味。"冲动与愤怒往往使她们失去理智，不计行为后果，在忍无可忍的情况下，她们不懂得找妇联或者拿起法律武器捍卫自己的权利，在性格缺陷的基础上，她们的犯罪冲动便为恶性犯罪事件埋下了伏笔，使她们从受害者变成杀人者。

城市女性特别是受过高等教育的女性掌握的法律知识相对于农村女性要高许多，但是她们为什么同样也有暴力犯罪或者雇凶杀人的行为，甚至想方设法地钻法律的空子？她们中有的人削尖了脑袋想要一夜暴富，有的则是丈夫或者自己的婚外恋造成的。

夫妻婚姻质量调查显示，有些婚姻具有较高稳定度、较低价值量的特点，夫妻双方在各自生活、工作中遇到压力无法消除而导致"婚姻在低质量中徘徊"。这必然导致五个后果：家庭不和、离婚、重婚、性道德混乱（婚外恋、包二奶、通奸）和严重的犯罪。恋爱和婚姻在女性的一生中占有重要地位，有些女性不能理智地对待婚姻中出现的裂痕，一旦产生不良心境，往往会钻牛角尖，跳不出自我的小圈子。而女性的情绪变化往往速度快、强度高、冲动性大，意志调控能力相对较弱。许多杀人、伤人的犯罪行为都是缘于一时冲动。

第四节　女性犯罪的预防和改造

一、女性犯罪的预防与对策

女性是家庭的核心，家庭是社会的细胞。当前女性犯罪率不断增高，给和谐社会注入不稳定因素，也给社会敲响了预防女性犯罪的警钟。预防女性犯罪，是一项宏大的社会系统工程，只有社会、家庭、个体三管齐下，动员全社会的力量共同参与，才能有效地预防和遏制女性犯罪的上升趋势。

从社会角度讲，首先，必须在广大女性中宣扬积极向上的人生观、价值观，尤其是对农村妇女进行道德教育，帮助她们树立正确的荣辱观，增强识别和抵制各种错误思想的能力。其次，必须大力加强普法力度，提高全民法制观念。可以通过新闻媒介向人们广泛宣传《妇女权益保障法》《婚姻法》，彻底扫除法盲，提高女性的法律意识，使广大女性知法、学法、懂法、用法。最后，必须确实保障女性的合法权益，为女性提供尽可能多的就业机会，禁止对女性的就业歧视，保障女性要有和男性平等的地位和权利，营造尊重女性的良好氛围。

从家庭角度讲，家庭是孩子的第一所学校，是预防女性犯罪链条上的重要一环。许多未成年女性走上犯罪的道路，与父母教育方式不当、父母离异造成单亲家庭或家庭关系不协调有很大的关系。所以，家长应当全面了解未成年人的生理、心理发展规律，重视对孩子的心理引导与教育，加强与她们的沟通，为她们营造良好的成长氛围。此外，女性暴力犯罪案件频发，与家庭生活不幸福、长期受虐待有很大的关系。社会应加强对侵害女性权益行为的处罚力度，妥善处理婚姻家庭的矛盾冲突。

从个体角度讲，必须全面提高女性的科学文化素质，尤其是要加强低学历女性和农村女性的文化素质教育，使她们开阔眼界，增长见识，开阔胸怀，提高认知能力和辨别能力，树立正确的生活目标。掌握知识不仅能把握好自己的人生航程，而且会为下一代提供良好的教育。

二、犯罪女性的教育与改造

犯罪女性作为特殊的社会群体，我们在哀其不幸、怒其不争的同时，更多的是应该注意和思考预防女性犯罪的良策。为此，应该呼吁全社会的力量积极动员起来，对女性予以关心和帮助，逐渐形成一个良好的社会环境。

1. 教育形式多元化，侧重个别教育

犯罪女性的改造不能忽视个体差别的存在，必须以教育改造人为出发点，根据犯罪女性的年龄、犯罪类别、前科记录、个性心理特征、家庭背景及社会背景等把她们区分开，以便建立完善的犯罪心理档案。在教育形式多元化的基础上进行有针对性的个别教育，如从单一的个别谈话发展为自我教育、相互教育、社会教育以及集体教育与个别教育相结合，从面对面的交谈发展为以改善心理素质为基础的疏导矫治等，并且把这种教育拓展到个别化管理、劳动、学习、生活中。对犯罪女性实施个别教育主要体现在以下两个方面：一是根据犯罪类型和主观恶性的不同，实施不同的教育、引导和矫正；二是根据文化层次的差异，提供不同的教育方式，把基础教育和学历教育结合起来。

2. 面对现实，适应服刑生活

许多犯罪女性无法接受判刑入狱、被剥夺人身自由的事实，通常不可避免地表现出苦闷、悲观甚至抵触的心理。在这种情况下，如果单纯地强调严格管理或一味地空喊认罪伏法，则无法从根本上解决问题。管教人员应该细心观察她们在监内的言行和心理波动，做到以下两点：首先，帮助她们正视现实，认清自己的犯罪事实，唤醒她们的良知，增强她们的负罪感和悔罪意识；其次，真诚与她们交流，并帮助她们与家人、外界沟通，使她们克服被社会抛弃的心理，树立对生活的信心，适应狱中生活，安心改造，弥补过失，争取早日出狱。

3. **完善个性品质，加强心理健康教育**

多数犯罪女性的不良个性品质表现为偏见、孤僻、以自我为中心、缺乏道德责任感、欺瞒、嫉妒心等，这些个性上的缺陷往往会引发犯罪女性情绪的大起大落，严重的则有可能导致改造中出现极端行为，如对抗、报复、自杀等。基于犯罪女性的心理特征，在治疗上介入心理学理论和技术，如心理测试、心理咨询、心理治疗等，针对不同类型的心理特点和个性特征的犯罪女性，采取不同的管理办法和教育对策，注重引导其将自我实现的目标与改造目标相一致，并产生为个性发展所追求的具有积极意义的心理需要。如了解她们的特长及兴趣，挖掘她们的自身价值，并逐步建立起正确的人生观。

4. **改善破碎的人际关系**

犯罪女性的犯罪行为对被害者造成某种程度的伤害，也给其家人和朋友带来了痛苦。重建、改善破碎的人际关系对犯罪女性的安心改造以及面对以后的人生是至关重要的。除促使犯罪女性深切反省、检讨外，还需要从多方面努力，增加人际沟通的机会，转变家人、朋友及其他重要关系人的态度，争取他们对犯罪女性的谅解与宽容。一般来说，犯罪女性都有向往新生、恢复自由、与亲人团聚的迫切愿望，必须抓住犯罪女性这一心理特点，充分发挥亲情教育，使之成为改造犯罪女性的催化剂。

5. **强化职业技术教育**

犯罪女性大多缺乏良好的工作技巧，却渴望经济独立。因为有前科，出狱后往往不被社会接受，又不具有稳定的生活来源，很容易融入原来的圈子，重操旧业。因此，应根据犯罪女性的特性及就业需求，对她们进行技能训练，使她们学会一定的生产技能，为回归社会后的就业谋生创造条件。职业技术教育是培养犯罪女性的一技之长，成为社会有用之才的有效途径，也是预防和减少重新犯罪的主要手段。对犯罪女性进行职业技术培训时，首先，应根据犯罪女性的兴趣、学历水平、刑期以及入狱前的职业，开设相应的技术培训；其次，在刑满释放前开展就业指导，并根据她们的技术水平向用人单位推荐，帮助她们在出狱后尽快就业。

思考与讨论

1. 女性的犯罪动机是指什么？分为几种类型？
2. 可以从哪些方面分析影响女性犯罪的因素？
3. 在现代社会中女性犯罪可分为哪些类型？不同类型的女性犯罪又具有什么样的特点？
4. 预防女性犯罪应该从哪些角度着手？应如何对犯罪女性进行改造和教育引导？

第十章　发展的女性观与现代两性和谐发展

——男女相辅相成、相得益彰

第一节　历史发展的女性观

女性观是人们关于女性及女性价值的看法，它反映了人们对待女性的态度、评价和行为意向。人类社会对女性的认知、态度、价值观和行为方式表现出明显的社会历史制约性。不同社会历史形态的人们对女性地位作用的认识评价表现出明显的差异性、社会历史变化性。

原始社会的男女关系是平等的，整个社会非常重视女性的地位和作用。人类社会最初的男女关系是平等互助的关系，女性受压迫、男女不平等是后来阶级社会的产物。根据生产力和生产资料的进步情况，按照恩格斯采用的摩尔根的划分法，可以把人类历史划分为蒙昧时代、野蛮时代和文明时代三个时代。原始社会处于蒙昧时代、野蛮时代，又分为原始游群和氏族公社两个阶段。原始游群阶段的男女关系是平等的，无所谓后来出现的婚姻与家庭，那个时期的两性关系处于一种没有辈分等限制的杂交状态，无所谓人类出现婚姻制度后的“夫”和“妻”，也就没有什么“夫权”“父权”“男尊女卑”。可见，原始游群的人们处在一种原始状况的男女平等、互助关系之中。母系氏族时期的男女关系也是平等的。母系氏族制又叫母权制，它是以母亲血缘为纽带结成的原始社会的经济和社会的基本单位。母权制产生于蒙昧时代的中级阶段，盛行于野蛮时代的低级阶段。母系氏族时期的男女关系也是平等关系，而且女性比男性更受尊重。恩格斯说，此时“妇女不仅居于自由的地位，而且居于受到高度尊敬的地位”①。这个时期的女性在两种生产（一种是生活资料的生产，另一种是人类自身的生产）中都占有主要地位。在母系氏族时期，妇女还被选为酋长，领导氏族成员的物品分配，解决氏族的日常事务，在生产技术方面也是佼佼者。同时妇女还要承担繁衍人口、抚育后代的重任，在整个社会中受到高度尊重。这种男女平等的女性观体现为：男女在生产中的地位平等，男女在分配中的地位平等，男女在生活中的地位平等，男女在两性关系中的地位平等，人们尊重女性。这种男女平等是自发

① 马克思，恩格斯．马克思恩格斯选集：第4卷．北京：人民出版社，1972：43.

的、蒙昧的、原始的，也是人类最初的、时间最长的男女平等时代。这种平等是建立在当时落后的生产力发展水平条件下的，是在物质生活和精神生活的水平都很低下的状况下的男女平等的女性观。

原始社会末期，进入父系氏族时期，父权制取代了母权制，人类社会最早出现了男女不平等关系。父系氏族产生后出现了一种新的家庭形式，即家长制家庭。这是从对偶婚姻向一夫一妻制过渡时期的一种家庭形式，这个时期的妻子落在丈夫的绝对权力之下。恩格斯在《家庭、私有制和国家的起源》中明确指出："母权制的被推翻，乃是女性的具有世界历史意义的失败。丈夫在家中也掌握了权柄，而妻子则被贬低，被奴役，变成丈夫淫欲的奴隶，变成生孩子的简单工具了。"① 父系氏族时期的男女不平等是在以私有制为基础的阶级社会产生以前出现的，它主要是源于当时男女不同的社会分工，不同于阶级社会的男女不平等，这是人类社会最早出现的"男女不平等"。女性的一切心理活动、行为方式都被局限在家庭和男性权柄之下，这就是女性的"具有世界历史意义的失败"。

文明时代的女性观突出表现为男女不平等。马克思主义妇女观的一个基本观点是：文明时代（奴隶社会、封建社会、资本主义社会），即阶级社会中女性受压迫、男女不平等的根源是私有制的产生，性别压迫的实质是阶级压迫、阶层压迫。女性的一切心理活动、情感情绪体验、个性特征、行为模式都带有社会和阶级的色彩。在以男性为中心的社会，女性的生产劳动权利被剥夺，要求女性（特别是妇女）完全退居到私人型家务劳动中去，否认女性家务工作的社会经济价值，人们拒绝给予女性的社会人格价值和心理水平客观公正的评价，女性的心理发展受到很大束缚。女性的全部生存价值以及她们的生命价值，只是在婚姻中标志一下，女性的全部价值和心理发展都在卧室和厨房中消磨掉了。

中世纪后的西方资本主义社会开始重视女性权利问题。13—14 世纪西方文艺复兴运动以后，涌现出以卢梭为代表的一大批西方学者，他们提出"天赋人权""天赋民权"的思想，提出人人都可以成为自然界的主人，都具有平等的权利。追求进步的人们开始注意到占着人类半数的女性的社会处境，开始出现了许多提倡男女平等、女权主义的思想家。卢梭虽然不是妇女运动主义者，但是他的思想影响了许多资产阶级学者。1879 年的法国资产阶级大革命，高举"自由、平等、博爱"的口号，并实施了一系列在政治上、经济上的变革，妇女获得了经济地位上的承认和独立，社会也开始更广泛地研究妇女问题。18 世纪末英国女作家伏尔斯顿拉脱在其《妇女权利的维护》一书中，主张在婚姻生活中男女应当平等，反对社会对妇女仅进行以婚姻为目的的教育，提出对男女应实行同等教育，呼吁妇女经济独立、职业自由，并且呼吁妇女参政。19 世纪初文学家乔

① 马克思，恩格斯. 马克思恩格斯选集：第 4 卷. 北京：人民出版社，1972：43.

治撒特明确提出女权论。在当时，最有影响的是社会主义者倍倍尔所著的《妇女和社会主义》一书。在这本书中，作者全面阐述了妇女问题，连续发行30年行销不衰，反映了社会中人们对妇女问题的关注。倍倍尔从政治、经济、文化的角度，全面阐述了社会主义者的女性观，阐明了社会主义者对妇女解放的观点，以及妇女运动在整个社会主义运动中的地位。他勇敢地向男尊女卑以及反对男女平等的观点发起理论的讨伐。倍倍尔在他所著的《妇女和社会主义》一书中，根据他对社会的忠实考察，大胆地提出了维护妇女权利的办法。

20世纪西方女性主义崛起并开展了女性主义理论的多元化研究。20世纪60年代初西方第二次女性主义运动在美国兴起，至今已经40余年。伴随着这场运动的发展，西方女性主义学者提出的西方女性主义理论也呈现出多元化和跨学科的特点。除了一般广义的自由主义、马克思主义、激进主义和社会主义等流派，西方女性主义也渗透到历史学、文学、社会学、心理学、人类学和语言学等诸多领域，并且开始出现学科之间的渗透和协作。就政治人类学而言，西方女性主义研究所造成的影响突出地体现在它对人类学传统的政治观和权力观产生的巨大冲击。女性主义学者分别从社会性别与权力、第三世界妇女与女性主义政治、后现代主义与女性权力三个方面入手，对政治人类学视野下的西方女性主义进行研究。

(1) 社会性别与权力的关系视野研究。

学者们在总结了以往研究的主要贡献和近年来研究的新趋向的基础上，揭示西方女性主义研究对政治人类学学科所产生的影响和冲击。西方文化人类学界曾经普遍认为，女性在政治上总是处于从属地位。20世纪70年代初，第一批女性主义人类学者首先对这一看法进行了反驳。她们在对大量的民族志资料进行跨文化的比较后指出，虽然早期进化论者所主张的母权制时代并不存在，但是女性在国家产生以前的社会中的地位是有很大差异的，易洛魁人（The Iroquois）、奇帕维安人（The Chipewyan）和阿格塔人（The Agta）就是三种典型的代表。美国易洛魁妇女的社会地位最高，权力最大。加拿大奇帕维安妇女的社会地位低下，在北美部落中是最低的。菲律宾的阿格塔妇女拥有和男子大体相当的社会地位，她们曾经是已知的唯一从事狩猎的女性。以往的人类学之所以有这样的错误看法，让人们误以为女性天生就是受压迫的，这主要是因为男性学者长期把持了这个学科，使之带有明显的男性中心主义的偏见。女性主义人类学对于女性社会地位和权力的这种关注反映了她们的政治主张。在她们看来，自由主义的女性主义所主张的妇女在西方社会中享有的法律和政治权利——受教育权、就业权和参政权等，对于世界范围内的大多数女性来说，都是虚幻的和不现实的，既不能反映女性在多数社会中处于从属地位的历史和现实，也无助于从实践上解决这一问题。其根本原因在于，这一主张只注重社会公共领域的权力问题，而对于可能存在于家庭和私人领域的权力关系弃之不顾。而女性主义人类学既继承了本学科关注边远地区和原始社会的传统，从这些社会中去探索女性处于从属地位的历史和文化根源，也超越了人类学将政治权力局限于社会公共领域的狭隘性，把人类学关于政治是涉及公共目的的权力关系的主张延伸到家庭和私人领域。

女性主义人类学者在研究中认识到，研究焦点不仅要聚焦在女性，还要关注研究男性，因为人类社会毕竟是由女性和男性共同组成的。只有关注男性及女性与男性关系，对女性的认识才是全面、客观的。因此女性主义人类学将社会性别确立为研究的中心议题。所谓社会“性别”（gender），是指不同社会、文化赋予男女两性之间不同的社会角色、行为准则、表现形式及象征意义等，它不同于人们一般所说的生理“性别”（sex）。

此外，这些女性主义学者把研究的目光集中于女性在社会权力关系中相对于男性的权力问题，这是以往的政治研究所不曾涉及的领域。这些研究引导人们认识到，社会性别问题在社会群体认同和社会权力结构的形成中都起着至关重要的作用，它不容再被忽视，而是应该被视为一个分析范畴，就像种族、族群、阶级或等级范畴一样。为了批判男性中心主义的偏见，从根本上改变人类学忽视女性的传统，这些女性主义学者进一步从社会和文化的角度去揭示女性在政治生活中处于从属地位的根源。

（2）从第三世界妇女与女性主义政治的关系视野研究。

早期女性主义学者的研究受到来自各个方面的批评，这些批评主要集中于以下几个方面：其一，她们都把女性看成一个一元化的群体，在研究女性的从属地位和社会性别的差异时，忽视了由文化、种族、阶级、阶层、宗教甚至年龄等因素造成的女性群体内部的差异，往往用一种大一统的思维方式来研究问题，或者仅仅把注意力集中到女性的共性上；其二，她们大多把女性社会政治地位的低下归因于父权制的压迫，而对于同样使女性遭受剥削和歧视的种族、阶级、民族等因素视而不见；其三，她们多满足于对处于原始状态的所谓“传统”“落后”社会中女性的研究，而对于妇女的现实状况关注不足。女性主义学者提出，发达资本主义国家与第三世界国家在政治、经济和文化上的统治与被统治关系，以及第三世界国家中不平等的权力结构，才是女性受压迫和歧视的根源。社会性别作为一种不平等的、分化人群的权力结构，是与其他的社会权力分配结构如阶级、民族、种族等相互联系、浑然一体的。一个女人的身份不仅仅是女性，她还隶属于某个阶级，来自某个民族，并有她自己独特的生活经验。在当今资本主义世界体系的控制和影响下，她不仅仅要遭受本民族父权制的压迫，而且要遭受种族主义、殖民主义和跨国资本主义的歧视和剥削。所以她们提出，反对性别压迫的斗争应该与反对其他任何形式的压迫的斗争结合起来，唯有如此，女性才能真正获得解放。但是，由于不同民族、种族和阶级的女性的社会经历不尽相同，因此应该结合各自所处的具体文化和经济背景来考虑解放的重点和策略。换言之，女性主义理论应该是一个多元化的思想体系。

第三世界的女性主义学者主要从两方面拓展自己的研究。一方面是女性与国家之间关系的研究。虽然部分学者肯定国家是保障和满足女性需要的一种机制，但多数学者都认为，在政治权利、经济资源分配及社会价值不平等的社会里，国家的本质只能是男权的，它经常起着加剧男女地位不平等的作用。很多政府在制定、实施发展战略时，都忽视了妇女问题，误认为政府的干预是中性的，只要发展战略对家庭有益，就自然会使家庭成员包括妇女和儿童受益。事实证明，这种看法是不全面的。另一方面是殖民主义和跨国资本主义对女性的影响的研究。第三世界的女性主义学者结合研究对象所处的阶级、阶层、种族、地区和文化背景的特殊性，对殖民主义和跨国资本主义所带来的影响进行具体分析，揭示出她们所受的剥削、歧视和压迫不仅是性别造成的，而且与阶级、种族和民族等因素密切相关。

（3）从后现代主义与女性权力的关系视野研究。

后现代主义反对各种历史和文化叙事的“宏观话语建构”，否定作为普遍性、必然性存在的客观真理的可能性，而代之以寻求多元的、局部的和偶然的真理。他们解构了文化，进而解构了“人”，打破了西方自启蒙运动时期以来就一直主张的“人是自然的主体”的观念。后现代主义的主张受到许多女性主义者的欢迎，她们希望借助后现代主义理论，摆脱以男权为中心的各种传统理论的限制，重新构建社会性别的权力关系，并以此作为她们对男权社会进行批判的政治武器。受后现代主义理论影响的女性主义学者对以往的传统研究及其观点进行了反思。她们提出，在女性主义的研究中，存在着许多有关人类特性和社会生活状况的被公认但未加证明的假设，这些假设都声称找到了某种存在于一切社会中、具有跨文化解释力的人类基本经验。但是从后现代的观点来看，所有这些假说都是有疑问的。在持后现代观点的女性主义学者中，出现了两大对立的阵营：唯本论者和构成论者。唯本论者在一定程度上继承了传统女性主义的做法，但是以解构主义为方法论重新探讨女性解放的可能性。因为她们承认女性和男性是两个对立的基本范畴，所以被称为唯本论者，其代表人物是卢宾（G. Rubin）和麦金农（C. Mackinnon）。构成论者则相反，以解构主义为目的，从根本上否认关于“男性”和“女性”的二元观念。她们认为，在男权的社会结构中，女性的自然作用和社会作用都是依据男性的标准制定的。传统的男女平等观是男权思维逻辑的延续，它所反映的实际上还是男权的标准，不仅不能从本质上认识女性受压迫的问题，而且无助于真正改变女性的社会地位。她们广泛吸收当代各种后现代主义的思想，专注于对各种传统观念如“男女平等”“父权制”“性别角色”“女性认同”等进行解构，试图从根本上铲除男权文化，打破性别之间的界限，其代表人物有赖莉（D. Riley）、巴特勒（J. Butler）和哈拉韦（D. Haraway）等。

西方女性主义研究及其多元化的女性主义理论的提出，对于世界范围内女性主义运动的发展起到了重要的促进作用，同时也对哲学、社会学、心理学、历史学等传统的社会人文学科提出了重大挑战，促使人们从女性主义角度去探讨、研究女性的心理活动和心理发展规律，扩大了女性心理学的研究视野和研究范围。

（4）马克思主义提出了关于男女平等和男女协调发展的女性观。

马克思主义的女性观强调，男女不平等的内容和性质是随着时代的不同而不断变化的，我们不能用静止的、固定的眼光去观察各个时代的男女不平等问题，而要运用马克思主义辩证法的发展观去分析研究各个时代、各社会形态的男女不平等问题。马克思主义的女性观认为，阶级社会私有制的出现，是几千年来男女不平等，女性的认知、情感、行为受制约、个性被压抑的主要根源。女性所受的性别歧视、阶级压迫根源于私有制。妻子受丈夫的奴役、女性受男性的压迫、女性的社会地位和心智发展水平低于男性，并不是根源于两性的差异，马克思主义认为主要根源于生产资料私有制。

马克思主义的女性观认为，女性在遭受了几千年的性别歧视、阶级奴役后，必须从这双重奴役下解放出来，女性的身心才能得到自由的、充分的发展。妇女的解放和人类解放的关系，是一种个性与共性、特殊与一般、局部与全局的关系。妇女解放问题，是人类社会发展到一定历史阶段才提出的。马克思、恩格斯、列宁等都把男女平等作为妇女解放的具体内容。恩格斯早就指出，妇女只有参加社会生产劳动，“妇女的解放，妇女同男子的平等”① 才是可能的；列宁也指出，“要彻底解放妇女，要使她们同男子真正平等”②。总之，马克思主义的女性观提出男女平等，消灭阶级压迫，反对性别歧视，承认男女两性生理条件和发展水平差异的客观性，消除性别限制；要求男女在政治、经济、文化教育、社会和家庭等各方面享有同等的权利和地位，实现男女协调发展和共同进步，使男女都得到全面而自由的发展。

第二节　男女性别差异

一般而言，除了两性的生理差别外，社会环境、社会期望往往导致了男女两性的差异。性别角色是社会赋予女人或男人的不同行为期望与行为规范的总和，是与作为女性或作为男性相联系的社会角色。比如社会期望女性是温情、善良和

① 马克思，恩格斯．马克思恩格斯选集：第4卷．北京：人民出版社，1972：158.
② 列宁．列宁全集：第37卷．北京：人民出版社，1984：192.

柔顺的，而男性是刚毅、勇敢和大度的。这也导致了家庭培养男孩和女孩的标准的不同。男孩子大多会被鼓励独立、坚强，而女孩子则会被培养成抱着洋娃娃的小可爱。这样的培养模式在很大程度上决定了两者在社会上不同的性别特征，总的来说，男女性别差异表现为以下几个方面：

一、男女存在心理差异

1. 认知差异

大量的研究证明，男女之间在总体的智力上并不存在明显的差异，但女性较男性能更快速、准确地掌握事物的细节，并能快速地把注意力从一件事转移到另一件事上，并且在言语表达能力上优于男性；而男性比女性有较强的空间知觉能力和数字推理能力。从总体上讲，女性在认识外部环境时会具有较强的依赖性，容易受到环境的影响；而男性则表现得更具有独立性，因此，他们在解决问题和思维时表现得更为灵活。另外，女性的机械记忆能力明显优于男性。而在思维方面，女性的形象思维较好，善于模仿及对所学知识的加工分类；男性则擅长抽象与逻辑思维，在解决问题时更具有创造性。在观察能力方面，女性比男性更为细致、全面。

2. 情绪差异

女性的情感较容易暴露，表现得胆小、温顺、依赖、文静，需要别人更多的帮助和保护，常用“眼泪”作为武器保护自己。男性的情感较不容易暴露，表现得坚强、独立、自信，与女性相比更能控制自己的行为，敢作敢为，富有冲动性。女性的情绪稳定性比男性差，但情绪敏感性却比男性高，她们有时因为一些小事痛苦流泪，但又很容易就停止哭泣；男性除非遭受了巨大的打击或在某些特殊的人面前，一般不会轻易落泪，而一旦哭泣就很难停止。此外，女性具有一种习惯，就是怀念过去。女性对于过去的事情总是富有怀念心理。“你想想，当时我怎么能够不激动呢？当你对我说‘我爱你，我一定要使你幸福’的时候，我的心都要跳出来了。”男性听到这些，可能会感到很不好意思。如果男性忘了他们的过去，忘了往日的情愫，他们常常要受到妻子的斥责。

3. 人际交往差异

一般来说，男性比较喜欢多人结伴而行，女性喜欢两三个人结伴。女性在交往中较男性易表现出焦虑、紧张和妒忌等情绪，并且女性更倾向于与比自己年长的异性交往，这是由于女性的依赖心理造成的；而男性在独立自尊心的支配下，倾向于选择与比自己年幼的异性交往。男性的人际交往大部分是因为某种乐趣，而女性主要是为了情感交流的满足。女性的生活空间同男性相比较小。例如，男性要在办公室、家庭、上级、同事、会议、出差、打球、玩牌等事物之间穿梭往来。他们的生活是多分支和多层次的。而女性的生活就比较齐整，并且同琐碎的小事都有着有机的联系。

4. 个性差异

在长期的社会化过程中，由于不同的社会分工，人们对男女两性的角色认知、角色期望、角色行为模式的刻板印象也存在很大差异，在潜移默化中逐渐形成了男女两性的性格差异。男性的个性更趋于勇敢、坚强、刚毅、负责、宽容、粗犷、直率、执着等，女性的个性更趋于情感细腻、勤劳、忍耐、温顺、柔弱、依从、认真、敏感等特征。

二、男女存在社会地位差异

1. 职业差异

男女就业差异主要表现在：①女性就业要求多于男性。部分单位招聘时强调员工的“男性”性别，在招收女性员工时也多以暂缓生育等为条件。《第二期中国妇女社会地位抽样调查主要数据报告》的数据统计结果表明，女性在业率降低，部分再就业困难。① 2000 年末，18～64 岁的城乡女性在业比例为 87.0%，比男性低 6.6 个百分点。与 1990 年相比，城镇男女两性的在业率均有下降，与男性相比，女性的下降幅度偏大。城镇 18～49 岁的青年女性在业率为 72.0%，比 1990 年降低了 16.2 个百分点。②男女就业岗位差异大。除了传统意义上的女性职业，如教师、售货员等，女性的工作比较明显地倾向于从事非正规行业、低端行业。在同一就业地位上，女性工作职位和晋升机会普遍不如男性。③女性在就业中享受的社会保障和福利总体上低于男性，其中法定假期外的带薪休假和生育保险的普及率最低，这在个体、私营、农村集体所有制企业中尤其明显。④在离退休制度上，男女存在不平等对待，女性在退休年龄上普遍早于男性，面临下岗和提前退休时，女性往往首当其冲。

2. 收入差异

根据第二期中国妇女社会地位抽样调查的结果，在业女性的经济收入有了较大幅度的增长，但与男性的收入差距却明显拉大。1999 年城镇在业女性包括各种收入在内的年均收入为 7 409.7 元，是男性收入的 70.1%，男女两性的收入差距比 1990 年扩大了 7.4 个百分点。这说明两性收入的格局是男高女低，而且在国内是普遍存在的，尤其是在城镇，这种差距表现得更为明显。

3. 教育程度差异

男女受教育程度的差异虽然整体上有缩小趋势，但在量上差异仍很显著。尽

① 韩贺南，张健．女性学导论．北京：教育科学出版社，2005：219.

管女性总体受教育水平有了较大提高，但城乡教育水平的差距加大了，农村妇女的受教育水平仍然偏低，与男性相比差距较大。第二期中国妇女社会地位抽样调查的结果，农村女性文化程度为初中以上的比例是42.3%，比男性低20.8个百分点；女性文盲率为13.6%，比男性高9.6个百分点。

4. 家庭地位差异

传统性别观念仍有较大影响。在市场经济环境下，传统性别观念对社会成员的影响不可忽视。对“男人以社会为主，女人以家庭为主”的传统性别分工模式，有53.9%的男性和50.4%的女性表示赞同，男性支持率比1990年还高了2.1个百分点。值得警觉的是，对近年来社会上“干得好不如嫁得好”的说法，34.1%的人表示赞同。

三、男女差异存在的原因

男女差异的存在，一方面是传统文化中长期形成的不平等关系造成的，如男尊女卑、男主外女主内等传统思想，造成男女在社会分工、受教育程度、社会地位等方面存在明显差异；另一方面，包括大众传媒在内的社会语境中，存在大量男女不平等的信息和观念，“男人一定要是什么样，女人一定要是什么样”，给男性和女性强加了太多暗示、期望、要求、诱导，受到暗示、期望、要求、诱导的男性与女性，往往又会进行自我暗示、期望、要求和诱导，并同时对同性和异性的他人进行暗示、期望、要求和诱导。这种信息确认和观念强化的结果，男性是“说你行你就行，不行也行”，女性则是“说你不行你就不行，行也不行”，于是逐渐地形成了男强女弱的性别差异。

有学者曾对男女差异作了趣味比较：

(1) 甲乙两人在街上行走，甲最先听到有人在喊他们，乙最先看到喊他们的人。问：甲和乙谁更像女性？

答案：甲更像女性。女性听力较男性强，视力却不如男性。由于女性的听力较强，因而对音调、音色的感受性也较强。没有乐感的男性与女性的比例约为4.3：1。

(2) 甲总是称赞乙的鼻子尖（嗅觉好），别人睡过乙的枕头，乙也能闻出来。问：甲和乙谁更像女性？

答案：乙更像女性。女性的嗅觉较男性强，且随着年龄的增长，嗅觉丧失程度也较男性小。

(3) 在辨别方向上，甲总是比乙强。别人问路，甲的回答往往使人满意，乙的回答却往往使人不得要领。问：甲和乙谁更像女性？

答案：乙更像女性。在空间知觉方面，女性不如男性，男性比女性更喜欢结构性的事物。这也是在机械、建筑方面女性人才较少的重要原因。

(4) 在快速、准确地读数字方面，甲总是比乙强得多。问：甲和乙谁更像女性？

答案：甲更像女性。心理学家的研究表明，女性在数字方面的知觉速度明显比男性快。在一个测验中，要求男性和女性划去每一组数字中不同的地方，结果发现，女性操作的速度一般都比男性快。

(5) 甲、乙均是全班同学公认的高才生，但甲花在学习方面的时间总是比乙多，在涉及历史、地理等科时，其考试成绩总是超过乙。问：甲和乙谁更像女性？

答案：甲更像女性。记忆是学习之母，记忆方式的不同是影响学习效果的重要因素。一般而言，女性倾向于机械识记，而男性倾向于意义识记。

(6) 甲、乙两人同行几十里山路，途中甲总是喊累，乙却无所谓。到目的地后，甲兴致勃勃地逛街去了，乙却坐着不想动。问：甲和乙谁更像女性？

答案：甲更像女性。女性的生理耐受能力较男性强，心理耐受力也较男性更为稳固，心理恢复能力也较强。一般而言，女性喜欢同一节奏且持久，而男性则倾向于以冲锋式的节奏活动，间歇休息。

(7) 作为夫妻，甲总是讥笑乙优柔寡断。在面临决策时，乙总是反复考虑；甲则总是直截了当地提出见解，尽管说不出什么道理，但事实证明，甲经常是对的。问：甲和乙谁更像女性？

答案：甲更像女性。女性逻辑思维能力较男性差，但直觉能力却明显优于男性。由于女性思维总是从经验、印象出发，因而作出分析判断的速度较快，在涉及对人物的分析判断方面准确度也较高。近年来，国外心理学的研究发现，女性直觉能力优于男性。

由此可见，男女两性在生理素质、心理素质方面都存在差异。这是由他们不同的生理结构和心理发展特点所决定的：第一，男女两性在生理素质上存在差异。男女在身体结构和机能方面存在较大差异。在身体的强壮性、精力的充沛性、力量的爆发性等方面男性强于女性，但是女性的耐受力优于男性。第二，男女两性在心理素质、认知发展上存在差异。男女在智力发展上各有优势和劣势，女性在语言表达、形象思维、艺术表现、人际交往等方面有优势，相对而言女性更感性。但是，在图形知觉、符号、抽象逻辑思维、空间推理等领域，女性明显不如男性。此外，女性在工作能力、社会经验、判断能力、适应能力、意志坚强性和工作魄力等方面与男性相比存在一定差距，特别是职业成就动机水平比男性低。相对而言男性更理性。以上这些因素都造成了男女两性客观上的差异。

第三节　男女互补与两性和谐发展

全国妇联名誉主席彭珮云曾提出，建设先进的性别文化，是发展先进文化、建设社会主义精神文明必不可少的内容，关系到每一个人。要关注社会文化环境对性别角色的塑造，大力宣传向上、文明、优美的性别形象，倡导正确的恋爱观和平等、和睦、文明的婚姻家庭关系，鼓励符合时代要求、有利于男女平等协调发展的性别分工。

现代社会仍存在较明显的两性不和谐发展问题。伴随着我国近年来经济的快速增长，分配不公现象凸显。与市场经济相关的环节，比如就业、收入、劳动保障并没有完全实现社会公平，经济增长带来的财富和成果并没有被大家充分共享。从性别的角度看，这些问题主要表现为女性就业不足、收入不高以及与男性同工不同酬等。有时候，一些两性不平等的现象并不单纯是性别的问题，它经常是与城乡二元结构、户籍制度等这些结构性因素结合在一起。正因为这个社会存在太多不平等现象，所以有很多当代女性问题研究者在研究、反拨不平等的两性关系。她们在为争取女性应有的地位等方面取得的成绩有目共睹。但是，当代女性问题研究者在破旧立新的过程中，出现了一些急躁、偏激、片面的心态，在这些心态的影响下，这些研究者往往只纠缠于两性对立，缺乏和谐眼光。如何协调这些不和谐因素的关系，也关系着和谐社会的最终实现。我们必须从建设社会主义和谐社会的高度、从男女两性生理构造、心理发展差异及男女两性心理互补的角度来认识研究男女性别差异心理学，促进男女两性的真正平等与和谐发展。

一、两性和谐，需要社会制度的保障

美国现代化理论的重要代表英克尔斯指出，“在人类社会走向现代化的过程中，离不开妇女的发展。现代化的程度和标准从一定意义上讲，必须以妇女的发展为尺度”。如果男女是真正平等的，现代化进程自然也是女性发展的一个契机。[①] 中国妇女社会地位和作用的变化，需要党和政府对妇女发展事业的关注，

① 韩贺南，张健．女性学导论．北京：教育科学出版社，2005：219.

需要经济发展和全社会的认可。在参政、教育、就业、婚姻家庭诸领域，我们都可以拿出许多数据与事实来印证我国妇女社会地位、角色的变化和进步。在部分领域还存在不平等现象，而这个转变需要很长一段时间，正如两性差异是在几千年传统文化的影响下长期形成的一样，走向男女平等仍需要很长一段时间，构建一个两性平等的和谐社会仍需努力。

二、扬长避短，让女性发挥更大的作用

在工作水平上表现出的性别差异反映了玻璃天花板效应，即一些看不见的障碍阻碍了有资格的女性在工作中得到晋升。阻碍女性晋升的因素主要有：①职业阶梯（job ladder）。许多传统女性工作没有职业阶梯，即没有通往更高地位的路径，也没有一个终点是相对较高职位的短工作阶梯。②指导者和社交网络。由于在较高职位上的女性人数有限，女性工作者很难找到一个同性别的指导者。对女性而言，接触非正式的社交网络也很不足。这种社交网络可以提供关于工作和遇到组织内重要人物的机会的信息，还可以提供社会支持，有助于和较高职位的工作者发展出指导与被指导的关系。③歧视。即基于性别的区别对待，女性在从事和男性有关的活动时更容易对人们产生消极影响。在以男性为主的领域内工作时，女性极少有可能被选为领导者或者从她们的领导者那里获得积极的评价。

然而有迹象表明职业分离有减小的趋势。许多职业的性别分布出现了较大的变化。在管理和专业工作方面，女性的数目迅速增加，到20世纪90年代，男女比例几乎相等。更多的女性走向工作岗位，与几个因素有关：①女权运动给了女性去考虑家庭妇女以外的角色的勇气。②女性当前的高学历为其从事具有更大的挑战性、激励和成就感的职业做了更好的准备。③许多女性必须为了经济的原因而工作。[①] 女性应该在各个领域，尤其是在非传统优势领域，比如高科技、新经济、学术研究等方面积极进取，拥有一席之地。有地位才会有平等与和谐。今天，我们女性可以很骄傲地说，我们发挥着和男性一样的作用。女性其实有发挥自己才能的广阔天地，女性只有自尊、自信、自强、自立，才能为社会创造更多的财富，为人类文明作出更多的贡献。家庭的很多事情，男人也应该承担，而社会的很多天地，也应该鼓励女性去闯。其实这是一种社会文明进步的表现，是一种社会和谐的表现。

① ［美］Claire A. Etaugh，Judith S. Bridges. 女性心理学．苏彦捷，等译．北京：北京大学出版社，2003：206－211.

三、突破传统，解放男人的固有思想观念

在一个价值多元的社会，任何现象都可以有多元的解读，好与坏总是相生相克，以这样的观点去看待“男性主导”“男性霸权”等话题，我们有理由怀疑，男性，在成为利益获得者的同时，也许，他们还失去了什么？

有数据显示，男性比女性的平均寿命短 6 ~ 8 岁；90% 的暴力犯罪是男人所为；在受害者中，70% 是男性；在发达国家，男性自杀率至少是女性的 3 倍。

男性的尊严很大程度上是几千年的男性社群文化造成的，男性也是父权体制下的牺牲品。如今，男人开始感受到强者面具的负担，以及试着想放下莫须有的男性尊严。就像女性有“三八”节一样，它是捍卫女性权利与尊严，追求平等和发展的里程碑，而男性也要为他们自己申请个节日，这多少道出了身为男性的无奈，多少表明了一部分男人试图放弃曾有的心理优势，剥离人为的莫须有的优越感。因此，男女两性要从传统思想观念中解放出来，回归以人为本。可强可弱、可成可败的自然状态和谐，才是两性和谐的共同出路。

四、实现男女互补，倡导两性和谐

提倡“男女平等”是指男女在本质上没有不同，男人能做的事情，女人也能做；女人该做的事情，男人也该做。但男女生理发展的性别差异是客观存在的，“男女平等”必须建立在充分承认性别差异的基础上。因为男女有差别，才互有优劣，才可能对现实中男女不平等产生的原因提出改进的办法与对策。例如，社会现实生活中，可以利用女性的细心体贴个性来弥补男性粗心大意的不足。人们常说“男人是钢，女人是水”，“刚柔相济”，这些都阐明，男女只有相辅相成才能走向相得益彰。

富兰克林说：“太阳底下没有什么新的东西，有的只是无限的组合。”阴阳是最好的组合。我们强调女性发展，不是要提倡女权主义，而是提倡男女两性和谐发展。男女两性和谐发展是家庭和谐与稳定的关键一环，也是构建和谐社会的重要一环。

思考与讨论

1. 人类历史发展进程中主要有哪些具代表性的女性观？
2. 男女两性在心理上存在哪些差异？

参考文献

1. 荒林，王红旗．中国女性文化．北京：中国文联出版社，2000.

2. 厉以宁．经济学的伦理问题．北京：生活·读书·新知三联书店，1995.

3. 胡俊修．文化人类学视野下的男女平等．社会，2003（5）.

4. 范忆．就业领域中的反歧视措施：美国就业与劳动立法改革简介．社会，2003（2）.

5. 王重鸣．心理学研究方法．北京：人民教育出版社，1990.

6. ［美］S. E. 泰勒，等．社会心理学．10 版．谢晓非，等译．北京：北京大学出版社，2004.

7. ［美］罗斯玛丽·帕特南·童．女性主义思潮导论．艾晓明，等译．武汉：华中师范大学出版社，2002.

8. 程利国．儿童发展心理学．福州：福建教育出版社，2002.

9. 李秀英，林召云，等．女性心理与健康．北京：人民卫生出版社，2001.

10. 孔岩．经期的运动及调整．田径，2004（3）.

11. 任平安，赵艳屏．妇女心理学．沈阳：辽宁大学出版社，1986.

12. 贺正时．妇女心理学．长沙：湖南出版社，1993.

13. 崔伊薇．妇幼心理学．北京：科学出版社，1997.

14. 李美格，陈平俊．女性心理学．北京：知识出版社，1990.

15. ［美］Claire A. Etaugh，Judith S. Bridges. 女性心理学．苏彦捷，等译．北京：北京大学出版社，2003.

16. ［美］格里格，津巴多．心理学与生活．王垒，等译．北京：人民邮电出版社，2003.

17. ［美］K. W. 夏埃，S. L. 威里斯．成人发展与老龄化．乐国安，译．上海：华东师范大学出版社，2002.

18. 林崇德．发展心理学．杭州：浙江教育出版社，2003.

19. 阚雅玲．谈大学生职业生涯规划与成功素质训练．职业技术教育（教科版），2002，23（28）.

20. 钞秋玲．女大学生心理教育与自身发展．西安：西安交通大学出版社，2002.

21. 狄敏，黄希庭，张志杰．试论职业自我效能感．西南师范大学学报（人文社会科学版），2003，29（5）.

22. ［美］J. A. 谢尔曼，F. L. 登马克．妇女心理学．高佳，高地，译．北京：中国妇女出版社，1987.

23. 孙宁成．培养女大学生职业自我效能感的思考．淮阴工学院学报，2004，13（6）．

24. 强海燕．自信心的性别差异与女生的教育．教育评论，1999（2）．

25. 魏国英．女性学概论．北京：北京大学出版社，2000.

26. 陈媛．女大学生社会性别自我歧视倾向的形成与教育．广西青年干部学院学报，2002，12（3）．

27. 钱铭怡，苏彦捷，李宏．女性心理与性别差异．北京：北京大学出版社，1995.

28. 黄爱玲．当代女大学生职业发展的心理障碍及教育对策．福建工程学院学报，2003，1（1）．

29. 汪莉．现代职业女性的双重角色的冲突问题及对策分析．安徽广播电视大学学报，2004（3）．

30. 罗慧兰．女性学．北京：中国国际广播出版社，2002.

31. 李慧民，王宇明．1 100 名大学生社会支持情况调查．中华医学与健康，2004（1）．

32. 徐纪敏，王烈．爱情学．太原：山西教育出版社，1991.

33. 陶国富，王祥兴．大学生恋爱心理．上海：华东理工大学出版社，2002.

34. 孙晶岩．中国女子监狱调查手记．北京：作家出版社，2001.

35. 宋辉．现代女性心理咨询．济南：山东人民出版社，2000.

36. ［美］鲁思·霍尔兹沃思．职业咨询心理学．李柳平，李伯宏，译．天津：天津大学出版社，1988.

37. 王丽．走近孩子．哈尔滨：黑龙江人民出版社，1999.

38. 周华山．阅读性别．南京：江苏人民出版社，1999.

39. 牧之，单鹏．你完全可以不忧郁．北京：新世界出版社，2005.

40. ［美］克瑞尔．心理调适：实用途径．张清芳，等译．北京：北京大学出版社，2004.

41. ［美］艾伯特·埃利斯，特德·克劳福德．当男人与女人相遇：两性亲密关系的七大心理定律．孙晓玲，译．上海：上海远东出版社，2004.

42. 苏红．多重视角下的社会性别观．上海：上海大学出版社，2004.

43. 朱梅梅．电视与女性．内蒙古师范大学学报，2002，31（4）．

44. 陈景春，蒋夏宁．论大学生审美心理分析与教育引导．江苏高教，2004（6）.

45. 张静，张雨．服装审美心理与色彩探讨．漯河职业技术学院学报，2004，3（4）．
46. 金盛华，张杰．当代社会心理学导论．北京：北京大学出版社，1995.
47. 张春兴．张氏心理学辞典．台北：台湾华东书局，1992.
48. 彭鑫．相互窥视．北京：中国致公出版社，2002.
49. 杨士隆．犯罪心理学．北京：教育科学出版社，2002.
50. 张建萍．我国女性休闲生活的历史变迁及其当代形态．海南大学学报（人文社会科学版），2000（2）．
51. 康树华．当代中国犯罪主体．北京：群众出版社，2005.
52. 耿文秀．女性心理与成才．上海：上海教育出版社，2003.
53. 罗大华，何为民．犯罪心理学．杭州：浙江教育出版社，2002.

参考文献

后　记

寒来暑往，历经三年，从最开始的孕育、讨论、初定写作框架，到着手写作，到反复修改，到2008年的最后定稿，《女性心理学》终于脱稿了。

写毕掩卷，我们有太多的感慨。三年来，我国心理学研究，尤其是女性心理学领域的研究有了很大的发展，涌现出了很多新理论、新观点、新成果。虽然本书在当今国内外女性心理学的研究领域内仅是一家之言，只是一颗稚嫩的幼苗，但是它反映了我们对女性心理学这一分支领域研究的关注。在本书中我们对正处于社会转型时期的现代女性所面临的各种矛盾冲突而诱发的心理困惑、心理障碍及其科学调适作了一些理性思考，它凝聚了我们全体作者的心血，是全体作者集体合作的结果。希望我们女性在竞争激烈的现代社会，能保持一种恬淡、开朗、快乐、健康的心态。三年来，我们这些以女性为主体的作者也各自以鲜活的社会生活经历，分享体验了女性在升学、恋爱、婚姻、求职、职业发展、家庭教育、人际关系等各方面成功的快乐、激动和喜悦；更品尝了因学业、工作、恋爱和婚姻生活的暂时性挫折对我们女性身心所造成的沮丧、苦涩、徘徊和痛苦的感受。各自的生活体验使我们更加深刻地体会到女性保持健康快乐的心态对构建和谐社会的重要性。本书对丰富我国本土化特色的女性心理学理论和实践研究是一种有益的尝试和探索，它试图从男女性别差异的角度，探讨实现男女性别平等、两性和谐发展的必要性和可能性，对指导广大女性了解自己、了解异性、塑造完整人格、保持健康心理具有现实应用价值。

本书由黄爱玲担任主编，负责制定本书的总体框架和各章内容，负责组织作者并主持全书的编写工作。全书的撰写人员及各章的具体分工为：第一章（吴碧蓉）、第二章（黄爱玲、谢姗姗）、第三章（李莉）、第四章（黄晓夏）、第五章（潘丽萍）、第六章（吴碧蓉）、第七章（卢焕华）、第八章（谢姗姗）、第九章（李莉）、第十章（黄爱玲、潘丽萍）。全书由黄爱玲负责统稿。

本书的出版承蒙许多同仁、朋友和领导的鼓励、支持和帮助。在此，我们表示衷心的感谢。首先，我们衷心感谢暨南大学出版社对本书出版工作的鼎力支持，尤其是出版社的编辑们为本书的出版做了大量工作。其次，我们衷心感谢福建师范大学教务处、福建师范大学教育科学与技术学院的领导对本书的大力支持。正是他们的理解与帮助，使得本书能够顺利奉献给各位读者。我们衷心感谢福建师范大学教材建设基金资助！最后，我们要感谢我们所参阅的大量文献的作者们，他们的研究成果丰富了本书的内容，虽然我们无法一一提及他们的名字，但这些材料为丰富本书的写作、为构建我国本土化特色的女性心理学作出了积极的贡献。

本书既可以为广大读者了解女性心理特点和规律、调适心理状态、保持健康心态提供有益的帮助，也可以作为各大学、学院和中专学校开设“女性心理学”课程的教材，还可以作为各省、地、市妇联、妇女干部学校培训妇女干部的教材或参考书。

由于编写者的水平有限，本书还存在很多的不足与缺陷，谨请各位同行和读者批评指正。

编　者
2009 年 3 月于福州